电子测量技术与仪器

（第3版）

主　编　王　川
副主编　夏光蔚　施亚齐　朱　婷

北京理工大学出版社
BEIJING INSTITUTE OF TECHNOLOGY PRESS

内容简介

本书主要介绍了通用电子测量仪器的基本工作原理、技术指标、面板装置及操作原理与应用。内容包括：电子测量方法及数据处理、信号发生器、电子电压表、电子示波器、扫频测量仪、电子计数器、元器件参数测量及智能仪器。

本书既可作为高等职业院校电子信息类教材，同时也可作为电子工程技术人员及电子爱好者的学习参考书。

图书在版编目(CIP)数据

电子测量技术与仪器／王川主编. -- 3版. -- 北京：北京理工大学出版社，2019.8(2024.1重印)

ISBN 978-7-5682-7547-7

Ⅰ. ①电… Ⅱ. ①王… Ⅲ. ①电子测量技术-高等学校-教材②电子测量设备-高等学校-教材 Ⅳ. ①TM93

中国版本图书馆CIP数据核字(2019)第190826号

责任编辑：王艳丽　　**文案编辑**：王艳丽
责任校对：刘亚男　　**责任印制**：施胜娟

出版发行／北京理工大学出版社有限责任公司
社　　址／北京市丰台区四合庄路6号
邮　　编／100070
电　　话／(010) 68914026 (教材售后服务热线)
(010) 68944437 (课件资源服务热线)
网　　址／http://www.bitpress.com.cn

版 印 次／2024年1月第3版第8次印刷
印　　刷／三河市天利华印刷装订有限公司
开　　本／787 mm×1092 mm　1/16
印　　张／14.5
字　　数／337千字
定　　价／38.00元

前言（第3版）

党的二十大报告指出，教育、科技、人才是全面建设社会主义现代化国家的基础性、战略性支撑。我国的一些关键核心技术实现突破，战略性新兴产业发展壮大，载人航天、探月探火、深海深地探测、超级计算机、卫星导航、量子信息、核电技术、新能源技术、大飞机制造、生物医药等取得重大成果，进入创新型国家行列。这些高科技的基础研究中，电子测量技术发挥着重要的作用。

电子测量仪器的使用并不仅仅是单纯的操作，这其中还涉及测量方法、仪器的工作原理，以及一些工程上的知识和常识，在一般的教科书中却很难体现这些内容。这里从职业技术教育的特点出发，将电子测量仪器这门课程作为一种技能性的课程来处理，增加使用和应用的内容，通过学习，使学生理解和掌握某种具体电子测量仪器的电参数的测量原理和测量方法，掌握具体的电子测量仪器的基本工作原理和操作原理，以及在测量过程中的一系列的具体现象和问题的处理方法。通过本课程的学习和训练，要求学生能够熟练地掌握具体的电子测量仪器的操作使用方法，掌握相应的操作原理，并且能够从中积累感性认识，丰富处理经验，提高分析和判断能力。所以，本课程不宜采用纯粹的课堂教学，必须进入实验室，从实际操作和各种现场的现象中学习。

电子测量仪器种类繁多，并且还有大量的专用电子测量仪器，全面介绍和学习显然是不可能的。但是，就电子测量的方法而言，有诸多相通和相同的地方，只要能够掌握几种基本的电子测量仪器的工作原理、操作原理和测量方法，就能够比较容易地理解和学会其他电子测量仪器的使用方法。所以，这里只介绍几种基本的电子测量仪器的工作原理、操作原理和相应的测量方法。

本课程是一门理论性和技能性相结合的课程，所以必须配合大量的实践操作训练，必须突出实践环节，突出应用，突出对测量过程中的具体现象的理解和了解，应该注重实践中的感性认识，注重经验的积累，注重数量级的概念，注重测量范围和相关误差量级，即注重理论教学中所欠缺的和忽略的而在工程实践中却会常常发生的物理现象的相关知识的积累，缩短理论和实践的距离，突出职业教育的特点。

本书由武汉职业技术学院、武汉交通职业技术学院多个教师共同编写，是教师从事教学、科研和实践经验的总结，是一本真正适合职业教育的教材。

本书第1、2章由武汉交通职业技术学院施亚齐编写，第3、6章由武汉职业技术学院夏光蔚编写，第4、5章及附录由武汉职业技术学院王川编写，第7、8章由武汉职业技术学院朱婷编写。全书由王川负责统稿，武汉职业技术学院刘骋教授主审。

在本书的编写过程中，得到了上述院校的大力支持和协助，在此向所有关心和支持本书出版的人士表示衷心的感谢。

由于电子测量技术的发展很快，其应用领域也不断扩大，加之作者水平有限，编写时间仓促，书中难免不妥之处存在，恳请广大读者指正。

编　者

目
Contents
录

学习要求

通过本章的学习，了解电子测量的方法、电子测量仪器的分类与主要指标、测量结果的表示、测量数据的处理，会灵活表示电子测量误差，会对有效数字进行处理。

学习要点

电子测量方法，测量误差的表示方法与分类，有效数字的处理。

1.1 电子测量的一般方法

1.1.1 静态测量与动态测量

静态测量是对在一段时间间隔内其量值可以为不变的被测量进行的测量。动态测量是为确定随时间变化的被测量瞬时值进行的测量。

1.1.2 直接测量、间接测量与组合测量

利用测量工具（测量仪器），并按一定操作顺序，将被测量与测量工具所提供的标准量进行比较，并直接读出测量结果的测量称为直接测量。其特点是：如果测量工具准确度得到保证，其测量的精度会很高。

将一个被测量转化为若干个与之有一定函数关系的可直接测得的量，然后运用函数求得被测量，这种测量方法称为间接测量。例如，通过测量导体电阻、横截面积、长度才能确定导体的电阻率。其特点是：测量的精度不仅取决于各种仪器仪表的准确度，还取决于线路的连接方法及计算公式的科学性。所以要尽量使用直接测量方法，只有在不能直接测量的情况下，才考虑间接测量。

如有若干个待求量，把这些待求量用不同的方式组合（或改变测量条件来获得这种不同的组合）进行测量（直接或间接），并把测量值与待求量之间的函数关系列成方程组，只要方程式的数量大于待求量的个数，就可以求出各待求量的数值，这种方法叫组合测量或联

立测量。

组合测量的测量过程比较复杂，费时较多，往往采用的测量方法与被测对象有较多关联，因此一般用在不能单独进行直接测量或间接测量的场合。

1.1.3 直读测量与比较测量

直读测量法是直接从仪器仪表的刻度上读出测量结果的方法。如一般用电压表测量电压，用频率计测量信号的频率等都是直读测量法。这种方法是直接根据仪器仪表的读数来判断被测量的大小，简单方便，因而被广泛采用。

比较测量法是在测量过程中，通过被测量与标准量直接进行比较而获得测量结果的方法。电桥就是典型的例子，它是利用标准电阻（电容、电感）对被测量进行测量。

1.1.4 等精度测量与非等精度测量

等精度测量是指在相同的测量条件下对同一物理量进行的多次测量。例如，同一个人，用同样的方法，使用同样的仪器对同一待测量进行多次重复测量。尽管每次的测量值可能不相等，但每次测量的可靠性都是一样的，没有理由认为哪一次（或几次）的测量值更可靠或更不可靠。

非等精度测量是指用不同的测量条件（如使用仪器的不同、测量方法的改变或者测试人员的变更）对同一物理量的多次测量。非等精度测量的每次测量结果的可靠性都不同。

实际上，一切物质都在运动中，没有绝对不变的人和事物，只要其变化对实验的影响很小乃至可以忽略，就可以认为是等精度测量。以后说到对一个量的多次测量，如无另加说明，都是指等精度测量。

1.1.5 选择测量方法的原则

采用正确的测量方法，才可以得到比较精确的测量结果，若测量方法不正确，则会出现测量数据不准确或错误的结果，甚至会出现损坏测量仪器或损坏被测设备和元器件等现象。例如，用万用表的 $R\times1$ 挡测量小功率晶体管的发射结电阻时，由于仪表的内阻很小，使晶体管基极注入的电流过大，结果二极管尚未使用就可能会在测试过程中被损坏。

在选择测量方法时，应首先考虑被测量本身的特性、所处的环境条件、所需要的精确程度及所具有的测量设备等因素。综合考虑后，正确地选择测量方法、测量设备并编制合理的测量顺序，才能顺利地得到正确的测量结果。

1.2 电子测量仪器的分类与操作安全

1.2.1 电子测量仪器的分类

测量中用到的各种电子仪表、电子仪器及辅助设备统称为电子测量仪器。电子测量仪器种类繁多，主要包括通用仪器和专用仪器两大类。专用仪器是为特定目的专门设计制作的，适用于对特定对象的测量。通用仪器是指应用面广、灵活性好的测量仪器。

按照仪器功能，通用电子测量仪器分为以下几类。

1. 信号发生器

信号发生器（信号源）是在电子测量中提供符合一定技术要求的电信号的仪器。如正弦信号发生器、脉冲信号发生器、函数信号发生器、随机信号发生器等。

2. 电压测量仪器

电压测量仪器是用于测量信号电压的仪器。如低频毫伏表、高频毫伏表、数字电压表等。

3. 示波器

示波器是用于显示信号波形的仪器。如通用示波器、取样示波器、记忆存储示波器等。

4. 频率测量仪器

频率测量仪器是用于测量信号频率、周期等的仪器。如指针式频率计、数字式频率计等。

5. 电路参数测量仪器

电路参数测量仪器是用于测量电阻、电感、晶体管放大倍数等电路参数的仪器。如电桥、*Q* 表、晶体管特性图示仪等。

6. 信号分析仪器

信号分析仪器是用于测量信号非线性失真度、信号频谱特性等的仪器。如失真度测试仪、频谱仪等。

7. 模拟电路特性测试仪

模拟电路特性测试仪是用于分析模拟电路幅频特性、噪声特性等的仪器。如扫频仪、噪声系数测试仪等。

8. 数字电路特性测试仪

数字电路特性测试仪是用于分析数字电路逻辑特性等的仪器。如逻辑分析仪、特征分析仪等，是数字电路测量不可缺少的仪器。

测量时应根据测量要求，参考被测量与测量仪器的有关指标，结合现有测量条件及经济状况，尽量选用功能相符、使用方便的仪器。

1.2.2 电子测量仪器的操作安全

要正确地使用仪器，必须要了解仪器中的一般规则和常识，如果不遵守这些规则，并不是一定会导致错误，而是只在某些场合或某些情况下才会得到明显的错误结果。这也往往使有些人误认为这些测量中的规则或常识似乎不是那么严格或那么有用，尤其是对于实践经验不足者更是如此。下面就一般的仪器使用中的操作安全注意事项进行说明。

在仪器的使用中，不正确的操作可能造成仪器的损坏，并且这种情况的发生有时似乎是莫名其妙的。对于信号源一类的仪器，不能随便将其输出端短路。尽管对于信号源的电压输出端来说，将其输出端短路一般并不会损坏仪器，但是也应该养成不随便将输出端短路的习惯。

对于实验室里使用的直流稳压电源，一般都具有保护电路，短时间的短路通常并不会损坏仪器。但是，即使没有损坏，由于短路时，稳压电源内部处于一种高功耗状态，时间长了也可能受不了，尤其是散热不良时更是如此。而对于功率输出的信号源或信号源的功率输出端子，更不能将其输出端短路，否则就意味着仪器的损坏。在使用中，不但不能将其输出端短路，而且不应该过载使用（即被测电路的阻抗过低）。

在稳压电源的使用中，其馈线就是一般的导线。但是，如果用稳压电源给高频电路供电，由于较长的导线在高频上呈现出较大的感抗，这就会导致电源内阻增加（稳压电源的高频内阻本来就比低频内阻大得多，其内阻指标是指低频内阻），为了降低馈线对电源的实际内阻的影响，往往需要在被测电路的电源端并联上小容量的去耦电容。这对于要求稍高的电路（例如较高频率稳定度的振荡器）是必需的。

对于毫伏表或示波器一类的仪器，要注意耦合到其输入端上的电压不可以超过其最大允许值。这类仪器一般并不会因此而损坏，因为它们的输入端的最大允许值往往较大，很少有耦合到其输入端的电压达到超过其输入端最大允许值的情况。但是对于频率计就不同了，很多频率计能够工作在1 000 MHz的频率上，而为了达到这么宽的频率范围，其前级电路放大器中所使用的晶体管必须是高频小功率管，它的耐压值不大。而由于某种原因要工作在如此高的频率上，故不容易在其输入端设置保护电路（这会导致其工作频率下降），因此只要在其输入端馈入稍大的电压（例如十几伏甚至更低），就极易导致前级电路中晶体管的损坏，从而造成仪器的损坏。

1.3 测量误差的来源及表达方法

1.3.1 测量误差的定义

测量的目的：获得被测量的真值。

真值：在一定的时间和空间环境条件下，被测量本身所具有的真实数值。

测量误差：测量值与真值之间的差异。

所有测量结果都有误差。研究误差的目的，就是要正确认识误差的性质，分析误差产生的原因及其发生规律，寻求减小或消除测量误差的方法，识别出测量结果中存在的各种性质的误差，学会数据处理的方法，使测量结果更接近于真值。

1.3.2 测量误差的来源

（1）仪器误差：由于测量仪器及其附件的设计、制造、检定等不完善，以及仪器使用过程中老化、磨损、疲劳等因素而使仪器带有的误差。

（2）影响误差：由于各种环境因素（温度、湿度、振动、电源电压、电磁场等）与测量要求的条件不一致而引起的误差。

（3）理论误差和方法误差：由于测量原理、近似公式、测量方法不合理而造成的误差。

（4）人身误差：由于测量人员感官的分辨能力、反应速度、视觉疲劳、固有习惯、缺乏责任心等原因，以及在测量中操作不当、判断出错或数据读取疏失等而引起的误差。

（5）测量对象变化误差：测量过程中由于测量对象变化而使测量值不准确，如引起动态误差等。

1.3.3 测量误差的表示方法

测量误差有绝对误差和相对误差两种表示方法。

1. 绝对误差

(1) 定义：由测量所得到的被测量值 x 与其真值 A_0 之差，称为绝对误差，即

$$\Delta x = x - A_0 \qquad (1-1)$$

式中，Δx 为绝对误差。因此 Δx 既有大小，又有符号和量纲。

式 (1-1) 中的真值 A_0 是一个理想的概念，一般来说是无法得到的，所以实际应用中通常用十分接近被测量真值的实际值 A 来代替真值 A_0。实际值也称为约定真值，它是根据测量误差的要求，用高一级以上的测量仪器或计量器具测量所得值作为约定真值，即实际值 A。因而绝对误差更有实际意义的定义是

$$\Delta x = x - A \qquad (1-2)$$

绝对误差表明了被测量的测量值与被测量的实际值间的偏离程度和方向。

(2) 修正值：与绝对误差的绝对值大小相等，但符号相反的量值，称为修正值，用 C 表示，即

$$C = A - x \qquad (1-3)$$

测量仪器的修正值可以通过上一级标准的检定给出，修正值可以是数值表格、曲线或函数表达式等。在日常测量中，利用其仪器的修正值 C 和该已检仪器的示值，可求得被测量的实际值，即

$$A = x + C \qquad (1-4)$$

2. 相对误差

绝对误差虽然可以说明测量结果偏离实际值的情况，但不能完全科学地说明测量的质量(测量结果的准确程度)，不能评估整个测量结果的影响。因为一个量的准确程度，不仅与它的绝对误差的大小有关，还与这个量本身的大小有关。当绝对误差相同时，这个量本身的绝对值越大，则准确程度相对地越高，因此测量的准确程度需用误差的相对值来说明。

1) 相对误差 γ、实际相对误差 γ_A、示值相对误差 γ_x

绝对误差与被测量的真值之比，称为相对误差（或称为相对真误差），用 γ 表示，即

$$\gamma = \frac{\Delta x}{A_0} \times 100\% \qquad (1-5)$$

相对误差只有大小和符号，没有单位。由于真值是不能确切得到的，通常用实际值 A 代替真值来表示相对误差为实际相对误差，用 γ_A 表示，即

$$\gamma_A = \frac{\Delta x}{A} \times 100\% \qquad (1-6)$$

在误差较小、要求不太严格的场合，也可以用测量值 x 代替实际值 A，称为示值相对误差，即

$$\gamma_x = \frac{\Delta x}{x} \times 100\% \qquad (1-7)$$

2) 满度相对误差（引用相对误差）γ_m

实际中，也常用测量仪器在一个量程范围内出现的最大绝对误差 Δx_m 与该量程的满刻

度值（该量程的上限值与下限值之差）x_m之比来表示相对误差，称为满度相对误差（或称引用相对误差），用γ_m表示为

$$\gamma_m = \frac{\Delta x_m}{x_m} \times 100\% \tag{1-8}$$

由式（1-8）可知，满度相对误差实际上给出了仪表各量程内绝对误差的最大值。

电工仪表就是按引用误差γ_{mm}的值进行分级的。γ_{mm}是仪表在工作条件下不应超过的最大引用相对误差，它反映了该仪表的综合误差大小。我国电工仪表共分7级：0.1，0.2，0.5，1.0，1.5，2.5及5.0。如果仪表为S级，则说明该仪表的最大引用误差不超过$S\%$。

因此，在使用这类仪表测量时，应选择适当的量程，使示值尽可能接近于满度值，指针最好能偏转在不小于满度值2/3以上的区域。

3）容许误差

容许误差是指在某一测量范围内的任一测量点上的最大允许误差。其是对给定的测量仪器、规范、规程等所允许的误差极限值。

1.3.4 测量误差的分类

根据测量误差的性质，测量误差可分为系统误差、随机误差、粗大误差3类。

（1）系统误差：在同一测量条件下，多次重复测量同一量时，测量误差的绝对值和符号都保持不变，或在测量条件改变时按一定规律变化的误差，称为系统误差。系统误差是由固定不变的或按确定规律变化的因素造成的。

（2）随机误差：在同一测量条件下（指在测量环境、测量人员、测量技术和测量仪器都相同的条件下），多次重复测量同一量值时（等精度测量），每次测量误差的绝对值和符号都以不可预知的方式变化的误差，称为随机误差。

（3）粗大误差：粗大误差是一种显然与实际值不符的误差，又称为疏失误差。产生粗大误差的原因有以下几点。

①测量操作疏忽和失误。如测错、读错、记错及实验条件未达到预定的要求而匆忙实验等。

②测量方法不当或错误。如用普通万用表电压挡直接测高内阻电源的开路电压、用普通万用表交流电压挡测量高频交流信号的幅值等。

③测量环境条件的突然变化。如电源电压突然增高或降低、雷电干扰、机械冲击等引起测量仪器示值的剧烈变化等。

含有粗大误差的测量值称为坏值或异常值，在数据处理时应剔除掉。

1.3.5 精密度、正确度和准确度

即使是对同一物理量进行等精度测量，其测量结果也可能有很大的不同，图1-1显示了打靶过程中弹点的3种典型分布。此处引入精密度、正确度和准确度3个概念，在一些文献中有时会用这3个概念来定性描述测量结果。

精密度（precision）：是对测量结果的分散性或重复性的评价，反映随机误差大小的程度。精密度高即测量结果的重复性好，测量值密集分散性小，随机误差小，但精密度这一词已不常用。

正确度（correctness）：也是一个已不常用的概念。表示测量结果中系统误差大小的程度，正确度高是指测量数据的算术平均值偏离真值小。它与精密度是两个不同的概念，正确度高并不能确定测量结果的分散性及重复性的程度。图1-1（a）表示正确度高但数据分散，精密度低；图1-1（b）表示正确度低但精密度高。

准确度（accuracy）：是反映测量结果与被测真值之间的一致程度。它也是一个定性的概念，说明系统误差与随机误差的综合大小的程度。准确度高意味着系统误差与随机误差均小，测量结果既精密又正确。在图1-1（c）中，精密度与正确度均高，即准确度高。

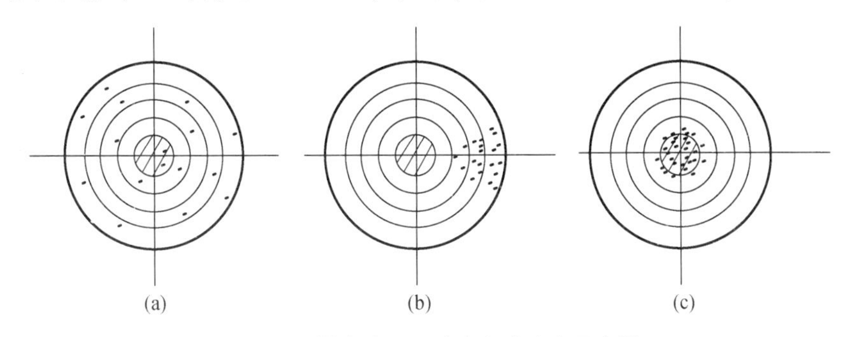

图1-1　精密度、正确度和准确度示意图

（a）精密度低，正确度高；（b）精密度高，正确度低；（c）精密度高，正确度高

目前，“精度”一词的含义尚未统一，因此，应尽量避免使用“精度”一词。

1.4　测量结果的表示及数据处理

1.4.1　测量结果的表示

测量结果一般以数字方式或图形方式表示。图形方式可以通过测量仪器的显示屏上直接显示的图形得到，也可以通过对数据进行描点作图得到。测量结果的数字表示方法有以下几种。

1. 测量值+不确定度

这是最常用的表示方法，特别适合表示最后的测量结果。例如 $R=(40.67\pm0.5)\,\Omega$，40.67 Ω称为测量值，±0.5 Ω称为不确定度，表示被测量实际值是处于40.17～41.17 Ω之间的任意值，但不能确定具体数据。不确定度和测量值都是在对一系列测量数据的处理过程中得到的。

2. 有效数字

有效数字是由第一种数字表示方法改写而成的，比较适合表示中间结果。当未标明测量误差或分辨力时，有效数字的末位一般与不确定度第一个非零数字的前一位对齐，这是由不确定度的含义及“0.5误差原则”所决定的。对于确定的数，通常规定误差不得超过末位单位数字的一半。例如，若末位数字是个位，则测量的绝对误差值小于0.5；若末位是十位，则测量的绝对值误差小于5。对于这种误差不大于末位单位数字一半的数，从它的第一个不为零的数字起，直到右边最后一个数字为止，都叫有效数字。例如：

3.141 59 六位有效数字　　极限（绝对）误差≤0.000 005
3.141 6 五位有效数字　　极限（绝对）误差≤0.000 05
9 600 四位有效数字　　极限（绝对）误差≤0.5
97×10^2 两位有效数字　　极限（绝对）误差≤0.5×10^2
0.032 两位有效数字　　极限（绝对）误差≤0.000 5
0.302 三位有效数字　　极限（绝对）误差≤0.000 5

数字的表示方法不同，其含义是不同的。如写成 30.50，表示最大绝对误差不大于 0.005；而若写成 30.5，则表示最大绝对误差不大于 0.05。再如某电流的测量结果写成 2 000 mA，表示绝对误差小于 0.5 mA；而如果写成 2 A，则表示仅有一位有效数字，绝对误差小于 0.5 A；但如写成 2.000 A，绝对误差则与 2 000 mA 完全相同。

3. 有效数字加上 1 ~2 位的安全数字

该方法是由前两种表示方法演变而成的，它比较适合表示中间结果或重要数据。加安全数字可以减小由第一种方法改写成第二种方法时产生的误差对测量结果的影响。该方法是在第二种表示方法确定出有效数字位数的基础上，根据需要向后多取 1 ~2 位安全数字，而多余数字应按照有效数字的舍入规则进行处理。例如，$R=(40.67\pm0.5)\ \Omega$ 用有效数字加上 1 位安全数字表示为 40.7 Ω，末位的 7 为安全数字；用有效数字加上两位安全数字表示为 40.67 Ω，末尾的 6、7 为安全数字。

上述方法表示出的结果是测量报告值。

1.4.2 有效数字的处理

有效数字的处理包括有效数字位数的取舍及有效数字的舍入。

1. 有效数字及其位数的取舍

在测量过程中，通常要在量程最小刻度的基础上多估读一位数字作为测量值的最后一位，此估读数字称为欠准数字。欠准数字后的数字是无意义的，不必记入。由此得出的示值是测量记录值，与测量报告值是不同的。例如，某类型万用表直流 50 V 量程的分辨力为 1 V，读成 32.7 V 是恰当的，但不能读成 32.73 V。32.7 V 是测量记录值。

从第一个非零数字起后面所有的数字称为有效数字。例如，0.043 0 V 的有效数字位数是 3 位而不是 5 位或 2 位，第一个非零数字前的 0 仅表示小数点的位置而不是有效数字。未标明仪器分辨力时，有效数字中非零数字后的 0 不能随意省略，例如 3 000 V 可以写成 3.000 kV、3.000×10^3 V，而不能写成 3 kV、3.0 kV 或 3.00 kV。

电子测量中，如果未标明测量误差或分辨力，通常认为有效数字具有不大于欠准数字 ±0.5单位的误差，称为 0.5 误差原则。例如 0.430 V、0.43 V 表示的测量误差分别为 ±0.000 5 V、±0.005 V，标明被测量实际值分别处于 0.429 5 ~0.430 5 V、0.425 ~0.435 V，因此二者表示的意义是不同的。同样道理，3.000 kV 与 3.000×10^3 V 表示的结果相同；而 3 kV、3.0 kV、3.00 kV 表示的结果不相同。

有效数字 40.67 Ω 表示测量误差不大于 ±0.005 Ω，说明被测电阻实际值在 40.665 ~40.675 Ω，显然比 $R=(40.67\pm0.5)\ \Omega$ 表示的电阻实际值区间要窄，故当用 40.67 Ω 作为中间结果进行计算时，势必要漏掉真实数据，所以除非要用“有效数字加上 1 ~2 位安全数字”表示测量结果，否则不能将 $R=(40.67\pm0.5)\ \Omega$ 改写成 40.67 Ω 或 40.7 Ω，但可以改写成 41 Ω，末位数字的取值根据有效数字的舍入规则进行。

2. 数字修约规则

数字修约采取的是“四舍六入五留双”的规则。具体的做法是，当尾数≤4 时，将其舍去；当尾数≥6 时，就进一位；如果尾数为 5 而后面的数为 0 时，则看前方：前方为奇数就进位，前方为偶数则舍去，“0”则以偶数论；当“5”后面还有不是 0 的任何数时，都须向前进一位，无论前方是奇数还是偶数。例如，将 10.34，10.36，10.35，10.45 保留小数点后一位有效数字，即

10.34→10.3（4 <5，舍去）

10.36→10.4（6 >5，进一）

10.35→10.4（3 是奇数，5 入）

10.45→10.4（4 是偶数，5 舍）

必须注意，进行数字修约时，只能一次修约到指定的位数，不能数次修约，否则会得出错误的结果。

[例 1-1]　用一台 0.5 级 100 V 量程的电压表测量电压，指示值为 15.35 V，试确定有效数字的位数。

解： 该表 100 V 量程挡最大绝对误差为

$$\Delta U_{m} = 100\ \text{V} \times (\pm 0.5\%) = \pm 0.5\ \text{V}$$

可见被测量实际值在 14.85 ~ 15.85 V，绝对误差为 ±0.5 V。根据“0.5 误差原则”，测量结果的末位应为个位，即应保留两位有效数字。因此不标注误差时的测量报告值为 15 V。一般将记录值的末位与绝对误差取齐，例中误差为 0.5 V，所以测量记录值为 15.4 V。

本章小结

本章主要介绍了电子测量的基本知识，具体如下。

（1）简要介绍了电子测量的意义、内容、特点和分类。

（2）简要介绍了电子测量仪器的分类。

（3）测量误差的表示方法有绝对误差和相对误差。满度相对误差是衡量电工仪表准确度的常用指标，而容许误差则是人为规定的某类仪器测量时产生的测量误差的极限值。

（4）测量误差按照性质分为系统误差、随机误差和粗大误差。系统误差越小，测量正确度越高；随机误差越小，测量的精密度越高。随机误差和系统误差越小，测量准确度越高。

（5）测量误差的来源是多方面的。为了减小系统误差，在测量之前应尽量发现并消除可能产生系统误差的来源及其影响，在测量中应采用适当的方法或引入修正值。为了减小随机误差，可以采用多次测量求平均值等方法。

（6）测量结果常用有效数字来表示，应根据实际情况，遵循有效数字位数取舍和有效数字舍入规则进行。

（7）为了测得准确的结果，一般要进行多次测量，多次测量的算术平均值即测量值。数据处理过程中得到的不确定度具有测量误差的含义，是测量误差的极限值。不确定度越大，可信度越高，丢失真实数据的可能性越小。

思考与练习

1－1　简述测量误差的定义和误差的来源。

1－2　什么是绝对误差和相对误差？它们各表明什么概念？

1－3　测量两个电压，分别得到测量值9 V、101 V，它们的实际值分别为10 V、100 V，求测量的绝对误差和相对误差。

1－4　某被测量电压为3.50 V，仪表的量程为5 V，测量时该表的示值为3.53 V，求：

（1）绝对误差与修正值各为多少？

（2）实际相对误差及引用相对误差各为多少？

（3）该电压表的精度等级属于哪一级别？

1－5　用1.5级、量程为10 V的电压表分别测量3 V和1 V的电压，试问哪一次测量的准确度高？为什么？

1－6　若测量10 V左右的电压，现有两块电压表，其中一块量程为150 V，0.5级；另一块是15 V，2.5级。问选用哪一块电压表测量更准确？

1－7　按照舍入法则，对下列数据进行处理，使其各保留三位有效数字：

45.77　36.251　43.149　38.050　47.15　3.995

1－8　根据误差的性质，误差可分为几类？各有何特点？分别可以采取什么措施减小这些误差对测量结果的影响？

1－9　电子测量有哪些内容？有哪些测量方法？

第2章 测量用信号发生器

学习要求

主要介绍信号发生器的组成、原理及使用方法。要求通过学习熟悉信号发生器技术性能，了解其组成与工作原理，掌握它的使用方法。

学习要点

信号发生器的工作原理，信号发生器的性能指标，信号发生器的使用方法及应用。

2.1 信号发生器的分类及指标

在电子电路测量中，需要各种各样的信号源，根据测量要求的不同，信号源大致可分为三大类：正弦信号发生器、函数（波形）信号发生器和脉冲信号发生器。正弦信号发生器具有波形不受线性电路或系统影响的特点，因此，正弦信号发生器在线性系统中具有特殊的意义。

2.1.1 按正弦信号频段分类

按频段分类，有：①超低频信号发生器 0.001 ~ 1 000 Hz；②低频信号发生器 1 Hz ~ 1 MHz；③视频信号发生器 20 Hz ~ 10 MHz；④高频信号发生器 30 kHz ~ 30 MHz；⑤超高频信号发生器 4 ~ 300 MHz。

按性能分类，有：信号发生器和标准信号发生器。标准信号发生器要求提供的信号有准确的频率和电压，有良好的波形和适当的调制。

2.1.2 正弦信号发生器的主要质量指标

1. 频率指标

（1）有效频度范围：指信号源各项技术指标都能得到保证时的输出频率范围，在这一范围内频率要连续可调。

（2）频率准确度：指信号源频率实际值对其频率标称值的相对偏差。普通信号源的频

率准确度一般在|±1%|~|±5%|的范围内，而标准信号源的频率准确度一般优于普通信号源0.1%~1%。

（3）频率稳定度：指在一定时间间隔内，信号源频率准确度的变化情况。由于使用要求的不同，各种信号源频率的稳定度也不一样。一般信号源频率稳定度应比所要求的信号源频率准确度高1~2数量级。由频率可变的*LC*或*RC*振荡器作为主振的信号源，其频率稳定度一般只能做到10^{-4}量级左右。而目前在信号源中因广泛采用锁相频率合成技术，则可以把信号源的频率稳定度提高2~3个量级。

2. 输出指标

（1）输出电平范围：这是表征信号源所能提供的最小和最大输出电平的可调范围。一般标准高频信号发生器的输出电压为0.1 μV~1 V。

（2）输出稳定度：有两个含义，一个是指输出对时间的稳定度；另一个是指在有效频率范围内调节频率时，输出电平的变化情况。

（3）输出阻抗：信号源的输出阻抗视类型不同而异，低频信号发生器一般有输出阻抗匹配变压器，可有几种不同的输出阻抗，常见的有50 Ω，75 Ω，150 Ω，600 Ω和5 kΩ等。高频或超高频信号发生器一般为50 Ω或75 Ω不平衡输出。

3. 调制指标

（1）调制频率：很多信号发生器既有内调制信号发生器，又可以外接输入调制信号。内调制信号的频率一般是固定的，有400 Hz和1 000 Hz两种。

（2）寄生调制：信号发生器工作在未调制状态时，在输出的正弦波中，有残余的调幅调频，或调幅时有残余的调频，调频时有残余的调幅，统称为寄生调制。作为信号源，这些寄生调制应尽可能小。

（3）非线性失真：一般信号发生器的非线性失真应小于1%，某些测量系统则要求优于0.1%。

2.2 低频信号发生器

低频信号发生器用来产生频率为1 Hz~1 MHz的正弦信号。除具有电压输出外，还有功率输出，所以用途十分广泛，可用于测试或检修各种电子仪器设备中的低频放大器的频率特性、增益、通频带，也可用作高频信号发生器的外接调制信号源。另外，在校准电子电压表时，它可以提供交流信号电压。

2.2.1 低频信号发生器的工作原理

1. 低频信号发生器的原理框图

低频信号发生器的原理如图2－1所示。包括主振级、主振输出调节电位器、电压放大器、输出衰减器、功率放大器、阻抗变换器（输出变压器）和指示电压表。

主振级产生低频正弦振荡信号，经电压放大器放大，达到电压输出幅度的要求，经输出衰减器可直接输出电压，用主振输出调节电位器调节输出电压的大小。电压输出端的负载能力很弱，只能供给电压，故为电压输出。振荡信号再经功率放大器放大后，才能输出较大的功率。阻抗变换器用来匹配不同的负载阻抗，以便获得最大的功率输出。电压表通过开关换接，测量输出电压或输出功率。

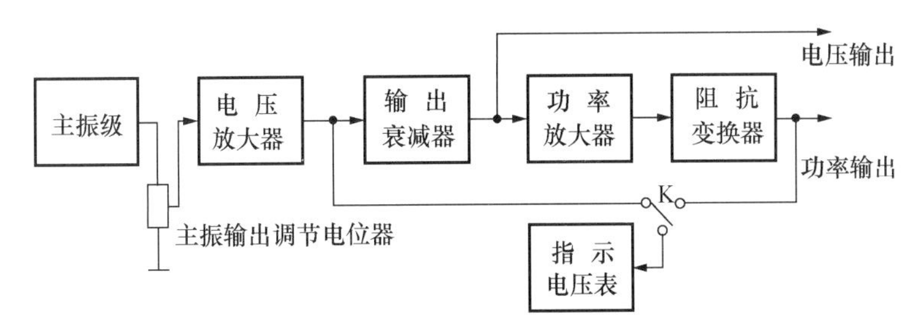

图 2-1 低频信号发生器原理框图

2. 低频信号发生器的主振电路

低频信号发生器的主振级几乎都采用 *RC* 桥式振荡电路。这种振荡器的频率调节方便，调节范围也较宽。

RC 桥式振荡器是一种反馈式振荡器，其原理电路如图 2-2 所示。VT_1、VT_2 构成同相放大器，R_1、C_1、R_2、C_2 为选频网络。选频网络的反馈系数 $\dot{F}=\dfrac{\dot{U}_F}{\dot{U}_o}$ 与频率有关（$\dot{U}_F$ 为反馈电压，$\dot{U}_o$ 为放大器输出电压）。因此，反馈网络具有选频特性，使得只有某一频率满足振荡的两个基本条件，即振幅和相位平衡条件。

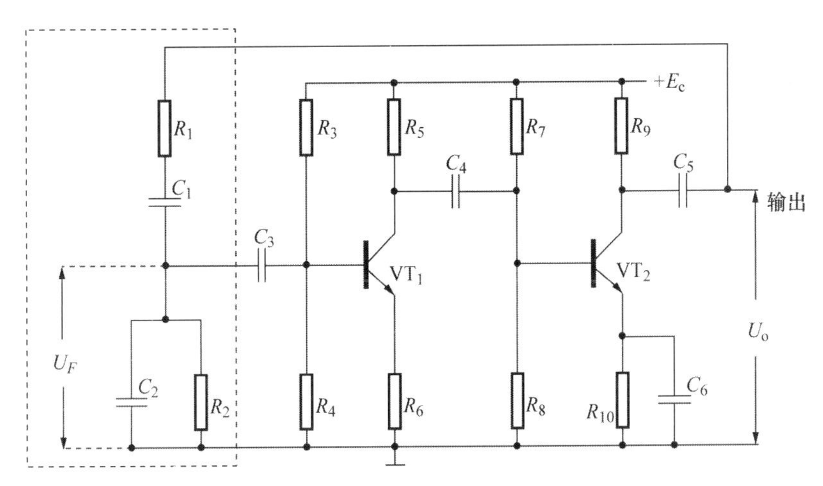

图 2-2 *RC* 桥式振荡器电路

选频网络是一个*RC*串并联反馈电路，其电路及频率特性如图 2-3 所示。当频率很低接近零时，C_1、C_2 的容抗趋向无穷大，U_o 几乎全部降落在 C_1 上，U_F 与 F 近似为零，流过 R_2 的电流也就是流过 C_1 的电流，$\dot{U}_F=\dot{I}_{C_1}R_2$，而 $\dot{I}_{C_1}$ 主要由 C_1 来决定，故 $\dot{I}_{C_1}$ 相位超前 $\dot{U}_o$ 90°，所以 $\dot{U}_F$ 相位也超前 $\dot{U}_o$ 90°。随着频率逐渐升高，C_1 的容抗逐渐减小，因此 C_1 上的压降减小，R_2 上的分压则逐渐增加，U_F 与 F 也逐渐增大，选频网络所引起的相移 φ 也逐渐变小。

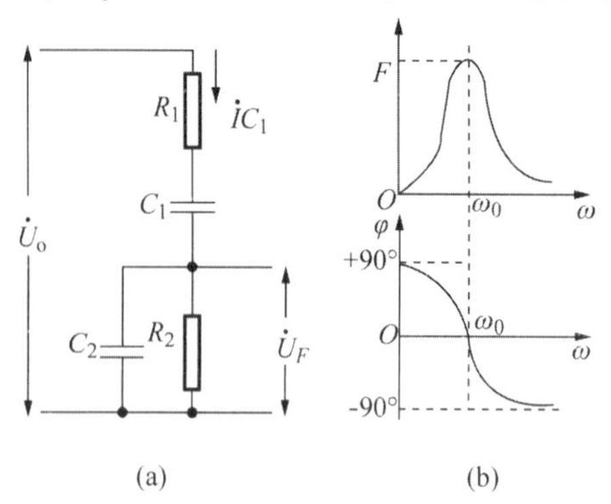

图 2-3　*RC* 选频网络电路及频率特性

当频率很高趋向无穷大时，C_1 和 C_2 的容抗都很小，C_1 串联于回路中，它与 R_1 相比可以忽略，C_2 与 R_2 并联，由于 C_2 的容抗很小，所以 $\dot{U}_F$ 与 F 很小，$\dot{U}_F$ 为 $\dot{I}_{R_1}$ 在 C_2 上的降压，$\dot{I}_{R_1}$ 与 $\dot{U}_o$ 同相，所以 $\dot{U}_F$ 近似落后于 $\dot{U}_o$ 90°。随着频率逐渐降低，U_F 和 F 也随着增大，相角 φ 也逐渐减小。当 $\omega=\omega_0$ 时，U_F 和 F 达到最大，相移 $\varphi=0°$。

由于 *RC* 串并联网络对不同频率的信号具有上述选频特性，因此，当它与放大器组成正反馈放大器时，就有可能使 $\omega=1/(RC)$ 的频率满足振幅和相位条件，从而得到单一频率的正弦振荡。如图 2-2 所示，VT_1、VT_2 组成两级阻容耦合放大器。其频率特性很宽，可以把放大倍数 A 看成常数，每级放大器倒相 180°，两级放大器共产生 360°的相移，为同相放大。在 $\omega=\omega_0=1/(RC)$ 时，$\varphi=0°$，满足相位平衡条件。只要放大器总放大倍数 $A\geqslant3$，则 $A_F\geqslant1$，即可满足振幅平衡条件。因此，在频率为 ω_0 时满足振幅、相位条件而产生振荡。对于其他频率，由于 *RC* 网络相移不为零，且振幅传输系数很快下降，所以其他任何频率都不可能形成振荡。

3. 低频信号发生器的放大电路

放大电路包括电压放大器和功率放大器。

1）电压放大器

主振级中的电压放大器，应能满足振荡器的幅度和相位平衡条件。*RC* 桥式振荡器中的电压放大器应是同相放大器。

缓冲放大器主要用于阻抗变换。在低频信号发生器中，主振信号首先经过缓冲放大器，然后再输入给电压放大器或输出衰减器，使衰减器阻抗变化或电压放大器输入阻抗变化时，不影响主振级的工作。

一般电压放大器的原理框图如图 2-1 所示。为了使主振输出调节电位器的阻值变化不影响电压放大倍数，要求电压放大器的输入阻抗较高。低频信号发生器的工作频率范围较宽，要求电压放大器的通频带也较宽，并且波形失真小，工作稳定。电压放大器的后级是输出衰减器和指示电压表，为了在调节输出衰减器时，阻抗变化不影响电压放大器，要求电压放大器的输出阻抗低，有一定的负载能力。满足上述指标的放大器才能用于低频信号发生器中。

2）功率放大器

某些低频信号发生器要求有功率输出，这样要有功率放大器。在低频信号发生器中，对功率放大器的主要要求是失真小，输出额定功率，并设有保护电路。

功率放大器主要是为负载提供所需要的功率，因此晶体管均工作在大信号（大电压、大电流）状态。为了充分利用晶体管，其工作电流、电压都接近晶体管的极限值。所以要求功率放大器既要满足输出功率的要求，又要避免晶体管过热，并且非线性失真也不能太大。由于功率放大器实际上是一个换能器，即将晶体管集电极直流输入功率转换为交流输出功率，因此还要求换能效率高。

由于功率放大器工作在大信号状态下，晶体管往往在接近极限参数下工作，所以在设计不当或使用条件变化时，就容易超过极限范围导致晶体管损坏。因此，在功率放大器电路中，常常加上保护电路。当因负载短路等原因使功率管中电流、功耗超过极限范围时，利用负载短路取样信号，通过保护电路可以切断输入信号或切断电源，以达到保护目的；或者用保护电路把功率管负载线限制在安全工作区域之内。

4. 低频信号发生器的输出电路

对于只要求电压输出的低频信号发生器，输出电路仅仅是一个电阻分压式衰减器。对于需要功率输出的低频信号发生器，为了与负载匹配，以减小波形失真和获得最大输出功率，还必须接上一个或两个匹配输出变压器，并用波段开关改变输出变压二次侧圈数来改变输出阻抗，以获得最佳匹配。

低频信号发生器中的输出电压调节，常常可以分为连续调节和步进调节。为了使主振输出电压连续可调，采用电位器作连调衰减器。为了步进调节电压，用步进衰减器按每挡的衰减分贝数逐挡进行。例如 XD22 型低频信号发生器中的步进衰减器，共分 9 级衰减，每级衰减 10 dB，共 90 dB。衰减器原理如图 2－4 所示。一般要求衰减器的负载阻抗很大，使负载变化对衰减系数影响较小，从而保证衰减器的精度。衰减器每级的衰减量根据输入、输出电压的比值取对数求出。现以波段开关置于第二挡为例，根据下式计算衰减量：

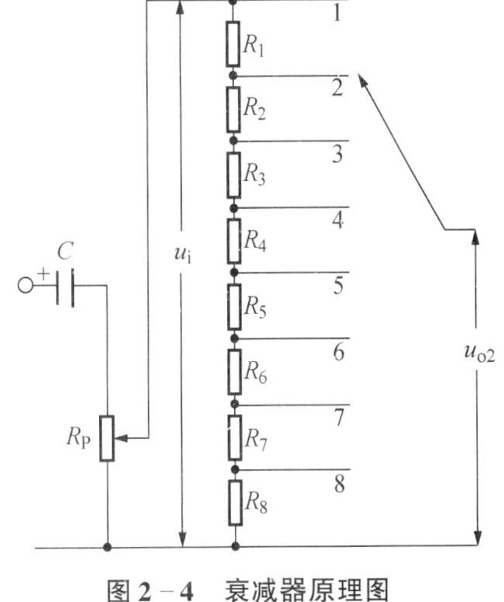

图 2－4　衰减器原理图

$$\frac{u_{o2}}{u_i}=\frac{R_2+R_3+R_4+R_5+R_6+R_7+R_8}{R_1+R_2+R_3+R_4+R_5+R_6+R_7+R_8}$$

根据 XD22 型低频信号发生器衰减器的参数计算得

$$\frac{u_{o2}}{u_i}=0.316$$

两边取对数为

$$20\lg\frac{u_{o2}}{u_i}=-10\ \text{dB}$$

同理，第三挡为

$$\frac{u_{o3}}{u_i}=0.1$$

$$20\lg\frac{u_{o3}}{u_i}=-20\ \text{dB}$$

依此类推，波段开关每增加一挡，就增加 10 dB 的衰减量。根据需要可任选衰减量。

输出电路还包括电子电压表，一般接在衰减器之前。经过衰减的输出电压应根据电压表读数和衰减量进行估算。

2.2.2 低频信号发生器的主要性能指标与要求

1. 频率范围

频率范围是指各项指标都能得到保证时的输出频率范围，或称为有效频率范围。一般为 20 Hz ~ 200 kHz，现在做到 1 Hz ~ 1 MHz 并不困难。在有效频率范围内，频率应能连续调节。

2. 频率准确度

频率准确度是表明实际频率值与其标称频率值的相对偏离程度，一般为 ±3%。

3. 频率稳定度

频率稳定度是表明在一定时间间隔内，频率准确度的变化，所以实际上是频率不稳定度或漂移。没有足够的频率稳定度，就不可能保证足够的频率准确度。另外，频率的不稳定可能使某些测试无法进行。频率稳定度分长期稳定度和短期稳定度。频率稳定度一般应比频率准确度高 1 ~ 2 数量级，一般应为每小时 0.1% ~ 0.4%。

4. 非线性失真

振荡波形应尽可能接近正弦波，这项特性用非线性失真系数表示，一般要求失真系数不超过1% ~ 3%，有时要求低至 0.1%。

5. 输出电压

输出电压须能连续或步进调节，幅度应在 0 ~ 10 V 范围内连续可调。

6. 输出功率

某些低频信号发生器要求有功率输出，以提供负载所需要的功率。输出功率一般为 0.5 ~ 5 W 连续可调。

7. 输出阻抗

对于需要功率输出的低频信号发生器，为了与负载完美地匹配，以减小波形失真和获得最大输出功率，必须有匹配输出变压器来改变输出阻抗，以获得最佳匹配，如 50 Ω，75 Ω，150 Ω，600 Ω 和 1.5 kΩ 等几种。

8. 输出形式

低频信号发生器应有平衡输出和不平衡输出两种输出形式。

2.2.3 低频信号发生器的使用

低频信号发生器虽然型号很多，但是除频率范围、输出电压和功率大小等有些差异外，它们的基本测试方法和应用范围是相同的。下面介绍低频信号发生器面板装置、测试步骤与技巧等方面的一些共性内容，以便使用者能在此基础上使用各种不同型号的低频信号发生器。下面就以图 2-5 所示的 AS1033 型低频信号发生器为例进行介绍。

图 2-5 AS1033 型低频信号发生器

1. AS1033 低频信号发生器指标

AS1033 低频信号发生器是新一代智能化产品。其具有友好的人机对话界面，由于输出频率和幅度均为数字显示，克服了传统的信号发生器刻度盘读数的不便和误差。

1）正弦波特性

频率范围：2 Hz ~ 2 MHz。

信号幅度：0.5 mV_{rms} ~ 5 V_{rms}（可调）。

幅频特性：≤ ±0.3%。

失真度：2 ~ 20 Hz ≤0.3%，20 Hz ~ 200 kHz ≤0.1%。

200 kHz ~ 2 MHz 谐波分量：≤ -46 dB。

2）方波特性

最大输出电压：14 V_{P-P}（无负载，中心电平为零）。

占空比系数：20% ~ 80%（连续可调）。

逻辑电平输出：TTL 电平，上升、下降沿小于或等于 25 ns。

输出频率调节：五位数码管显示频率。

3）频段调节

频率从 2 Hz 至 2 MHz 共分 5 挡，根据需要可用轻触按钮在 5 挡内任选。

第一频段：2 ~ 20 Hz。

第二频段：20 ~ 450 Hz。

第三频段：450 Hz ~ 7 kHz。

第四频段：7 ~ 100 kHz。

第五频段：100 kHz ~ 2 MHz。

4）频率调节

可用轻触按钮选择快调和慢调，有发光二极管（LED）显示。

可用数码开关快调和慢调，根据手动的快和慢，频率发生相应快和慢的变化。

5）输出电压调节

三位数码管显示电压有效值或 dB 值，可通过轻触按钮任意选择显示方式。

电压粗调：采用轻触按钮调节，有 20 dB、40 dB、60 dB 三挡可以选择。

电压细调：采用电位器调节，在 0～20dB 内连续可调。

6）输出阻抗 600 Ω

7）正常工作条件

环境温度：0～40 ℃。

相对湿度：<90%（40 ℃）。

气压：86～106 kPa。

电源电压：(220±22)V，(50±2.5)Hz。

2. 面板装置

一般低频信号发生器面板上所具有的控制装置有频段（频率倍乘）选择按钮、频率调节（调谐）旋钮、频率微调旋钮、输出调节旋钮、衰减选择开关、波形选择钮、频率显示、幅度显示、电源开关与指示灯等。现分别介绍如下，其面板示意如图 2－6 所示。

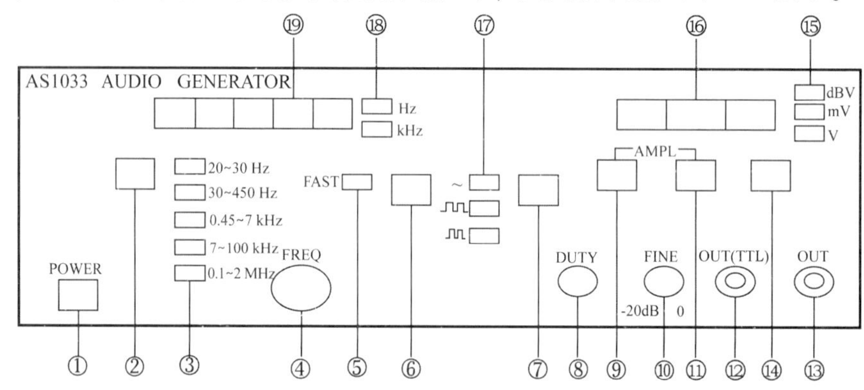

图 2－6 AS1033 低频信号发生器面板示意图

①整机电源开关（POWER）。按下此开关，接通电源，同时面板上指示灯亮。

②频段选择开关（也称为频率倍乘开关）。按下一次，转换一个频段，指示灯上移一格。有 4 挡：20～200 Hz（或 ×1），200 Hz～2 kHz（或 ×10），2～20 kHz（或 ×100），20～200 kHz（或 ×1 000）。

③频段指示灯。显示当前输出信号频段。

④输出信号频率调谐开关（FREQ）。此旋钮为数码开关，转动此旋钮，频率会跟着自动换挡。

⑤频率调节快慢指示灯。

⑥频率调节快慢选择按钮。每按一次，快与慢转换一次，频率调节快慢指示灯⑤亮为快挡（FAST），否则为慢挡。

⑦输出波形选择。每按此键一次，在正弦波、方波和脉冲波之间转换，指示灯同时切换指示。

⑧方波占空比调节（DUTY）。调节占空比为 20%～80%。

⑨输出幅度粗调（增加）。每按一次，增加衰减量 20 dB。

⑩输出幅度调节电位器（FINE）。此旋钮按顺时针方向旋转，输出幅度加大；反之，则减小。总幅度为 20 dB。

⑪输出幅度粗调（减小）。每按此键一次，减小衰减量 20 dB。

⑫逻辑电平输出（TTL）。单独的逻辑电平、方波输出。

⑬输出端（OUT）。正弦波信号输出端，输出阻抗为 600 Ω。

⑭输出电压幅度/衰减电平显示选择。每按一次，显示输出电压幅度与衰减电平之间转换一次。

⑮输出幅度单位指示。指示当前显示幅度的单位是 dBV、mV 或 V。

⑯输出幅度/衰减电平显示数码管。三位数码显示输出幅度/衰减电平有效数字。

⑰输出波形选择指示灯。指示当前输出波类型。

⑱频率单位显示。显示 Hz 或 kHz。

⑲输出频率显示数码管。五位数码显示频率的有效数字。

3. 测试步骤与技巧

1）准备工作

将电源线接入 220 V/50 Hz 电源，把输出幅度调节旋钮置于逆时针旋到底的起始位置，然后开机预热片刻，使仪器稳定工作后使用。

2）选择频率

首先按频段选择开关②，粗调频段，然后转动频率调谐开关④细调频率，观察输出频率显示数码管⑲，看是否达到所需频率。例如，需要获得频率为 1 000 Hz 的正弦信号。首先按输出波形选择钮⑦，选择正弦波；频率选择手动按钮应置于 200 ~ 2 000 Hz 挡，然后转动频率调谐开关④细调频率，观察输出频率显示数码管⑲，得到的频率为 1 000 Hz。

3）输出电压调节

首先根据使用要求输出电压有效值或输出衰减电平值。按一次输出电压幅度/衰减电平显示选择按钮⑭，选择显示电压幅度或衰减电平。然后按⑪或⑨输出粗调按钮进行粗调，最后转动输出幅度调节电位器⑩细调，观察输出显示数码管⑯是否达到所需电压幅度或衰减电平。

4）方波输出

使用逻辑电平输出端（TTL）⑫，调节占空比电位器⑧，用示波器观察输出方波波形，直至达到所需要的方波。

4. 测试应用

（1）熟悉低频信号发生器面板装置的名称、位置和作用。

（2）观察信号发生器输出信号。

①低频信号发生器输出已知频率和已知电压的信号。$f_1 = 10$ kHz、$u_1 = 2$ V，$f_2 = 1$ kHz、$u_2 = 5$ V。用电子电压表测量输出电压值。用示波器观察输出信号波形，并测量、计算电压（峰峰值、有效值）、周期、频率。

②低频信号发生器输出 $f = 1$ kHz、$u = 5$ V 的信号，将分贝衰减器置于 0 dB、20 dB、40 dB、60 dB 时，用电子电压表测量低频信号发生器的输出电压。

③记录低频信号发生器做上述测量时仪器面板的主要控制装置的位置，整理测试数据，

比较低频信号发生器输出信号的自身指示值和测量值。

5. 注意事项

（1）使用前请先仔细阅读使用说明书。

（2）开机预热 15 min 左右。

（3）输出小信号时，连接线不宜太长，否则会影响输出信号的幅频特性。

（4）使用时应避免剧烈振动、高温和强磁场的影响。

2.3　高频信号发生器

高频信号发生器是一种向电子设备提供等幅正弦波和调制波的高频信号源。其工作频率一般为几十千赫兹至几百兆赫兹，主要用于各种接收机的灵敏度、选择性等参数的测量。

高频信号发生器按照用途的不同，可以分为标准信号发生器和信号发生器两种。

标准信号发生器是一个对输出电压（功率）、频率和波形已进行校准的振荡器，主要用来调整和试验接收机的噪声系数、灵敏度、振幅特性、选择性等。因此，它必须具有标准的输出电压（功率）衰减器、最小的输出信号、良好的屏蔽性、高质量的调制能力及准确的调制系数测量仪。

信号发生器是一个没有校准输出电压的信号源。主要用来给各种电子设备提供高频能量。其特点是：有足够的输出功率；能输出标准的电压值和很小的电压值，因而不需要屏蔽；有很高的频率稳定度；谐波系数小等。

高频信号发生器按照调制方式的不同，又可以分为调幅和调频两类。

2.3.1　基本组成和工作原理

高频信号发生器主要由主振级、调制级、内调制振荡器、输出级、监测器和电源组成。其原理框图如图 2－7 所示。主振级产生的高频正弦信号，送入调制级，用内调制振荡器或外调制输入的音频信号调制，再送到输出级，以保证有一定的输出电平调节范围和恒定的源阻抗。监视器用来测量输出信号载波的电平和调幅系数。

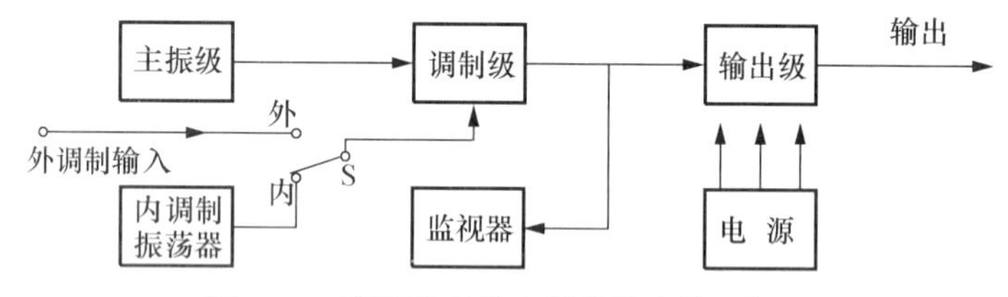

图 2－7　高频信号发生器的基本原理框图

1. 主振级

主振级就是载波发生器，也叫高频振荡器，其作用是产生高频等幅信号。振荡电路通常采用 LC 振荡器。根据反馈方式的不同，可以分为变压器反馈式、电感反馈式（又称为电感三点式）及电容反馈式（又称为电容三点式）3 种振荡器形式。而高频信号发生器的主振级一般采用变压器反馈和电感反馈振荡电路，如图 2－8 和图 2－9 所示。通常通过切换振荡回

路中不同的电感 L 来改变频段，通过改变振荡回路中的电容 C 来改变振荡频率的调节。

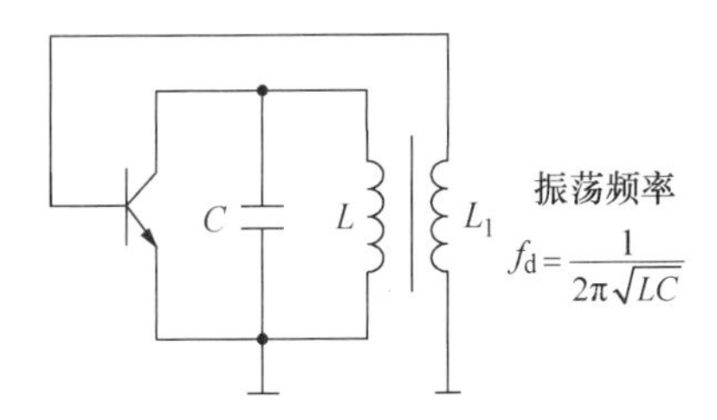

图 2－8　变压器反馈式振荡器电路

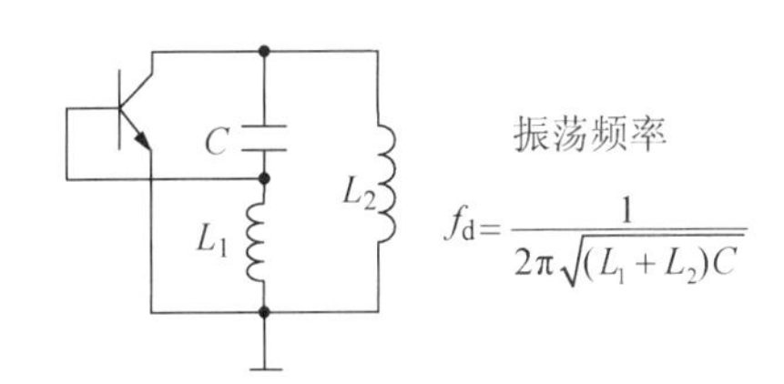

图 2－9　电感反馈式振荡器电路

频率稳定是高频信号发生器的主要指标，必须采取措施来提高。主振频率的不稳定原因一般有两方面：一方面是外界条件（如温度、电源电压、负载、湿度等）的变化，直接影响 LC 振荡回路参数的变化；另一方面是电路和元器件内部的噪声、衰减等产生的寄生相移，引起间接的频率变化。

2. 调制级

高频信号发生器中的调制，多采用正弦波幅度调制、脉冲调制、视频幅度调制和正弦波频率调制等。其中，调幅主要用于高频段，调频主要用于甚高频和超高频段；脉冲调制多用于微波信号发生器，视频调制主要用于电视使用的频段。现在的信号发生器大都能同时进行调幅和调频。

3. 输出级

高频信号发生器中的输出级，主要由放大器、滤波器、连续可调衰减器、步级衰减器等组成。对输出级的要求是：输出电平调节范围宽，能准确读出衰减量，有良好的频率特性，输出端有固定而准确的内阻。

4. 调制信号发生器

调制信号发生器分为内调制信号和外调制信号两种。调制信号发生器就是产生内调制信号的，也叫内调制振荡器，一般的高频信号发生器产生的内调制信号有 400 Hz 和 1 kHz 两种。

2.3.2　高频信号发生器的性能及使用方法

图 2－10 所示是 YB1051 型高频信号发生器，下面以此高频信号发生器为例来说明其主要性能指标、面板装置及使用方法。

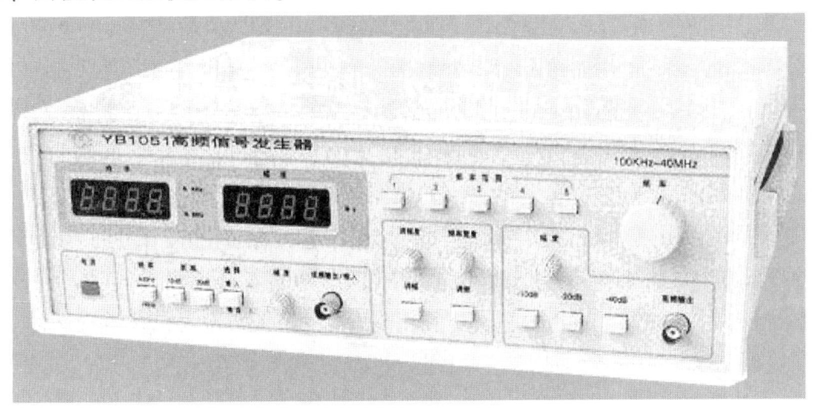

图 2－10　YB1051 型高频信号发生器

1. 主要性能指标

（1）频率范围：0.1 Hz ~ 40 MHz，数字显示，误差为0.1%。

（2）输出阻抗：50 Ω。

（3）输出幅度：最大1 V（有效值），稳幅，数字显示，连续可调。

（4）调制方式：内调制信号1 kHz。

调幅：深度0% ~ 50%，连续可调。

调频：频偏100 kHz，连续可调。

（5）低频输出：1 kHz。

失真度：小于1%。

输出幅度：最大2.5 V（有效值），连续可调。

衰减：10 ~ 40 dB。

2. 面板说明

YB1051高频信号发生器的面板如图2－11所示。

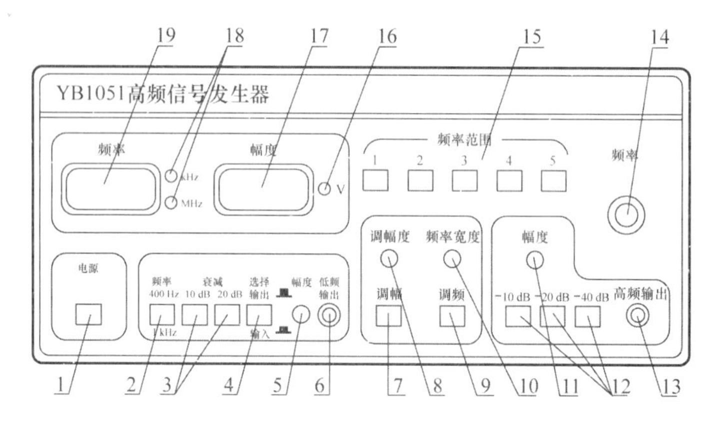

图2－11 YB1051高频信号发生器的面板

1—电源开关；2—音频频率选择（按下为400 Hz，弹出为1 kHz）；3—音频输出衰减（按下为衰减）；4—音频输入/输出选择（按下为输入，弹出为输出）；5—音频输出幅度细调；6—低频输出口；7—调幅选择（按下有效）；8—幅度调节旋钮；9—调频选择（按下有效）；10—频率调节旋钮；11—幅度细调；12—载波输出幅度衰减（按下有效）；13—高频输出口；14—频率调节旋钮；15—频率范围选择；16—输出幅度单位指示灯；17—输出幅度值显示；18—输出频率单位指示灯；19—输出频率值显示

3. 使用方法

（1）开启电源1，将仪器预热5 ~ 10 min。

（2）音频信号的使用：将输入/输出按钮4弹出（音频输出），根据需要来设置音频频率和幅度。通过按钮2选择需要的频率；通过按钮3进行衰减调节，可进行叠加（衰减为30 dB）；通过细调旋钮5进行幅度调节；从低频输出口6将信号输出。

（3）高频信号的使用：按下调幅按钮7和调频按钮9；通过按钮15选择合适的频率范围，并调节频率旋钮14得到需要的频率，其输出频率值将在频率显示栏19中显示出来；调节幅度旋钮11进行幅度调节，同时，幅度值将在幅度显示栏17中显示出来；衰减开关12可对输出幅度进行衰减，可进行叠加（3个同时按下衰减为70 dB）；通过高频信号输出口13将信号输出，其有效值为幅度显示栏中的显示值乘以衰减。

（4）调幅信号的使用。

内调幅：输入/输出开关4弹出（为输出状态），按下调幅按钮7，通过调幅旋钮8进行幅度调节，根据高频信号的使用方法，调节调幅波载波的频率和幅度，输出口13输出已调信号。

外调幅：按下输入/输出开关4（为输入状态），将外调幅信号输入低频输出口6，按下调幅开关7，旋转调幅旋钮8可调节调幅波的幅度，并可根据高频信号的使用方法，调节调幅波的载波频率和幅度，通过高频输出口13输出已调幅的信号。

（5）调频信号的使用。

内调频：输入/输出开关4弹出（为输出状态），按下调频开关9，旋转调频旋钮10可调节调频波的频偏，并可根据高频信号的使用方法，调节调频波的载波频率和幅度，通过输出口13输出已调频的波形。

外调频：按下输入/输出开关4（为输入状态），将外调频信号输入低频输出口6，按下调频开关9，旋转调频旋钮10可调节调频波的幅度，并可根据高频信号的使用方法，调节调频波的载波频率和幅度，通过高频输出口13输出已调频的信号。

2.4　函数信号发生器

函数信号发生器是一种能产生正弦波、三角波、方波、斜波和脉冲波等信号的装置，常用于科研、生产、维修和实验中。例如，在教学实验中，常使用函数发生器的输出波形作为标准输入信号，接至放大器的输入端，配合测试仪器。例如，用示波器定性观察放大器的输出端，判断放大器是否工作正常。如果不正常，通过调整放大器的电路参数，使之工作在放大状态；然后通过测试仪器（例如用晶体管毫伏表对输出端进行定量测试），从而获得该放大器的性能指标。

2.4.1　函数信号发生器的工作原理

函数信号发生器的工作原理如图2－12所示。

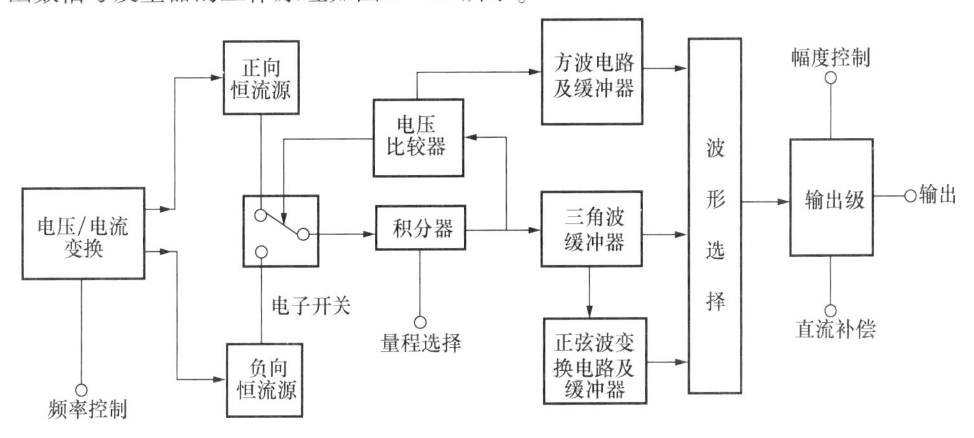

图2－12　函数信号发生器原理框图

函数信号发生器采用恒流对积分器中的电容器进行充、放电来产生三角波和方波。在图 2－12 中，电子开关在电压比较器输出的开关信号作用下，用于控制恒流源对电容器进行充、放电。当正向恒流源对电容器进行充电时，电容器上的电压线性上升，若达到电压比较器的正阈值时，电压比较器电路状态翻转，迫使电子开关状态改变，于是电容器对反向恒流源放电；当电容器上的电压降至电压比较器的负阈值时，电压比较器和电子开关的状态随之翻转。周而复始，于是在电容器上得到三角波，在电压比较器输出端得到方波。

如果改变充、放电的电流值或电容的容量，便可获得不同频率的信号。可以通过改变电容的容量来改变输出信号的频段，通过调节电位器来改变恒流源电流的大小，以实现频率的连续变化。

改变正、负充放电流的大小可使波形由三角波变为各种斜率的锯齿波，同时，方波就变成各种占空比的脉冲。采用多级桥式二极管网络，利用二极管的非线性原理，可使三角波变换为下正弦波。由波形选择开关选出的正弦波、三角波及其他波形，经输出级的电压或功率放大后输出。

2.4.2　函数信号发生器的应用

EE1641B 型函数信号发生器是一种精密的测试仪器，如图 2－13 所示。具有连续信号、扫描信号、函数信号、脉冲信号等多种输出信号和外部测频功能。

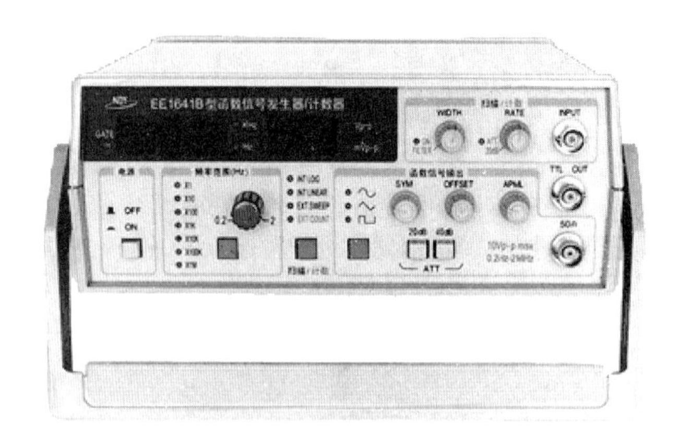

图 2－13　EE1641B 型函数信号发生器

1. 主要特点

（1）采用大规模单片集成精密函数发生器电路。

（2）采用单片微机电路进行整周期频率测量和智能化管理，对输出信号的频率幅度可以直观、准确地了解。

（3）该机采用了精密电流源电路，使输出信号在整个频带内均具有相当高的精度。同时，由于多种电流源的变换使用，使仪器不仅具有正弦波、三角波、方波等基本波形，还具有锯齿波、脉冲波等多种非对称波形的输出，并且对各种波形均可以实现扫描功能。

2. 技术参数

1）函数信号发生器技术参数

(1) 输出频率。

EE1641B：频率范围为0.2 Hz~2 MHz，按十进制分类，共分7挡，每挡均以频率微调电位器进行频率调节。

(2) 输出信号阻抗。

函数输出：50 Ω。

TTL同步输出：600 Ω。

(3) 输出信号波形。

函数输出（对称或非对称输出）：正弦波、三角波、方波。

TTL同步输出：脉冲波。

(4) 输出信号幅度。

函数输出：峰-峰值10×(1±10%)V（50 Ω负载），峰-峰值20×(1±10%)V(1 MΩ负载)。

TTL脉冲输出：标准TTL幅度。

(5) 函数输出信号直流电平：-5~+5 V可调（50 Ω负载）。

(6) 函数输出信号衰减：0 dB/20 dB/40 dB三挡可调。

(7) 输出信号类型：单频信号、扫频信号。

(8) 函数输出非对称性调节范围：25%~75%。

(9) 扫描方式。

内扫描方式：线性/对数扫描方式。

外扫描方式：由VCF输入信号决定。

(10) 内扫描特性。

扫描时间：10 ms ~ 5 s。

扫描宽度：<1倍频程。

(11) 外扫描特性。

输入阻抗：约100 kΩ。

输入信号幅度：0~2 V。

输入信号周期：10 ms~5 s。

(12) 输出信号特征。

正弦波失真度：<2%。

三角波线性度：>90%。

(13) 脉冲波上升沿、下降沿时间。

EE1641B：<100 ns。

测试条件：10 kHz频率输出，输出幅度5 V_{P-P}，直流电平调节到“关”位置（直流电平为0 V）。对称性调节为“关”位置输出对称信号，整机预热10 min。

(14) 输出信号频率稳定度：±0.1%。

测试条件：100 kHz正弦波频率输出，输出幅度是峰-峰值为5 V信号，直流电平为0 V；环境温度为15~25 ℃，整机预热30 min。

(15) 幅度显示。

显示位数：3位（小数点自动定位）。

显示单位：V_{P-P}或 mV_{P-P}。

显示误差：$U_o(1 \pm 20\%)$（负载电阻为50 Ω）。

分辨力：峰－峰值0.1 V（衰减0 dB）。

峰－峰值10 mV（衰减20 dB）。

峰－峰值1 mV（衰减40 dB）。

（16）频率显示。

显示范围：0.2 Hz～20 000 kHz。

在用作信号源输出频率指示时，闸门指示灯不闪亮，显示位数为4位（其中500～999为3位）。在外测频时，显示有效位数：5位，10 Hz～20 000 kHz；4位，1 Hz ～10 Hz；3位，0.2～1 Hz。

2）频率计数器技术参数

（1）频率测量范围：0.2 Hz～20 000 kHz。

（2）输入电压范围（衰减器为0 dB）：

50 mV～2 V（10 Hz～20 000 kHz）。

100 mV～2 V（0.2～10 Hz）。

（3）输入阻抗：500 kΩ/30 pF。

（4）波形适应性：正弦波、方波。

（5）滤波器截止频率：大约为100 kHz（带内衰减，满足最小输入电压要求）。

（6）测量时间：0.1 s（$f_i > 10$ Hz）；单个被测信号周期（$f_i < 10$ Hz）。

（7）测量误差：时基误差与触发误差（触发误差：单周期测量时，被测信号的信号噪声比优于40 dB，则触发误差小于或等于0.3%）。

（8）时基。

标称频率：10 MHz。

频率稳定度：$\pm 5 \times 10^{-5}$。

3）电源适应性及整机功耗

（1）电压：$220 \times (1 \pm 10\%)$ V。

（2）频率：$50 \times (1 \pm 5\%)$ Hz。

（3）功耗：< 30 W。

3. 工作原理

（1）EE1641B型整机电路工作原理如图2－14所示。其由两片单片机进行管理，主要功能为：控制函数发生器产生的频率；控制输出信号的波形；测量输出的频率或测量外部输入的频率并显示；测量输出信号的幅度并显示。

（2）函数信号由专用的集成电路产生，该电路集成度大、线路简单、精度高并易于与微机接口，使得整机指标得到可靠保证。

（3）扫描电路由多片运算放大器组成，以满足扫描宽度、扫描速度的需要。宽带直流功放电路的选用，保证输出信号的带负载能力及输出信号的直流电平偏移均可受面板电位器控制。

（4）整机电源采用线性电路，以保证输出波形的纯净性，具有过压、过流、过热保护的功能。

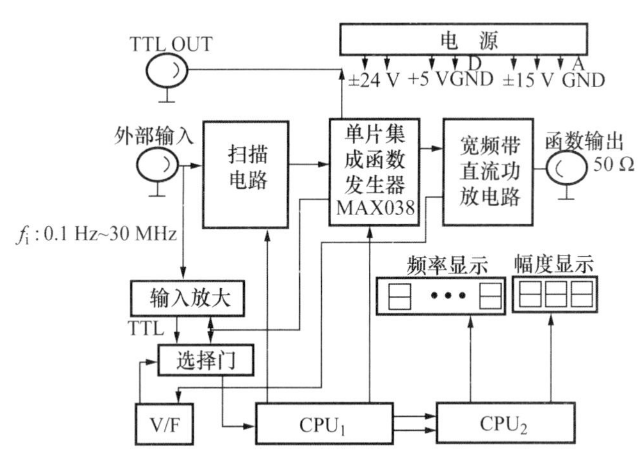

图 2-14 EE1641B 型整机电路工作原理框图

4. 使用说明

EE1641B 型函数信号发生器前面板、后面板布局分别如图 2-15 和图 2-16 所示。

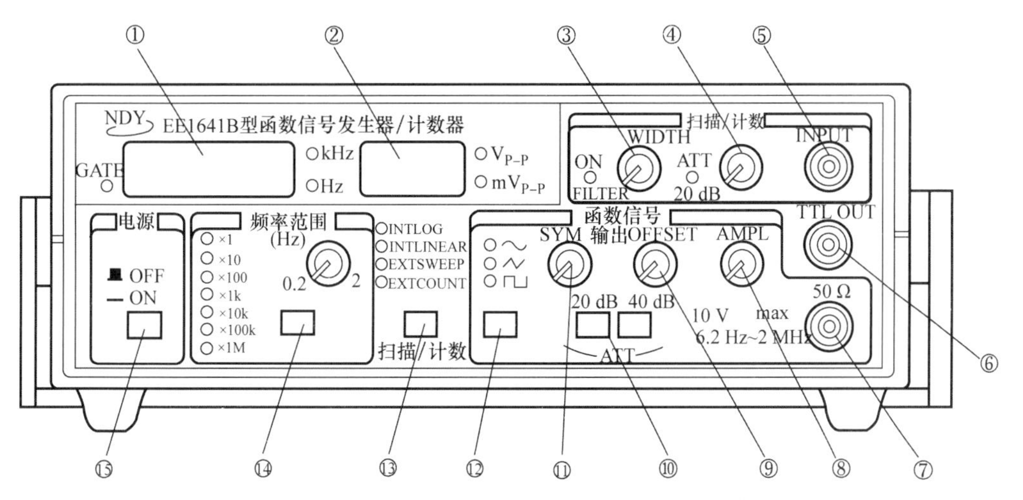

图 2-15 EE1641B 型函数信号发生器前面板示意图

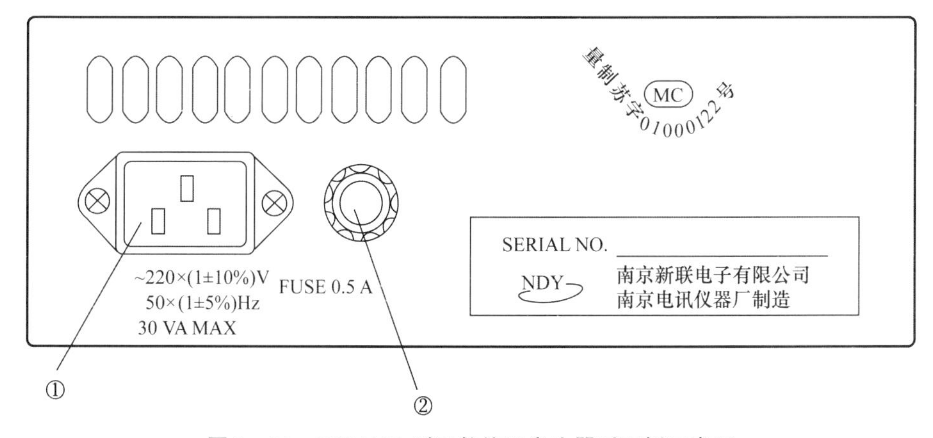

图 2-16 EE1641B 型函数信号发生器后面板示意图

1）EE1641B 型函数信号发生器前面板各部分的名称和作用

① 频率显示窗口：显示输出信号的频率或外测频信号的频率。

② 幅度显示窗口：显示函数输出信号的幅度（50 Ω 负载时的峰 - 峰值）。

③ 扫描宽度调节旋钮。

④ 扫描速率调节：调节此电位器可以改变内扫描的时间长短。在外测频时，逆时针旋到绿灯亮，使外输入测量信号经过衰减 20 dB 后进入测量系统。

⑤ 外部输入插座：当扫描/计数键⑬功能选择在外扫描/外计数状态时，外扫描控制信号或外测频信号由此输入。

⑥ TTL 信号输出端：输出标准 TTL 幅度的脉冲信号，输出阻抗为 600 Ω。

⑦ 函数信号输出端：输出多种波形受控的函数信号，输出幅度峰 - 峰值为 20 V（1 MΩ 负载）、10 V（50 Ω 负载）。

⑧ 函数信号输出幅度调节旋钮：调节范围为 0 ~ 20 dB。

⑨ 函数输出信号直流电平预置调节旋钮：调节范围为 -5 ~ +5 V（50 Ω 负载），当电位器处在关断位置时（逆时针旋到底），则为 0 电平。

⑩ 函数信号输出幅度衰减开关：20 dB、40 dB 键均不按下，输出信号不经衰减，直接输出到插座口；20 dB、40 dB 键分别按下，则可选择 20 dB 或 40 dB 衰减。

⑪输出波形对称性调节旋钮：调节此旋钮可改变输出信号的对称性。当电位器处在关断位置时（逆时针旋到底），则输出对称信号。

⑫函数输出波形选择按钮：可选择正弦波、三角波、脉冲波输出。

⑬扫描/计数按钮：可选择多种扫描方式和外测频方式。

⑭频率范围选择旋钮：调节此旋钮可改变输出频率的 1 倍频程。

⑮整机电源开关：按下键时，电源接通，整机工作。此键弹出为关掉整机电源。

2）后面板 EE1641B 型函数信号发生器各部分的名称和作用

① 电源插座（AC 220 V）：交流市电 220 V 输入插座。

② 熔丝座（FUSE 0.5 A）：交流市电 220 V 进线熔丝管座，座内保险容量为 0.5 A，座内另有一只备用 0.5 A 熔丝。

3）测量、试验的准备工作

先检查市电电压，确认市电电压在 220 ×（1 ± 10%）V 范围内，方可将电源线插头插入本仪器后面板电源线插座内，供仪器随时开始工作。

4）自校检查

在使用本仪器进行测试工作之前，可对其进行自校检查，以确定仪器工作正常与否。自校检查程序如图 2 - 17 所示。

5）函数信号输出

（1）50 Ω 主函数信号输出。

以终端连接 50 Ω 匹配器的测试电缆，由前面板插座⑦输出函数信号。

由频率范围选择按钮⑭选定输出函数信号的频段，由频率调节器调整输出信号频率，直到所需的工作频率值。

由波形选择按钮⑫选定输出函数的波形，可以获得正弦波、三角波、脉冲波。

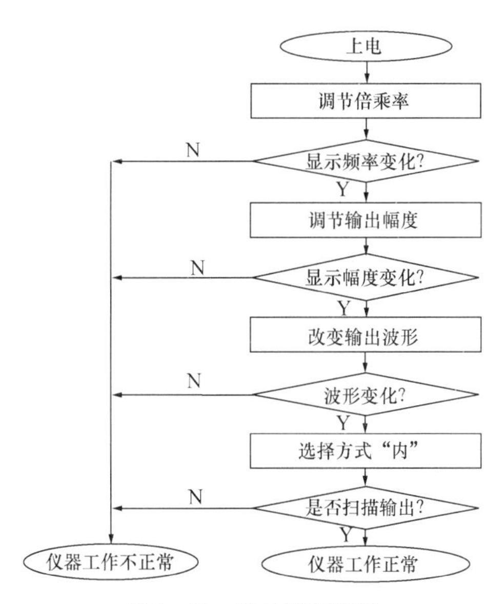

图 2-17　自校检查程序

由信号幅度选择器⑧选定和调节输出信号的幅度。

由信号电平设定器⑨选定输出信号所携带的直流电平。

由输出波形对称调节器⑪可改变输出脉冲信号占空比，与此类似，输出波形为三角波或正弦波时，可使三角波变为锯齿波，正弦波变为正与负半周分别为不同角频率的正弦波形，且可移相 180°。

(2) TTL 脉冲信号输出。

除信号电平为标准 TTL 电平外，其重复频率、调控操作均与函数输出信号的一致。利用测试电缆（终端不加 50 Ω 匹配器）由插座⑥输出 TTL 脉冲信号。

(3) 内扫描扫频信号输出。

将扫描/计数按钮⑬选定为“内扫描方式”。

分别调节扫描宽度调节器③和扫描速率调节器④，即可获得所需的扫描信号输出。

函数输出插座⑦、TTL 脉冲信号输出插座⑥均输出相应的内扫描的扫频信号。

(4) 外扫描调频信号输出。

将扫描/计数按钮⑬选定为“外扫描方式”。

由外部输入插座⑤输入相应的控制信号，即可得到相应的受控扫描信号。

(5) 外测频功能检查。

将扫描/计数按钮⑬选定为“外计数方式”。

用本机提供的测试电缆，将函数信号引入外部输入插座⑤，观察显示频率应与“内”测量时相同。

2.5　合成信号发生器

合成信号发生器使用频率合成器作为信号发生器中的主振荡器。它既有信号发生器良好的输出特性和调制特性，又有频率合成器的高稳定度、高准确度的优点，同时输出的频率、电平、调制深度等均可控制，是一种先进、高档的信号发生器。合成信号发生器一般都很复杂，但其核心都是频率合成器。

频率合成器是以一个固定的频率为参考频率，能接受外来指令，合成一个其他频率的输出，所合成的频率具有与参考频率一样的准确度和稳定度；其控制的线路是使用数字电路设计的，可编程控制，故而多用于自动化测试设备的信号。频率合成器可以合成频率范围极广的信号输出，由毫赫兹到数千兆赫兹。

频率合成的方法一般有两种：直接合成法与间接合成法。

2.5.1 直接合成法

近年来，大规模集成电路的迅速发展，制造出了成本低廉、容量较大的只读存储器及大型数/模转换器，使得人们能更好地采用数字处理的方式直接合成所设定的频率输出。图2－18所示为直接合成法的电路框图。晶体振荡器产生一个参考时基，该参考时基也可以由外部供给，使其和另一台频率合成器的相位完全锁定。此参考频率作为本机的采样频率，将采样频率送入相位累加器中。所设定的频率经由相位计算逻辑来控制累加器，输出所设定频率的相位值，此相位值用 10 bit 的数字信号来代表 0°～360°。相位/振幅变换器为一个只读存储器，函数（正弦波、三角波、锯齿波）的信息已固化在此存储器中，由相位累加器输出的相位值经由变换器找出其对应的振幅值。此值用一个 8 bit 的数字信号来表示，将此数字信号输入数/模转换器转换成模拟信号；该模拟信号经过低通滤波器，将残存的采样噪声等滤掉，得到较为纯净的信号输出；将该信号经由放大器进行放大，最终输出。工作在不同波形时，只是从存储器中读取不同的数据而已，方波是由正弦波所产生的。

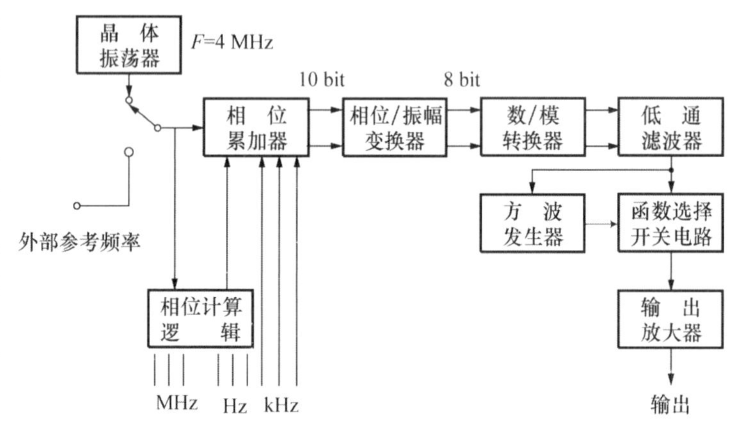

图 2－18　直接频率合成法原理图

2.5.2 间接合成法

间接合成法也称为锁相合成法，它通过锁相环来完成频率的合成。锁相环具有滤波作用，其通频带可以做得很窄，且中心频率易调，又能自动跟踪输入频率，因而可以省去直接合成法中所使用的大量滤波器，有利于简化结构，降低成本，易于集成。

锁相的意义是相位同步的自动控制，能够完成两个电信号相位同步的自动控制闭环系统叫作锁相环，简称 PLL。锁相环路是间接合成法的基本电路。锁相环主要由相位比较器（PD）、压控振荡器（VCO）、环路低通滤波器（LPF）三部分组成，如图 2－19 所示。

压控振荡器的输出 u_o 接至相位比较器的一个输入端，其输出频率的高低由低通滤波器上建立起来的平均电压 u_d 的大小决定。施加于相位比较器另一个输入端的外部输入信号 u_i

与来自压控振荡器的输出信号 u_o 相比较，比较结果产生的误差输出电压 u_φ 正比于 u_i 和 u_o 两个信号的相位差，经过低通滤波器滤除高频分量后，得到一个平均值电压 u_d。这个平均值电压 u_d 朝着减小 VCO 输出频率和输入频率之差的方向变化，直至 VCO 输出频率和输入信号频率获得一致。这时两个信号的频率相同，两相位差保持恒定（即同步），称为相位锁定。

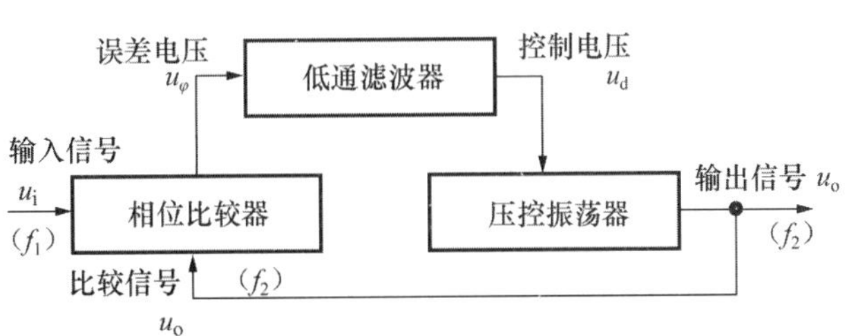

图 2－19　锁相环原理框图

实际中使用的合成信号发生器往往是由多种方案组合而成的，以解决频率覆盖、频率调节、频率跳步、频率转换时间及噪声抑制等问题。

【小知识】

作为信号源一类的仪器，其输出阻抗都是很低的。通信系列的仪器（例如高频信号发生器等）典型值是 50 Ω，电视系列的仪器典型值是 75 Ω（例如扫频仪的扫频输出端或电视信号发生器的射频输出端）。虽然有的低频信号发生器也有几百欧姆输出阻抗的输出端子，但是作为电压输出的端子，其输出阻抗一般不会超过 1 kΩ（低频信号发生器的功率输出端子除外）。之所以信号源的输出阻抗一般都做得很低，是因为信号源是产生信号的。在测量过程中，它要将自己的信号耦合到被测电路上，如果信号源的阻抗做得很低，就很容易将信号源产生的信号耦合到输入阻抗较高的被测电路上。另外，对于高频测量，由于通信设备和电视设备一般射频输入端的阻抗是 50 Ω 和 75 Ω，故而将仪器的输出阻抗设定在 50 Ω 和 75 Ω，在测量过程中，就可以满足所要求的阻抗匹配。

一般在低频测量中，并不是必须阻抗匹配。大多数情况是被测电路的输入阻抗比信号源的输出阻抗大得多，对信号源而言，往往可等效为开路输出（即空载）。而在高频情况下，一般必须要有阻抗匹配，否则由于反射波的影响，会造成耦合到被测电路上的信号幅度与馈线的长短有关，从而造成耦合到被测电路输入端的信号幅度与信号源上的指示值不同，这就会造成测量结果的不正确。当测量频率上升到几十兆赫兹乃至上百兆赫兹时，这种影响就会变得显著。

另外，信号源耦合到被测电路上的信号幅度在匹配和非匹配状态下是不同的，仪器面板上所指示的输出幅度一般要么是空载输出的幅度，要么是匹配输出的幅度，这可通过仪器使用说明或通过实测来确定。如果被测电路的输入阻抗不是比信号源输出阻抗大得多，也不与信号源的输出阻抗相匹配，则不可以通过信号源的面板指示来确定耦合到被测电路上的信号幅度，而要通过实测确定。

本章小结

（1）低频信号发生器产生的是1 Hz～1 MHz的正弦波信号。一般用*RC*桥式振荡电路做主振级产生正弦信号，通过电压和功率放大，再配以衰减器和阻抗匹配器，以适应不同负载及不同幅度输出信号的需求。

（2）高频信号发生器既产生频率较高的正弦信号，也可再对此正弦信号加以调制，使之成为已调波，为高频电子线路调试提供所需的各种模拟射频信号。高频信号发生器用*LC*振荡电路作为主振级，可以进行内调制，也可进行外调制。信号经放大后，由分压器衰减后输出。

（3）函数信号发生器是一种能产生宽频率范围、多波形信号的通用仪器。其输出频率可低至几毫赫兹，高至几十兆赫兹。输出信号波形有方波、三角波、正弦波、锯齿波等。通常先产生一种波形，然后用适当的电子电路对其进行转换，产生新的输出波形。仪器内部对较高频的信号进行调制，可以调幅、调频，也可以扫频；可以内调制，也可外调制。

另外，很多函数信号发生器还带有频率计，用数字方式显示输出信号的频率，可用于测量一定频率范围的输入信号的频率，使得该仪器具有广泛的用途。

（4）合成信号发生器是利用频率合成技术组成的正弦信号发生器。在频率准确度要求较高的场合，用晶体振荡器产生的基准信号合成新的、所需频率的信号。一般采用间接合成即锁相合成，再配以内插振荡器，产生一定频率范围内连续可调的、与晶振频率具有相同稳定度的正弦波信号。整个频率合成器相当于普通正弦信号源的主振级。

知识结构图表

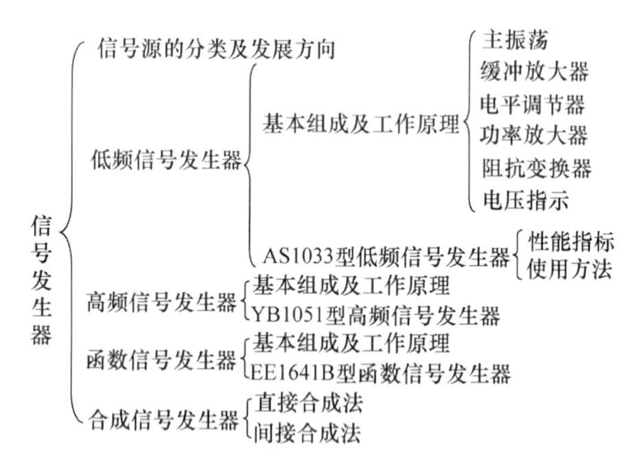

思考与练习

2－1　低频信号发生器一般由哪几部分组成？简单叙述各部分的功能。

2－2　用AS1033型低频信号发生器产生一个有效值为4 mV，频率为5 kHz的信号。

2－3　简述高频信号发生器的基本组成及各部分的功能。

2-4　试述函数信号发生器的工作原理。

2-5　绘图说明频率合成器的工作原理。

2-6　频率合成器有哪些特点？

2-7　基本锁相环由哪些部分组成？为什么可以把锁相环看成是一个以输入频率为中心的窄带滤波器？

第3章 电子电压表

学习要求

理解电压表的工作原理，掌握电压表的使用方法及读数换算方法，理解积分式A/D变换器的工作原理。

学习要点

电压测量的特点，电子电压表的工作原理，电压的数字化测量方法和数字电压表的工作特性，交流电压和直流电压的测量，电平的概念与测量。

电压测量是电子电路测量的一个重要内容。用电压表进行电压测量时，要根据被测信号的特点（如频率的高低、幅度的大小及波形等）和被测电路的状态（如内阻的数值等）正确选择电压表。模拟式电子电压表是将被测电压通过检波与放大，产生与被测电压幅度成正比的直流电流，最后由磁电式电表指示出被测电压的大小。磁电式电表本身就可以做成电压表，但这种电表只能测直流。增加检波环节可以把被测的交流电压转换为直流电压，然后用磁电式电表测量。这样虽然可以解决用直流电表测量交流电时存在的问题，但灵敏度不高，当被测电压的数值较小时，往往不能使指针偏转，指示不出被测电压的数值。磁电式电压表的内阻也不够大，当被测元器件或系统具有较大阻抗时，电压表内阻在一定程度上会将被测元器件或系统分路，从而破坏电路工作状态，使仪表所指示的电压不是真实值。磁电式电压表工作频率也不高，如果被测电压的频率较高，仪表的读数将比真实值小。因此，一般模拟式电子电压表除了加入检波环节外，还附加阻抗转换、电压放大等环节，从而实现对电压的测量。

3.1 交流电压的表征

3.1.1 交流电压的表征概述

1. 峰值 U_P

任意一个周期性的交流电压 $u(t)$，在一个周期内所出现的最大瞬时值，称为该交流电压的峰值，以 U_P 表示。峰值有正峰值（U_{P+}）和负峰值（U_{P-}）之分，其几何意义如图

3－1所示。

峰值与振幅值的概念不同，峰值是从参考零电平开始计算的，而振幅值是以交流电压中的直流分量为参考电平计算的。当电压中包含直流分量时，振幅值与峰值是不相等的；当电压中的直流分量为零时，则峰值等于振幅值。

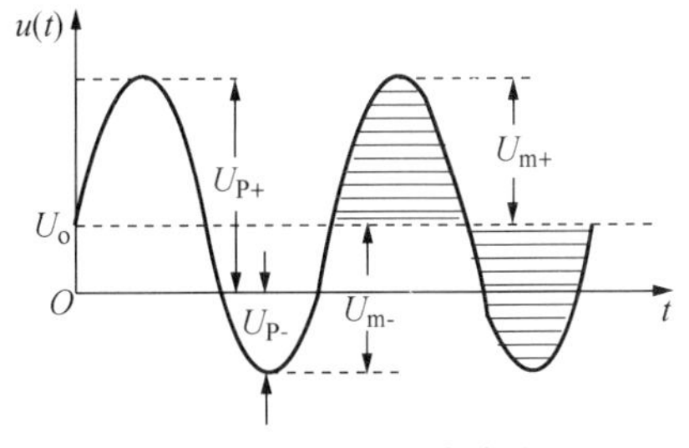

图3－1　交流电压的峰值

2. 平均值 $\overline{U}$

由于在实际电压测量中，总是将交流电压通过检波器变换成直流电压再进行测量，因此在电压测量中，平均值一词通常是指交流电压检波以后的平均值。根据检波器的种类，又分为半波平均值 $\overline{U}_{\frac{1}{2}}$ 和全波平均值 $\overline{U}$。对于不含直流成分的纯交流电压，$\overline{U}=2\overline{U}_{+\frac{1}{2}}=2\overline{U}_{-\frac{1}{2}}$。在测量电压时，如不加说明，平均值指的就是全波平均值。

平均值在数学上的定义为

$$\overline{U}=\frac{1}{T}\int_0^T|u(t)|\,\mathrm{d}t \tag{3-1}$$

原则上，求平均值的时间为任意时间，对周期信号而言，T 为信号周期。

3. 有效值

有效值的物理意义是：交流电压在一个周期内，在一个纯电阻负载中所产生的热量与另一个直流电压在同样情况下产生的热量相等时，这个直流电压的值就是该交流电压的有效值，记为 U，即

$$U=\sqrt{\frac{1}{T}\int_0^T u^2(t)\,\mathrm{d}t} \tag{3-2}$$

有效值比峰值或平均值的应用更为普遍。例如，通常说某一交流电压多少伏，几乎毫无例外地都是指有效值。各类电压表的示值，除特殊情况外，一般都是按正弦波有效值定度的。

正弦波交流电压的平均值、有效值与峰值之间的关系如图3－2所示。其换算关系见表3－1。若被测电压是非正弦波信号，交流电压的有效值、平均值与峰值之间的关系见表3－2。

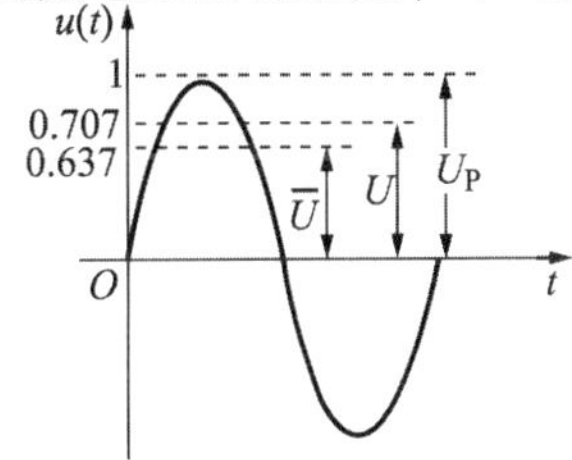

图3－2　正弦波交流电压的平均值、有效值与峰值的关系

表3－1　正弦波交流电压的平均值、有效值与峰值的换算

换算方法	平均值 $\overline{U}$	有效值 U	峰值 U_P	峰－峰值 U_{P-P}
按平均值换算	$\overline{U}$	$1.11\overline{U}$	$1.57\overline{U}$	$3.14\overline{U}$
按有效值换算	$0.900U$	U	$1.414U$	$2.83U$
按峰值换算	$0.637U_P$	$0.707U_P$	U_P	$2.00U_P$
按峰－峰值换算	$0.318U_{P-P}$	$0.354U_{P-P}$	$0.500U_{P-P}$	U_{P-P}

表3－2　几种典型交流电压的波形参数换算表

序	名称	波形图	波形因数 K_F	波峰因数 K_P	有效值	平均值
1	正弦波		1.11	1.414	$U_P/\sqrt{2}$	$\frac{2}{\pi}U_P$
2	半波整流		1.57	2	$U_P/\sqrt{2}$	$\frac{1}{\pi}U_P$
3	全波整流		1.11	1.414	$U_P/\sqrt{2}$	$\frac{2}{\pi}U_P$
4	三角波		1.15	1.73	$U_P/\sqrt{3}$	$U_P/2$
5	锯齿波		1.15	1.73	$U_P/\sqrt{3}$	$U_P/\sqrt{2}$
6	方　波		1	1	U_P	U_P
7	梯形波		$\sqrt{\frac{1-\frac{4\varphi}{3\pi}}{1-\frac{\varphi}{\pi}}}$	$\frac{1}{\sqrt{1-\frac{4\varphi}{3\pi}}}$	$\sqrt{1-\frac{4\varphi}{3\pi}}U_P$	$1-\frac{\varphi}{\pi}U_P$
8	脉冲波		$\sqrt{\frac{T}{t_w}}$	$\sqrt{\frac{T}{t_w}}$	$\sqrt{\frac{t_w}{T}}U_P$	$\frac{t_w}{T}U_P$
9	隔直脉冲波		$\sqrt{\frac{T-t_w}{t_w}}$	$\sqrt{\frac{T-t_w}{t_w}}$	$\sqrt{\frac{t_w}{T-t_w}}U_P$	$\frac{t_w}{T-t_w}U_P$
10	白噪声		1.25	3	$\frac{1}{3}U_P$	$\frac{1}{3.75}U_P$

3.1.2　常用的电压测量仪器

常用测量电压的仪器有模拟式电压表、电子电压表和数字式电压表3种类型。

1. 模拟式电压表

模拟式电压表一般是指“指针式电压表”，它把被测电压加到磁电式电流表上，转换成指针偏转角度的大小来度量。另一种模拟测量是把被测量电压变换成图形高度来测量的仪表，如示波器等。

2. 电子电压表

电子电压表（AVM）是通过放大－检波或检波－放大电路，将被测电压变换成直流电压，然后进行测量。

电子电压表主要用于测量各种高、低频信号电压，它是电子测量中使用最广泛的仪器之一。

3. 数字式电压表

数字式电压表（DVM）是指把被测电压的数值通过数字技术变换成数字量（A/D），然后用数码管以十进制数字显示被测量的电压值。

数字式电压表具有精度高、量程宽、显示位数多、分辨率高、易于实现测量自动化等优点，在电压测量中逐渐占据了重要的地位。

3.2　模拟电子电压表的工作原理

3.2.1　模拟式交流电压表的类型

根据 AC/DC 变换（检波）电路的先后顺序不同，模拟式交流电压表大致可分成以下几种类型。

1. 直接检波式电压表

图 3－3 所示为直接检波式电压表的框图。它是将被测电压检波后，直接由电压表指示出被测电压值。万用表的交流测量就属此类。另外，该类型的表通常作为电子设备内部自备的指示仪表。

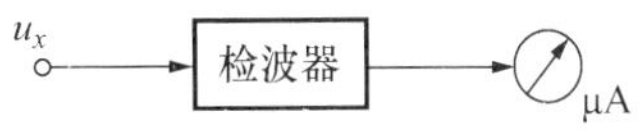

图 3－3　直接检波式电压表框图

2. 放大－检波式电压表

图 3－4 为放大－检波式电压表框图。被测交流电压先经宽带交流放大器放大，然后再检波变成直流电压，驱动电流表偏转。由于先进行放大，可以提高输入阻抗的灵敏度，避免了检波电路工作在小信号时所造成的刻度非线性及直流放大器存在的漂移问题。但是测量电压的频率范围受放大器频带限制，一般这种电压表的上限频率为兆赫级，最小量程为毫伏级。例如 GB－9 型毫伏表就属于该类型的电压表。

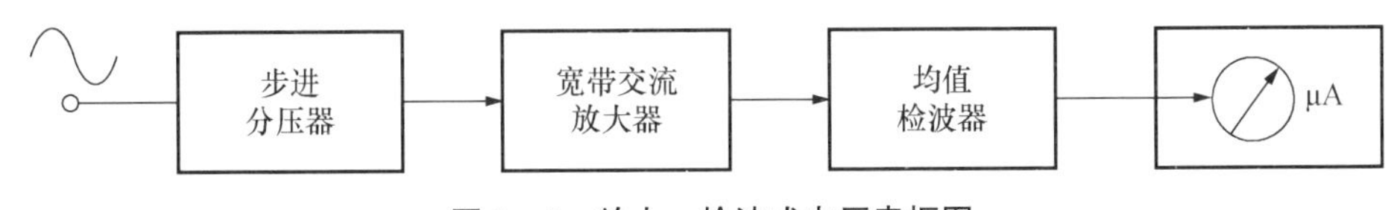

图 3－4　放大－检波式电压表框图

3. 检波－放大式电压表

图 3－5 所示为检波－放大式电压表的组成框图。它将被测电压经检波器检波变成直流电压，经直流放大器放大后驱动直流微安表偏转。该类电压表放大器的频率特性不影响整个电压表的频率响应，因此测量电压的频率范围主要取决于检波电路的频率响应，其上限频率可达1 GHz，此类电压表称为高频毫伏表。

由于检波二极管导通时有一定的起始电压，刻度为非线性，且输入阻抗低，采用普通的直流放大器又有零点漂移，所以灵敏度不高。例如，DYC－5 型电压表就属于此类。

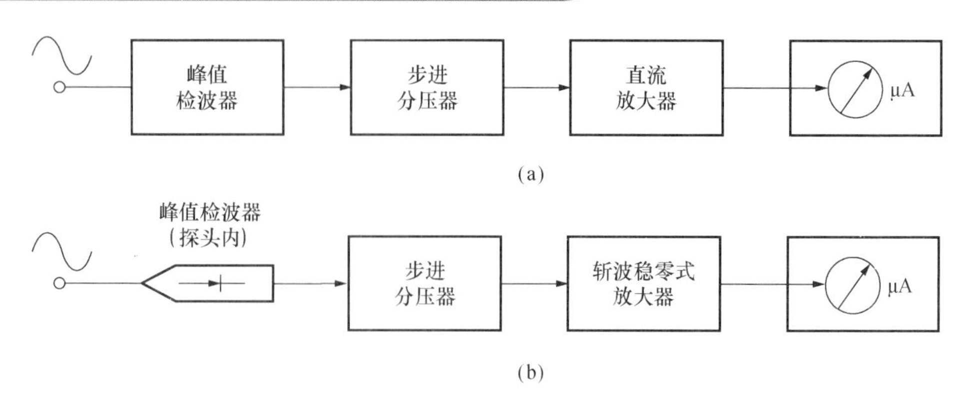

图3－5　检波－放大式电压表框图

（a）组成框图；（b）提高灵敏度措施框图

4. 调制式电压表

图3－6所示为调制式电压表的原理框图。为了使被测的高频电压在数值很小的情况下，仍能驱动微安表产生较大偏转，这就要求直流放大器具有较高的增益。但是一般情况下高倍直流放大器的零点漂移严重，所以采用调制式放大器。其工作原理是：被测的高频电压经过探极中的峰值检波器变成直流电压，送到仪器的输入端；经过量程转换和滤波器，再通过斩波器将直流电压变成交流（一般为50 Hz）电压，然后进行交流放大；最后经检波器解调，变成与输入相对应但被放大了的直流电压，驱动微安表指针偏转，从而实现测量高频的目的。DA－1高频毫伏表就属于此类。

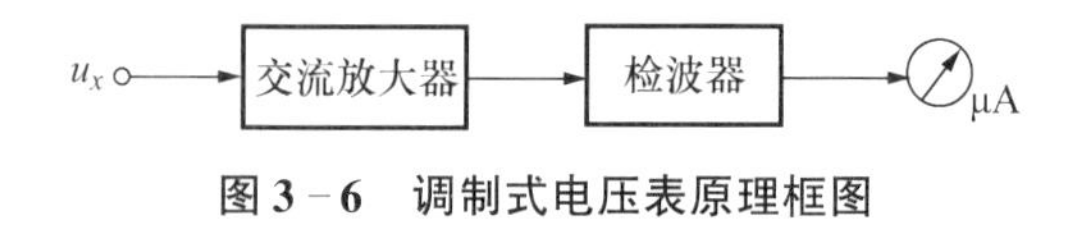

图3－6　调制式电压表原理框图

从以上讨论可知，不管哪一种类型的交流电压表，它们的核心都是检波器。一个交流电压的大小，可用它的峰值（U_P）、平均值（$\overline{U}$）或有效值（U）来表征。根据交流电压的3种表征，电压表又可分为峰值电压表、均值电压表和有效值电压表。但不管是哪一种检波器做成的电压表，其电流表的刻度，除特别情况外，一般都是按正弦波有效值来度量的。因此，在使用模拟交流电压表时要特别注意这一点。也就是说，一般模拟交流电表只能用来测量正弦波电压，而对于非正弦波或失真的正弦波用模拟交流电压表测量时，其示值是没有意义的。

5. 外差式电压表

对于放大－检波式电压表，由于宽频带放大器增益和带宽的矛盾，很难把频率上限提得更高；而检波－放大式电压表的灵敏度由于非线性失真等原因受到限制。在实际测量中，常需测量那些频率范围宽、频率高而信号电平较弱的电压，以上两类电压表均无法胜任，特别是在弱信号测量时，受到噪声和干扰的限制。

噪声的频谱很宽，而被测的正弦电压是单频的。因此，在一定的高频范围内，测量电路必须具有很好的频率选择性，以便将各种不同频率的电压转换成频率固定的视频或中频电压；同时，由于中频放大器的带通滤波器可以做得很窄，即在高增益的情况下，大大削弱内部噪声的影响。利用以上原理组成的电压测量电路就是外差式电压表（又称测量接收机）。

外差式电压表的原理框图如图 3-7 所示。被测电压通过输入回路（包括输入衰减器和高频放大器）在混频器中与本机振荡器产生的信号混频，输出中频信号，再经中频放大，然后检波，最后由直流表头指示。

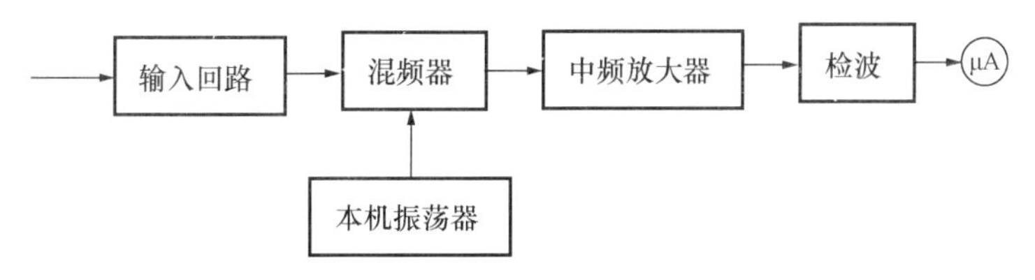

图 3-7 外差式电压表原理框图

由于外差式电压表的中频是固定不变的，中频放大器具有良好的频率选择性和相当高的增益，从而解决了放大器的带宽与增益的矛盾。而因中频放大器通带极窄，在实现高增益的同时，可以有效地削弱干扰和噪声的影响，使电压表的灵敏度提高到微伏级，故这种电压表又称为高频微伏表。如果外差式电压表的输入端配上小型环形天线，还可以测量高频信号发生器的泄漏和辐射，甚至还可以作为无线电计量用的一级标准仪器。

3.2.2 电子电压表的检波器

1. 峰值检波器

峰值检波器输出的直流电压正比于输入交流电压的峰值。其主要形式有串联式和并联式。

1）串联式峰值检波器

串联式峰值检波器由检波二极管 VD、检波电容 C 和检波负载 R 组成。其原理电路如图 3-8所示。由于检波二极管 VD 和检波负载电阻 R 串联，故称之为串联式峰值检波器。这里要求负载电阻 R 远大于电源电阻 R_S 与检波二极管正向电阻 R_D 之和，则 $RC >> (R_S + R_D)C$。

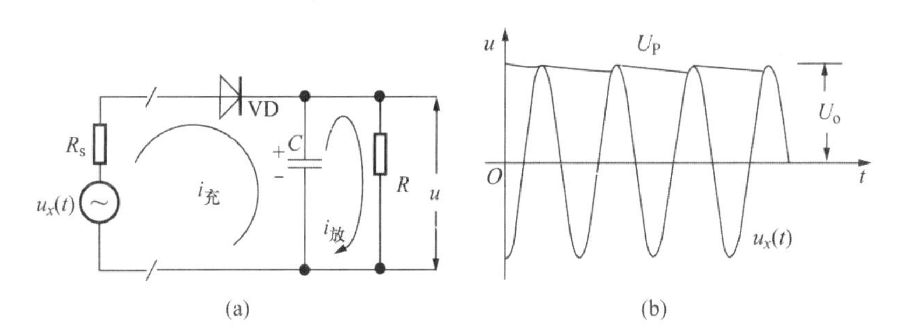

图 3-8 串联式峰值检波器

由于检波电容器 C 能快速充电，而又极缓慢地放电，故使电容器两端的平均电压 U_o 与被测电压的峰值 U_P 近似相等。如果用一个高内阻的直流电压表来检测负载电阻 R 上的电压，就可以直接用来测量交流电压的峰值。但一般情况下，其刻度仍以正弦电压的有效值定度。

用峰值交流电压表测量非正弦交流电压时，电压表仍然可以反映出被测电压的峰值。但由于电压表刻度是以正弦波有效值定度的，它是正弦波峰值的$\sqrt{2}/2$，因此，必须把指示值乘以$\sqrt{2}$才能表示被测电压的峰值，而要知道被测电压的有效值，必须根据其波形的性质，如表3－2所示的关系换算出有效值。

当被测电压中含有直流分量时，因为串联式峰值检波器没有隔直电容器，所以测出的电压不仅仅是交流分量的振幅值，也包含直流分量在内。当被测电压为不对称波形时，若用信号正半周向检波电容器充电，电压表反映的是正半周的峰值电压；如果将被测电压反极性与电压表连接，则测出的是负半周的峰值电压。显然，测得的正、负半周的峰值电压值是不相等的。因此，仪器常采用并联式峰值检波器。

2）并联式峰值检波器

并联式峰值检波器电路如图3－9所示。由于电容器能快速充电而缓慢放电，使电容器两端电压的平均值近似等于被测电压的峰值，电阻R上的电压u_R等于电容器电压u_C与被测交流电压$u_x(t)$之和，即u_R是钳位在零电平之下的正弦波。经滤波后，取出u_R中的直流分量U_o(即u_C的平均值)，它等于被测交流电压的峰值U_P，符号为负。

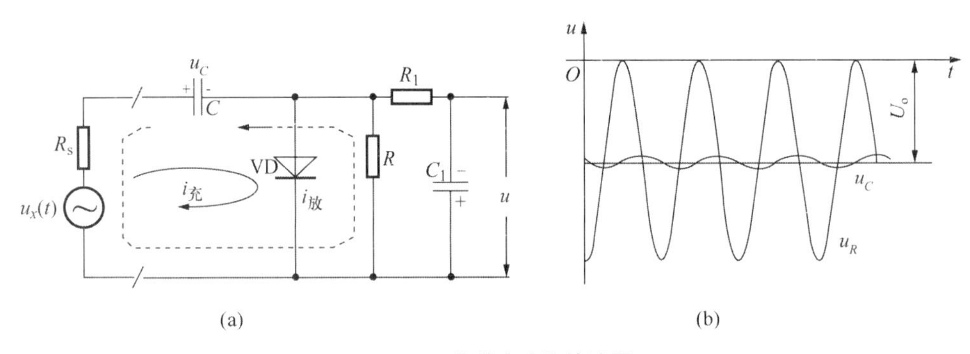

图3－9　并联式峰值检波器

在并联式峰值检波器中，当被测电压为对称的正弦波时，检波器输出的直流电压正比于正弦波的峰值电压，电压表的刻度也按有效值定度。

并联式峰值检波器的检波电容C还具有隔断被测电压中直流分量的作用，不但可以保护检波二极管不被击穿，而且使测量的结果始终为交流分量的振幅值。

在峰值检波器电路中，应满足电容器的充电时间常数远小于被测信号的最小周期，放电时间常数远大于被测信号的最大周期的条件，这样，检波器输出的直流电压才能近似等于被测交流电压的峰值。

由上述可见，峰值检波器中电容器因充放电时间不等而维持其上电压为输入电压的峰值，检波二极管只有在一个周期的很小部分（输入电压峰值附近）导通，故峰值检波器的输入阻抗很大，可以直接接到被测电路测量，而不会改变被测电路的状态。同时，为了避免引线电感和分布电容对测量的影响，常把检波器做成一个精巧的探头，就近接到被测量点，以尽量缩短测量引线。由于检波电阻R很大，不能直接串接电流表来测量，因此峰值检波器后面必须接入输入阻抗大而输出阻抗小的阻抗变换电路（如射极跟随器）及放大器等，组成检波－放大式电子电压表。因为放大器是放大检波后的直流电压，所以必须是直接耦合放大器，并要求其增益高而零漂小，输入阻抗要大，输出阻抗小。

2. 平均值检波器

平均值检波器输出的直流电压（或流过指示电流表的电流）正比于输入交流电压的平

均值。平均值检波器有半波式和全波式两种，其原理电路如图 3－10 所示，其中图 3－10（a）、图 3－10（b）为半波平均检波器，图 3－10（c）、图 3－10（d）为全波平均检波器。

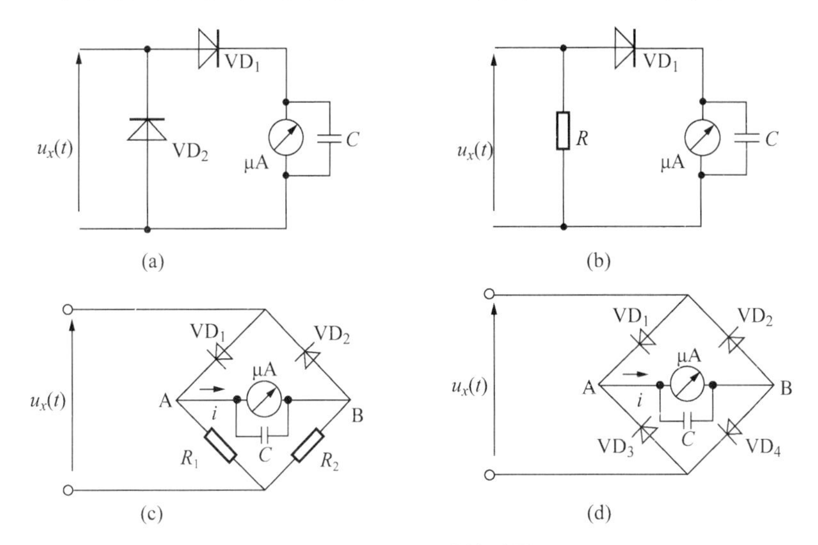

图 3－10　平均值检波器

在平均值检波电路中，与微安表并联的电容器 C 用来滤除检波后电流中的交流成分，以避免表针因流过交流电流而抖动，并消除其在微安表动圈电阻上产生的热损耗。流过微安表的电流正比于被测电压的半波平均值或全波平均值，由于电流表动圈转动的惯性，其指针将指示其平均值。

在平均值检波器中，不论被测电压是什么波形，流过微安表的电流都与被测电压的平均值成正比。

由于正弦波是最基本的和应用最普遍的波形，同时考虑到有效值的实际意义，所以平均值电压表也按有效值定度。如果是全波平均值检波器，则根据正弦波有效值与平均值的换算关系定度，电压表的刻度就是按被测交流电压的平均值乘以系数 1.11 后定度的。当用这种电压表测量非正弦电压时，因为非正弦波的有效值与平均值的比值同与弦波的不一样，其读数并不等于被测电压的有效值。这时可先将电压表的读数除以 1.11 求出被测电压的平均值，然后再根据表 3－2 的该波形换算关系，求出被测的非正弦电压的有效值，也可以求出其峰值。

平均值检波器与峰值检波器在电路形式上虽然相同，但是两者却有很大差别：峰值检波器中电容器的充电时间常数比放电时间常数短得多；而平均值检波器中的电容器充、放电时间常数近似相等。

由于平均值检波器的检波二极管在被测电压整个周期内都导电，故其输入阻抗很小。一般在检波器前面接有放大器，组成放大－检波式电子电压表，以提高电压表的输入阻抗和灵敏度。对放大器的要求是：放大倍数足够大，以提高灵敏度；增益稳定，以减小测量误差；输入阻抗高，以避免对被测电路的影响；输出阻抗低，以便连接检波器；通频带宽，以使可测电压频率范围宽。

放大－检波式电压表中的检波器，由于加到其输入端的电压是经过交流放大器放大后的被测电压，一般都比较大，在 1 V 以上，故可认为检波器工作于线性区，一般对检波二极管的非线性影响可不考虑。但是，当电压表指示值在靠近零的区域时，加到检波二极管上的信号仍较小，二极管的正向电阻大，检波灵敏度低，造成微安表刻度起始部分的非线性。实际生产的平均值检波器电压表都采取线性化措施。目前，多数平均值检波器电压表都采用负反馈技术来实现线性化。

3. 有效值检波器

在实际工作中，经常有人说某一交流电压多少伏，这里所说的多少伏就是电压的有效值。有效值的物理意义是：交流电压一个周期内，当在一纯电阻负载中所产生的热量与另一直流电压在同样情况下产生的热量相等时，这个直流电压的值就是该交流电压的有效值，记为 U。数学上，有效值与均方根同义，有

$$U = \sqrt{\frac{1}{T}\int_{0}^{T} u_x^2(t)\,\mathrm{d}t} \tag{3-3}$$

有效值电压表内部所使用的检波电路为有效值检波器，其输出直流电压正比于输入交流电压的有效值。目前各类电压表的示值，除特殊情况外，一般都是按正弦波有效值确定的。

目前常用的有效值检波器有如下 3 种。

1）分段逼近式有效值检波器

根据有效值的定义，要求有效值检波器应具有平方律关系的伏安特性。如利用二极管正向特性曲线的起始部分和平方律特性比较接近的特征，可实现平方律检波。

2）热电转换式有效值检波器

热电转换式有效值检波器利用热电效应及热电偶的热电转换功能来实现有效值的变换。

3）计算式有效值检波器

热电偶式有效值电压表存在两个缺点：一个是有热惯性，加电后要等到指针偏转稳定后才能读数；另一个是加热丝过载能力差，容易烧坏。因此，在现代电压表中广泛应用模拟计算式有效值检波器，即利用集成乘法器、积分器和开方器等计算电路，按有效值的定义，直接完成有效值的计算。

3.2.3　电子电压表的放大器

电子电压表中放大器应具有的特点是：输入阻抗高、频带宽、动态范围大、线性好。为满足上述要求，电路中常采取一些措施，如前置级采用射极输出器或源极输出器，以提高输入阻抗；用较高的电压供电，采用饱和压降小的三极管和选取合适的静态工作点，以扩大动态范围；中间级采用线性补偿、负反馈，以获得良好的放大特性；为扩展上限频率，在电子电压表中采用各种高频补偿措施，如加电抗元件进行补偿、电路中引入深的负反馈或改进电路等。

3.3　模拟电子电压表的性能及使用方法

3.3.1　YB2173 型晶体管毫伏表

YB2173 型晶体管毫伏表是测量正弦电压信号有效值的仪器，它具有测量精度高、频率

特性好、外形美观、操作方便等优点，并且具有隔直流功能，特别适合在电子电路中使用。YB2173 型晶体管毫伏表的原理框图如图 3－11 所示。

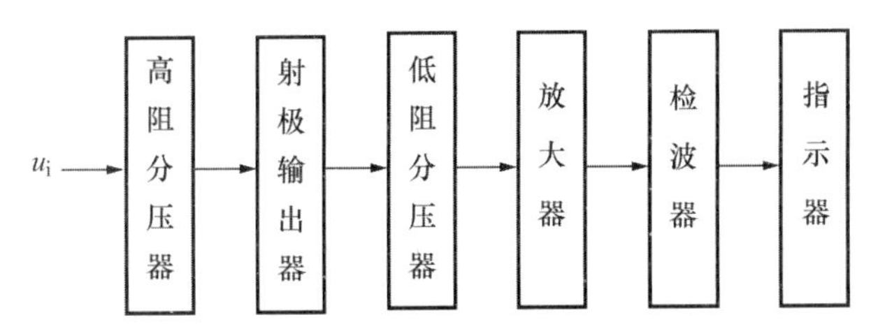

图 3－11 YB2173 型晶体管毫伏表原理框图

被测交流信号经高阻分压器、射极输出器、低阻分压器后送到放大器，放大后的信号再经检波后由指示器指示，低阻分压器选择不同的分压系数，使仪表具有不同的量程。输入级采用低噪声晶体管组成的射级输出器，提高了仪表的输入阻抗，降低了噪声。放大器具有高放大倍数，从而提高了仪表的灵敏度。

1. 基本技术性能

（1）电压测量范围：300 μV～100 V。

（2）量程：分为 12 级（300 μV、1 mV、3 mV、10 mV、30 mV、100 mV、300 mV、1 V、3 V、10 V、30 V、100 V）。

（3）被测电压频率：20 kHz～2 MHz。

（4）测量精度：1 kHz 为基准，满刻度≤|±3%|。

（5）输入阻抗：1 MΩ。

2. 面板说明

YB2173 型晶体管毫伏表的面板布置和实物如图 3－12 所示。

（1）表头 1：方便地读出输入电压有效值或电压电平值，上排黑指针指示 CH1 的信号，下排红指针指示 CH2 的信号。

（2）零点调节 2：指针的零点调节装置，左边的调节 CH1 指针零点，右边的调节 CH2 指针零点。

（3）量程选择开关 3、4：3 是 CH1 量程选择开关，4 是 CH2 量程选择开关。

（4）输入接口 5、6：5 是 CH1 的输入接口，6 是 CH2 的输入接口。

（5）方式开关 7：当此开关弹出时，CH1、CH2 量程选择开关仅控制各自的量程；当此开关按进时，CH1 的量程开关可控制 CH1、CH2 的电压量程，CH2 的量程选择开关失去作用。

（6）电源开关 8。

3. 使用时的注意事项

（1）测量精度以毫伏表表面垂直放置为准，使用时应将仪表垂直放置。

（2）由于晶体管毫伏表输入端过载能力较弱，所以使用时要防止毫伏表过载。一般在未通电使用前或暂不测试时，将仪表输入端短路或将量程选择开关旋到 3 V 以上挡级。

（3）接通交流 220 V，50 Hz 电源，测量前将输入端短路，待表针稳定时，选择量程，旋转“调零”旋钮，使指针指零。若改变量程，需重新调零。

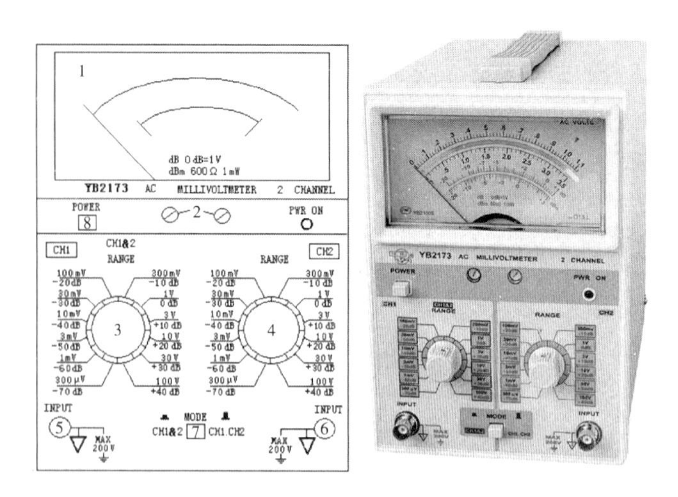

图 3－12 YB2173 型晶体管毫伏表面板布置和实物图

（4）使用仪表与被测线路必须“共地”，即接线时应把仪表的地线（黑端）接被测线路公共地线，把信号端（红端）接被测端。测量时，先接地线，后接信号线，测量结束后，先拆信号线，后拆地线。

（5）由于仪表的灵敏度较高，凡测量毫伏级的低电压时，应尽量避免输入端开路。必须在输入端接线连好后，再把量程选择开关置于相应的毫伏挡级。测量结束后需改变接线时，必须首先把量程选择开关旋到 3 V 以上量程挡级，再把输入端接线与被测电路断开，以免仪表在低量程挡由于外界干扰过载而造成打表针现象，防止损坏仪表。

（6）若被测电压本身数值较大，应在接线前先把量程选择开关调到相应的挡级或高一些的挡级，测量时调到相应的挡级，以免超量程损坏仪表。

（7）注意选择合适的量程。选择合适的量程可以减小测量误差，一般使指针在满刻度 1/3 以上。

3.3.2 YB2174 型超高频电压表

1. 主要技术性能

（1）电压测量频率范围：1 kHz～1 GHz。

（2）电压测量范围：1 mV～10 V，分 8 挡。

使用 40 dB 分压器（选购件）可扩展至 100 V。满度值为 3 mV、10 mV、30 mV、100 mV、300 mV、1 V、3 V、10 V。

（3）电压测量固有误差：3 mV 挡为 ±5%、+3%（读数值）；其余各挡为 ±3%、+2%（读数值）。

（4）输入电容：<2.5 pF。

（5）输出直流电压：0.1 V_{rms}。

（6）输出阻抗为 1 kΩ。

2. 原理框图

YB2174 型超高频电压表的原理如图 3－13 所示，面板和实物如图 3－14 所示。

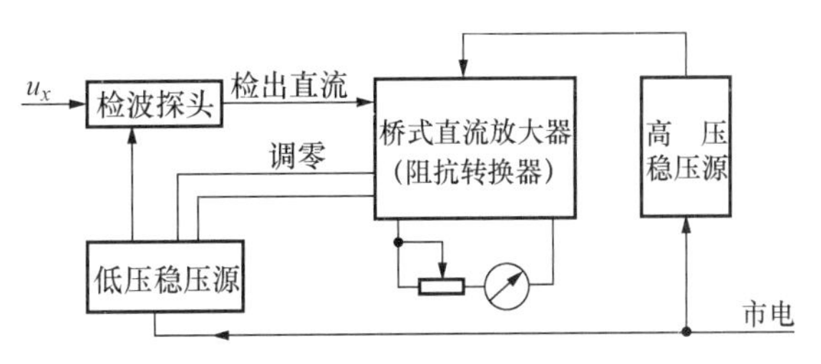

图 3-13 YB2174 型超高频电压表原理框图

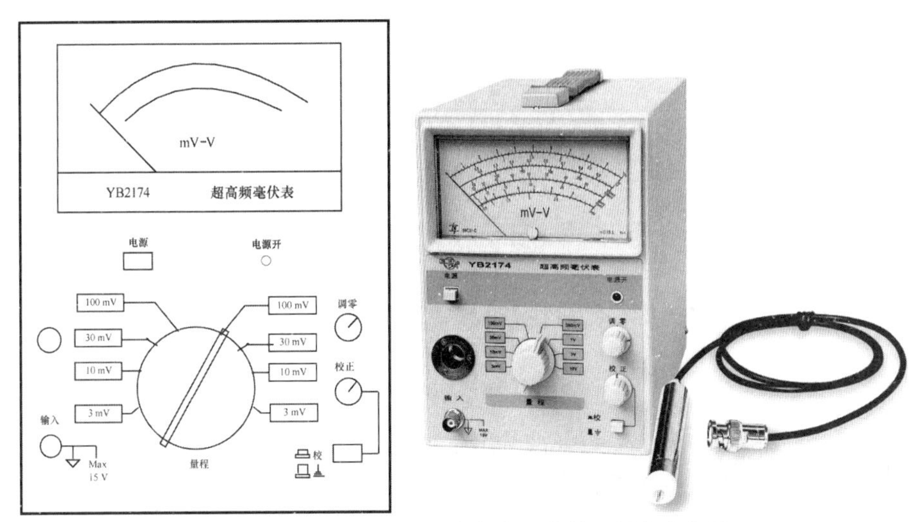

图 3-14 YB2174 型超高频电压表的面板和实物图

YB2174 型超高频电压表主要由一个高质量的直流放大器、二极管检波器及电源组成。被测交流电压由检波器输入，经二极管检波后沿屏蔽电缆送至直流放大器的栅极并利用接在直流放大器桥路对角线上的一系列分压电阻及直流微安表指示。

3. 使用说明

机器预热 10 min 左右即可进行测量。

1）交流电压的测量

（1）探头在测试状态调零，各挡零点均在 300 mV 挡调准，精度最高；不要求精确测量时，可在本挡调零，仍符合本机指标。

（2）测量时，手持探测器的塑料柄，不要接触金属底座，防止因散热而引起零点漂移。

（3）在 30 MHz 以内，可用专用软接地线和长探针进行测量。

（4）由于放大器的回零时间较长，所以在高量程测量后转至测量低量程时，须等待完全回零后再进行测量，这样才能保证测量精度。

2）超高频电压测量

（1）在 300 MHz 以内，用长探针为佳。

（2）若被测电压的频率高于 30 MHz，为避免因为分布参数和接触不良引起的误差，可通过 T 形接头进行测量。

（3）使用时，用不同的探针，可得到不同的频率附加误差，使用者可参考“频率附加误差”指标选用不同的探针。

（4）严防探测器内的检波二极管跌落，当探测器不用时，要夹在机器后面的夹持器上，并应将探头的接地线取下，以防其碰到机壳烧坏仪器。

3.3.3 电压表的波形误差

由于电子电压表所要测量的交流电的频率范围宽、幅度差别大、波形种类多、含有噪声干扰等，所以不同种类的电子电压表测量不同的交流电会带来不同的误差。

通过前面的学习，可知交流电压的量值可采用平均值电压、峰值电压和有效值电压等多种形式表示。采用的形式不同，数值也不同。但多种形式反映的是同一个被测量，这些数值之间可以相互转换。

1. 波形因数

电压的有效值与平均值之比称为波形因数 K_F，即

$$K_F = \frac{U}{\overline{U}} \tag{3-4}$$

2. 波峰因数

电压的峰值与有效值之比称为波峰因数 K_P，即

$$K_P = \frac{U_P}{U} \tag{3-5}$$

常见的几种电压形式的波形因数和波峰因数见表 3-2。

由于正弦波是最基本、应用最普遍的波形，有效值是使用最广泛的电压参数，所以几乎所有的交流电压表都是按照正弦波的有效值定度的。但在实际工作过程中，会遇到各种各样的波形，那么这些波形的电压在用交流电压表测量时，所显示的数值即示值是不是所测量的实际数据呢？答案是否定的。如果检波器不是有效值，则其标称值（即示值 α）与实际响应值之间存在一个系数，此即电压表的定度系数，记为 K。

3.3.4 均值电压表的定度系数和波形误差

1. 定度系数

如果用一个平均值检波器电压表测量一个方波电压，显示的值为 10 V，由于交流电压表都是按照正弦波有效值进行刻度，即如果用平均值检波器电压表测量的是一个有效值为 10 V 的正弦波，该电压表也显示 10 V，那么测量的方波电压的平均值是多少呢？

由波形因数的定义可知，有效值为 10 V 正弦波的平均值为

$$\overline{U} = U/K_F = 10\ \text{V}/1.11 = 9\ \text{V}$$

在平均值检波器中，不论被测电压是什么波形，流过微安表的电流都与被测电压的平均值成正比。因此，平均值检波器电压表测量方波的平均值也是 9 V。即对于平均值检波器电压表，电压表的定度系数为

$$K = \frac{\alpha}{\overline{U}}$$

也就是说，如果平均值检波器电压表测量一个方波电压，示值是 α，那么实际该方波电压的平均值即为

$$\overline{U}_x = 0.9\alpha \tag{3-6}$$

如果要知道该方波电压的有效值，可以通过波形因数的定义计算求得方波电压的有效值为

$$U=\overline{U}\cdot K_{\mathrm{F}}=9\ \mathrm{V}\times 1=9\ \mathrm{V}$$

这里是以方波电压为例得到的关系，但实际上，该式对于任何波形电压的测量都成立。因此，均值电压表的读数间接反映了被测量（均值）的大小，式（3－6）反映了这种关系，即均值电压表的读数乘以 0.9 等于被测电压的平均值。

2. 波形误差

对于均值电压表，测量非正弦电压或失真的正弦波电压时，其读数与实际电压平均值有误差，这个误差是由被测电压波形的不同带来的，因此，该误差称为波形误差。那么对于均值电压表，波形误差为

$$\gamma_{\mathrm{W}}=\frac{\alpha-U_{\mathrm{x}}}{\alpha}\times 100\% \tag{3-7}$$

显然，测正弦波时，$\gamma_{\mathrm{W}}=0$。由于各波形的波形因数与正弦波相差不大，因此，均值电压表的波形失真小。但是，当用均值电压表测量失真正弦电压的有效值时，其测量误差不仅取决于各次谐波的幅度，还取决于它们的相位。

3. 误差分析

除了上面讲到的波形误差外，均值电压表还会产生如下误差。

1）频响误差

若输入信号频率很低，直流表头的指针由于其时间常数的限制，不能稳定在检波器输出的平均值处，而是有一定的波动，产生低频误差。

当输入信号频率高时，检波器的结电容及电路分布参数的影响越来越严重，从而引起高频误差。

2）检波特性变化引起的误差

由于检波电流与检波管的正向电阻、电流表内阻等参数发生变化，也会产生一定的误差，但一般可忽略。

3）噪声误差

当输入信号较弱时，检波器固有噪声的影响较大，从而引起一定的误差。

3.3.5　峰值电压表的定度系数和波形误差

1. 定度系数

经过同样的分析，如果峰值电压表测量被测电压的峰值为 U_{P}，按正弦有效值定度，则示值 α 为

$$\alpha=KU_{\mathrm{P}}=\frac{U_{\mathrm{P}}}{\sqrt{2}} \tag{3-8}$$

即用峰值交流电压表测量非正弦交流电压时，电压表仍然可以反映出被测电压的峰值。但由于电压表刻度是以正弦波有效值定度的，它是正弦波峰值的$\sqrt{2}/2$ 倍。因此，必须把指示值乘以$\sqrt{2}$才能表示被测电压的峰值，而要知道被测电压的有效值时，必须根据其波形的性质，按表 3－1 所列的波形换算关系算出被测电压的有效值。

2. 波形误差

同均值电压表测量产生波形误差一样，用峰值电压表测量非正弦波或失真的正弦波电压时，若将读数当成输入电压的有效值，也会产生波形误差。此外，峰值电压表的波形失真较大。但用峰值电压表测量正弦电压时，读数就是该正弦电压有效值。

3. 误差分析

除了上面讲到的波形误差外，峰值电压表还会产生如下误差。

1）理论误差

从峰值检波器的工作波形可以看出，检波器输出电压的平均值总是略小于被测电压的峰值。而在讨论过程中，忽略了这个小的误差，此时产生的误差即为理论误差。

2）低频误差

峰值电压表通常用来测量高频电压。如果用来测量低频信号，则由于被测信号的周期大，放电时间长，会造成低频误差。

3）高频误差

高频误差是由于检波器的高频特性及电路中各种高频参数的影响而引起的误差。

4）非线性误差

当输入信号幅度较小时，检波器工作于特性曲线的非线性区域，出现明显的非线性，导致测量误差。

3.3.6 有效值电压表的定度系数和波形误差

对于有效值电压表，表头刻度总为被测电压的有效值，而与被测电压波形无关，这是有效值电压表的最大特点。因此，对于有效值电压表，它的误差系数对于不同波形的电压，测量得到的波形误差为零。

实际上，利用有效值电压表测量非正弦信号时，是有可能产生波形误差的。一方面，受电压表线性工作范围的限制，当测量波峰因数大的非正弦波时，有可能削波，从而使这部分波形得不到响应；另一方面，受电压表带宽限制，多次谐波会受到一定损失，这都会使示值偏低，产生波形误差。

3.3.7 三种电子电压表的比较

峰值电压表、均值电压表和有效值电压表各有特点，测量时应结合被测信号特点合理选用，以获得最佳测量效果。

1. 峰值电压表

（1）输入阻抗高，可达数兆欧姆；工作频率宽，高频可达数百兆赫兹以上；低频小于10 kHz。

（2）读数按正弦有效值刻度读取，只有测量正弦电压时，其有效值才是被测波形电压的真正有效值；测量非正弦电压时，其有效值必须通过波形换算得到。

（3）波形误差大。

（4）读数刻度不均匀，因为它是在小信号时进行检波的。

2. 均值电压表

（1）均值检波器的输入阻抗低，必须通过阻抗变换来提高电压表的输入阻抗。工作频率范围一般为 20 Hz ~1 MHz。

(2) 读数按正弦波有效值刻度读取，只有测量正弦电压时，读数才正确；若测量非正弦电压，则要进行波形换算。

(3) 波形误差相对不大。

(4) 对大信号进行检波，读数刻度均匀。

3. 有效值电压表

(1) 读数按正弦电压有效值刻度，测量正弦或非正弦电压的有效值，可直接从表上读数，无须换算。

(2) 输入阻抗高，工作频率在峰值与均值电压表之间。高频可达几十兆赫兹，低频小于 50 Hz。

3.4 数字电压表

数字电压表（Digital Volt Meter，DVM）作为数字技术的成功应用，发展相当快。数字电压表以其功能齐全、精度高、灵敏度高、显示直观等突出优点深受用户欢迎。特别是以 A/D 转换器为代表的集成电路为支柱，使 DVM 向着多功能化、小型化、智能化方向发展。DVM 应用单片机控制，组成智能仪表；与计算机接口，组成自动测试系统。目前，DVM 多组成多功能式的，因此又称数字万用表（Digital Multi Meter，DMM）。

3.4.1 数字电压表的主要技术指标

1. 显示位数

完整显示位是指能够显示 0 ~ 9 的数字，非完整显示位（俗称半位）只能显示 0 和 1 (在最高位上)。如 4 位 DVM，具有 4 位完整显示位，其最大显示数字为 9 999；而 4 位半 DVM，具有 4 位完整显示位、1 位非完整显示位，其最大显示数字为 19 999。

2. 量程

基本量程是指无衰减或放大时的输入电压范围，由 A/D 转换器动态范围确定。通过对输入电压（按 10 倍）放大或衰减，可扩展其量程。如基本量程为 10 V 的 DVM，可扩展出 0.1 V、1 V、10 V、100 V、1 000 V 5 挡量程；基本量程为 2 V 或 20 V 的 DVM，可扩展出 200 mV、2 V、20 V、200 V、1 000 V 5 挡量程。

3. 分辨力

分辨力是指 DVM 能够分辨最小电压变化量的能力，反映了 DVM 的灵敏度。用每个字对应的电压值来表示，即 V/字。不同的量程上能分辨的最小电压变化的能力不同，显然，在最小量程上具有最高分辨力。例如，3 位半的 DVM，在 200 mV 最小量程上，可以测量的最大输入电压为 199.9 mV，其分辨力为 0.1 mV/字（即当输入电压变化 0.1 mV 时，显示的末尾数字将变化“1 个字”）。

分辨率：用百分数表示，与量程无关，比较直观。

4. 测量速度

测量速度是指每秒钟完成的测量次数，它主要取决于 A/D 转换器的转换速度。一般低速高精度的 DVM 测量速度在每秒几次至几十次。

5. 测量精度

测量精度取决于 DVM 的固有误差和使用时的附加误差（如温度等）。固有误差由两部分构成：读数误差和满度误差。

读数误差：与当前读数有关。主要包括 DVM 的刻度系数误差和非线性误差。

满度误差：与当前读数无关，只与选用的量程有关。

有时满度误差将等效为“$\pm n$ 字”的电压量表示。当被测量（读数值）很小时，满度误差起主要作用；当被测量较大时，读数误差起主要作用。为减小满度误差的影响，应合理选择量程，以使被测量大于满量程的 2/3 以上。

6. 输入阻抗

输入阻抗取决于输入电路（并与量程有关）。输入阻抗越大越好，否则将影响测量精度。

对于直流 DVM，输入阻抗用输入电阻表示，一般在 10 ~ 1 000 MΩ 之间。对于交流 DVM，输入阻抗用输入电阻和并联电容表示，电容值一般在几十到几百皮法之间。

3.4.2 数字电压表的组成原理

用于测量电压的数字仪表，在科学研究或工业测试中应用广泛。

1. 数字电压表的组成

数字电压表主要由模拟电路、数字逻辑电路组成。模拟部分包括输入电路（如阻抗变换电路、放大和扩展量程电路）和模拟/数字（A/D）转换器。数字部分主要完成逻辑控制、译码和显示功能。数字电压表的组成如图 3 - 15 所示。

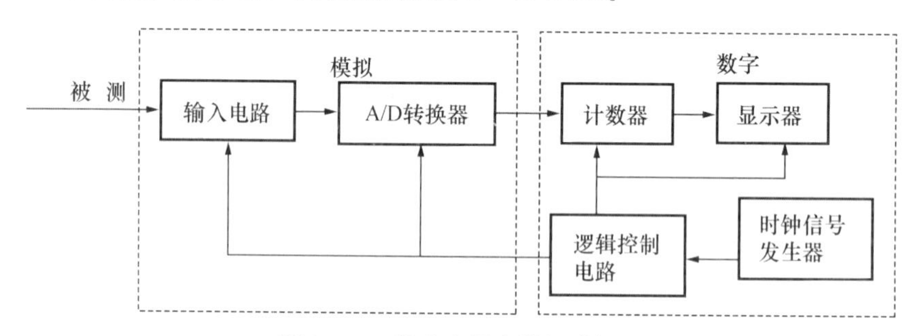

图 3 - 15 数字电压表的组成框图

包括模拟和数字两部分。

输入电路：对输入电压衰减/放大、变换等。

A/D 转换器（Analog to Digital Converter，ADC）：实现模拟电压到数字量的转换。

数字显示器：显示模拟电压的数字量结果。

逻辑控制电路：在统一时钟作用下，完成内部电路的协调有序工作。

其中 A/D 转换器是数字电压表的核心，完成模拟量到数字量的转换。数字电压表的技术指标如准确度、分辨力等主要取决于这部分的工作性能。常用的 A/D 转换方式有斜坡式、逐次逼近式、积分式、复合式等。

数字电压表的类型很多，其输入电路、计数电路和显示电路基本相似，只是电压 - 数字转换方法不同。常见的直流电压 - 数字转换方法有 U - T 转换法、U - F 转换法和逐位逼近法。

利用这 3 种方法制成的数字电压表的比较见表 3-3。数字电压表的测量误差最小为百分之几。测量交流电压，只需增加一个转换器，将被测交流电压转换成直流电压后再进行测量。

表 3-3　各种数字电压表的比较

性能	线性扫描法	双斜积分法	逐位逼近法
准确度	最低	最高	中等
测量速度	快	慢	最快
抑制工频干扰能力	弱	强	弱
结构	最简单	简单	复杂
适用场合	要求快速测量，但不必很准确时	要求高度准确，且抗干扰性能好时	要求快速测量，且较准确时

2. *U*-*t* 转换法

所谓 *U*-*t*（电压-时间）变换法，是指测量时将被测电压值转换为时间间隔 Δt，电压越大，Δt 越大，然后按 Δt 大小控制定时脉冲进行计数，其计数值即为电压值。*U*-*t* 转换法又可分为线性电压扫描法和双斜积分法。

（1）线性电压扫描法。其原理框图如图 3-16 所示。控制器 ST 是电压表的指挥部，它每隔一定时间（例如每隔 2 s）就发出一个启动脉冲。一方面利用启动脉冲打开控制门 T，让等间隔的标准时间脉冲序列能通过控制门进入十进制计数器；另一方面启动脉冲触发斜坡电压发生器，使它开始产生一个直线上升的斜坡电压，在斜坡电压上升的过程中，斜坡电压不断与被测电压在电压比较器中进行比较，当斜坡电压等于被测电压 U_x 时，电压比较器即发出关门信号，将 T 门关闭。这时十进制计数器所保留的数就是 T 门从开启到关闭的时间间隔中，通过 T 门的标准时间脉冲的个数。被测电压 U_x 越大，斜坡电压从零上升到被测电压 U_x 值所需要的时间越长，T 门开启时间也越长，计数器所计数值也越大。利用数码显示器将计数器所计数值显示出来，所计的数就是通过 T 门的脉冲个数。适当选择标准脉冲发生器的重复频率和斜坡斜率，就能使通过 T 门的脉冲个数与被测电压值相等，显示器上便可以直接显示出被测电压值。

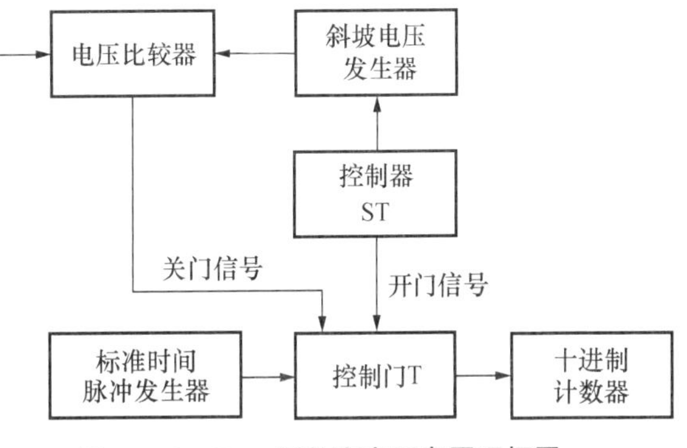

图 3-16　*U*-*t* 型数字电压表原理框图

例如，标准时间脉冲的频率为 10^5 Hz，斜坡上升斜率为 100 V/s，若被测电压为 10 V，则 T 门从开启到关闭的时间间隔为 10/100 s = 0.1 s，通过 T 门的脉冲个数为 $0.1\times10^5=10^4$，即显示器显示的数字为 10 000，若单位为 mV，即可直接读出被测电压值为 10 000 mV。

图 3－17 所示的是 $U-t$ 型数字电压表工作过程波形图。启动脉冲位于斜坡脉冲起点，关门脉冲位于斜坡脉冲与被测电压 U_x 的交点，图 3－17（d）表示在这个时间间隔内通过 T 门的标准时间脉冲个数。$U-t$ 型数字电压表的准确度首先取决于标准时间脉冲发生器所发脉冲频率的稳定程度，因为若单位时间发出的脉冲个数发生波动，必然影响读数。其次，取决于斜坡上升的线性，若斜坡呈线性上升，则可保证电压上升值与时间间隔成正比。目前这两方面的技术都比较成熟，所以 $U-t$ 型数字电压表准确度也比较高。

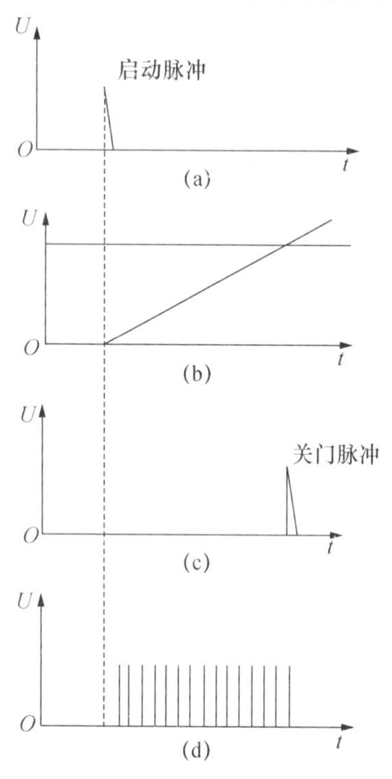

图 3－17　$U-t$ 型数字电压表工作过程波形图

（a）启动脉冲；（b）斜坡脉冲；（c）关门脉冲；（d）时间脉冲

（2）双斜积分法。各种电压测量仪器都有一个抗干扰能力的问题，对数字电压表尤为重要。上述非积分式数字电压表的一个共同缺点是抗干扰能力差，为了解决这个问题，20 世纪 60 年代初出现了积分式数字电压表，经过不断完善和发展，在当前的数字电压表中占有相当重要的地位。在积分式数字电压表中，实现 A/D 转换的方法很多，其中以双积分式 A/D转换应用最广。

双积分式 A/D 转换，也叫双斜积分式 A/D 转换。它的基本原理是在一个周期内，用同一个积分器进行两次积分，将被测电压转换成与其成正比的时间间隔，在此间隔内填充标准的时钟脉冲，以脉冲的个数反映被测直流电压的大小。显然，双积分式 A/D 转换属于 $U-t$ 转换型。

一种较好的 $U-t$ 转换方法，其原理框图如图 3－18（a）所示。先以有源积分电路对被测电压 U_x 在固定时段 T_0（图 3－18（b））内积分（也称定时积分），获得输出电压 $-U$。然后将积分电路接至基准电压 $-U_N$ 积分（定值积分），给出电压脉冲 P_a 去开启控制门。基准电压的极性与 U_x 的相反，在积分电路的输出电压上升至零值的瞬间，零电压比较器给出电

压脉冲 P_b 去关闭控制门。因此，控制门的开启时段为上述对 $-U_N$ 的积分时间 Δt_x。由于 U_x、U_N 均是恒定的，所以 $U_xT_0-U_N\Delta t_x=0$ 或 $U_x=(U_N/T_0)\Delta t_x$。公式中 U_x 和 T_0 是给定的，因而时段 Δt_x 与被测电压 U_x 成比例。若计数器记录周期为 τ_x 的标准脉冲数为 x，则 $U_x=(U_N/T_0)\tau_x$，即 x 与被测电压 U_x 成比例。如果 T_0 取干扰信号周期的整数倍，则在对 U_x 积分的时段内干扰信号的积分值为零，这使双斜积分法具有优良的抗干扰性能。

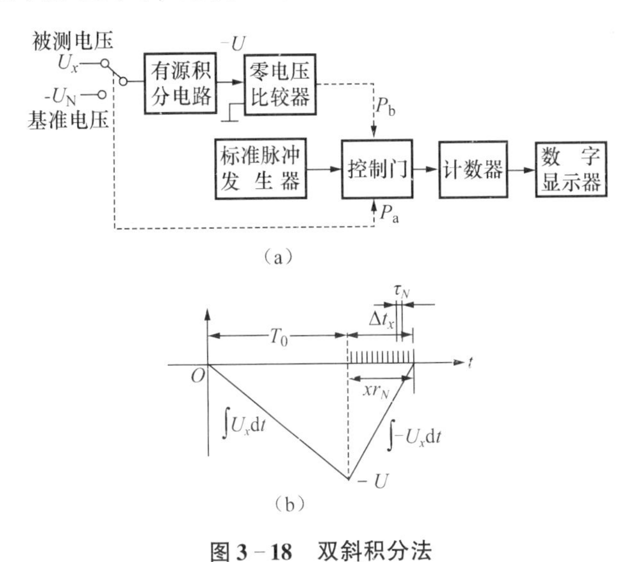

图 3-18　双斜积分法

(a) 原理框图；(b) 时间关系图

3. *U-f* 转换法

将被测电压 U_x 转换为与它成比例的频率，然后用测量频率的电路（见数字频率表）进行测量，并以数字显示测量结果。

图 3-19 中有两个振荡器，HO 为固定频率振荡器，AO 为可控频率振荡器。利用被测电压直接控制 AO 的输出电压频率，使被测电压越大，频率就越高，经混频器混频之后，输出的频率也越高；当被测电压为零时，让可控频率振荡器 AO 输出的频率等于 HO 的频率，经混频器混频之后，输出频率为零。这样就能通过可控频率振荡器把被测电压值转换为频率值，然后通过计数显示出来。只要适当选择 AO 和 HO 的振荡频率，就能够使显示器读数直接等于被测电压值。

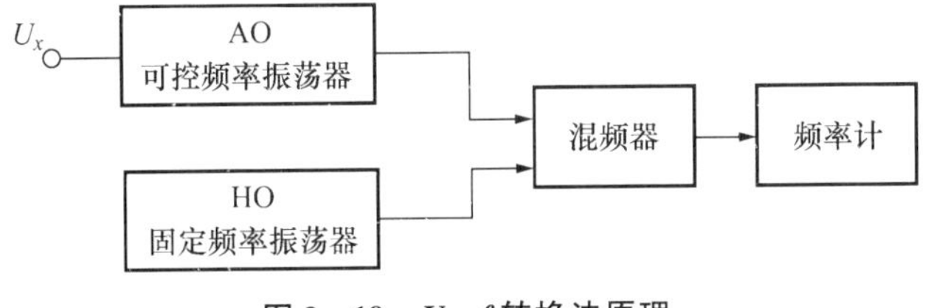

图 3-19　*U-f* 转换法原理

既然可以用被测电压直接控制可控频率振荡器的频率，为什么不直接测量可控频率振荡器的频率值作为对应的被测电压值，而要用混频的方法呢？原来，采用混频的主要目的是提高输出频率的变化范围，并取得零点。因为，一般是用改变变容管电容 C 的方法来改变可控频率振荡器频率的。已知振荡器频率，当变容管可控时，它的电容值可以在一定范围内变化。

3.4.3 YB2173B 型数字交流毫伏表

YB2173B 型数字交流毫伏表是一种 4 位 LED 显示，测量精度高，频率特性好的数字毫伏表。YB2173B 型数字毫伏表具有同步/异步操作功能；超宽交流电压测量范围：30 μV ~ 300 V；分辨力高，最高可达 1 μV；采用先进数码开关；采用发光二极管指示量程和状态；具有超量程自动闪烁功能。图 3－20 是 YB2173B 型数字交流毫伏表的面板和实物图。

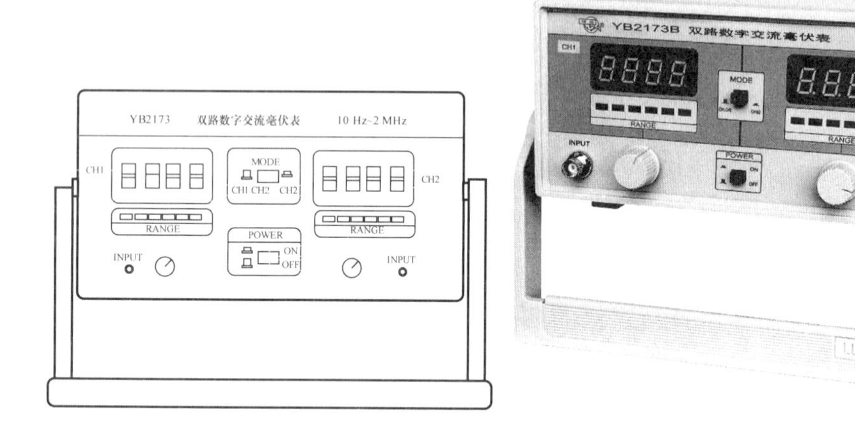

图 3－20 YB2173B 型数字交流毫伏表的面板和实物图

1. YB2173B 型数字交流毫伏表的主要特点

（1）仪器全部采用集成电路，工作稳定、可靠。

（2）仪器由单片机进行智能化控制和数据处理，实现量程自动转换。

（3）仪器可测正弦波、方波、锯齿波、脉冲波、不规则的任意波形信号的幅度。

（4）仪器采取了屏蔽隔离工艺，降低了本机噪声，提高了线性和小信号测量精度。

（5）测量精度高，频率特性好。

（6）拥有标准 RS－232 串行接口。

2. YB2173B 型数字交流毫伏表的技术指标

（1）测量电压范围：100 μV ~ 300 V，－80 ~ ＋50 dB。

（2）基准条件下电压的固有误差：（以 1 kHz 为基准）±1%、±2 个字。

（3）测量电压的频率范围：10 Hz ~ 2 MHz。

（4）基准条件下频率影响误差：（以 1 kHz 为基准）

50 Hz ~ 100 kHz：±3%，±8 个字。

20 ~ 50 Hz，100 ~ 500 kHz：±5%，±10 个字。

10 ~ 20 Hz，500 kHz ~ 2 MHz：±6%，±15 个字。

（5）分辨力：10 μV。

（6）输入阻抗：输入电阻≥1 MΩ；输入电容≤40 pF。

（7）最大输入电压：DC + $AC_{(峰值)}$：500 V。

（8）输出电压：（1±5%）U_{rms}（1 kHz 为基准，输入信号为 5.5×10^nV（$-4\leqslant n\leqslant1$，n 为整数），±2 个字输入时）。

（9）电源电压：交流 220×（1±10%）V，50×（1±4%）Hz。

3. YB2173B 型数字交流毫伏表的基本操作方法

（1）打开电源开关前，首先检查输入的电源电压，然后将电源线插入后面板上的交流插孔。

（2）电源线接入后，按下电源开关以接通电源，并预热 5 min。

（3）将输入信号由输入端口送入交流毫伏表即可。

（4）通过 RS-232 串行接口电缆与 PC 连接，通过 PC 软件即可同步显示仪器的测量值。

4. YB2173B 型数字交流毫伏表的使用注意事项

（1）避免过冷或过热。不可将交流毫伏表长期暴露在日光下或靠近热源的地方；不可在寒冷天气时放在室外使用，仪器工作温度应在 0～40 ℃。

（2）不可将交流毫伏表从炎热的环境中突然转到寒冷的环境或相反进行，这将导致仪器内部凝结。

（3）避免湿度大、水分大和灰尘多。如果将交流毫伏表放在湿度大或灰尘多的地方，可能导致仪器出现故障，最佳使用条件是相对湿度为 35%～90%。

（4）避免在有强烈震动的地方使用，否则会导致仪器出现故障。

（5）不可将交流毫伏表存放在有强磁场的地方。数字交流毫伏表对电磁场较为敏感，不可在具有强烈磁场作用的地方操作毫伏表，不可将磁性物体靠近毫伏表，应避免阳光或紫外线对仪器的直接照射。

3.5　数字万用表

数字万用表是具有多种测量功能的数字仪表。其主体是直流数字电压表，并附有能将直流电流、电阻、交流电压等转换成直流电压的各种转换电路，如图 3-21 所示。因而这种仪表除了能测量直流电压外，还具有测量直流电流、电阻、交流电压等功能。

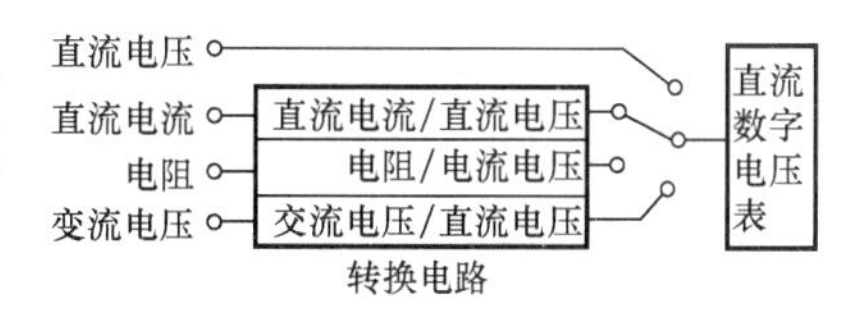

图 3-21　数字万用表框图

3.5.1　数字万用表的主要特点

（1）扩展了 DVM 的功能，可进行直流电压、交流电压、电流、阻抗等测量。

（2）测量分辨力和精度有低、中、高三个挡级，位数为 3 位半～8 位半。

（3）内置有微处理器。可实现开机自检、自动校准、自动量程选择，以及测量数据的自动处理（求平均、均方根值）等功能。

（4）具有外部通信接口，如 RS-232、GPIB 等，易于组成自动测试系统。

电阻-电压转换一般利用高性能负反馈放大器来完成（图 3-23）。放大器的输入端接有标准电阻 R_N 及恒定电压 U_N，被测电阻 R_x 接在反馈回路内。放大器的输出电压 $U=(U_N/R_N)R_x$，由于 U_N 与 R_N 为已知定值，故 U 与被测电阻 R_x 成比例。交流-直流电压转换电路是电子式平均值或有效值整流电路，它将交流电压转换为直流电压。

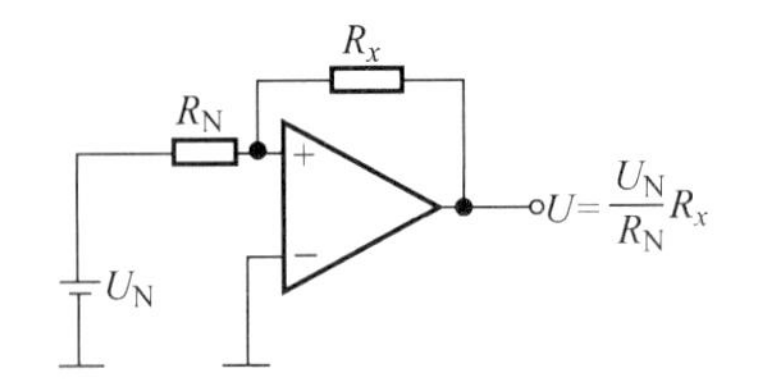

图 3－22　电阻—电压转换电路

3.5.2　数字万用表的基本组成

图 3－23 是某型号数字万用表的原理框图。该表由集成电路 ICL－7129、4 位半 LCD、分压器、电流/电压变换器（I/U）、电阻/电压变换器（R/U）、A/D 转换器、电容/电压变换器（C/U）、频率/电压变换器（F/U）、蜂鸣器电路、电源电路等组成。

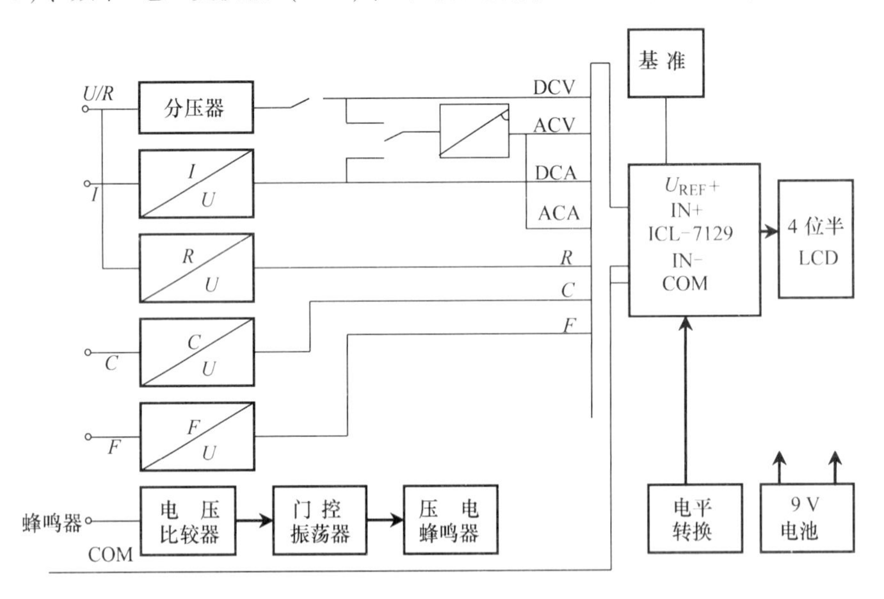

图 3－23　某型号数字万用表的原理框图

集成电路ICL－7129 测量电路的基本部分是基本量程为 200 mV 的直流数字万用表。对于电流、电阻、电容量、频率等非电压量，都必须先经过变换器转换为电压量后，再送入 A/D 转换器。对于高于基本量程的输入电压，还须经分压器变换到基本量程范围内。

ICL－7128 型 A/D 转换器内部包括模拟电路和数字电路两大部分。模拟部分为积分式 A/D 转换器。数字部分用于产生 A/D 转换过程中的控制信号及对转换后的数字信号进行计数、锁存、译码，最后送往 LCD 显示器。该万用表使用 9 V 电池，经基准电压产生电路产生 A/D 转换过程所需的基准电压 U_{REF}；电平转换器则将电源电压转换为 LCD 显示所需的电平幅值。它每秒可完成 A/D 转换 1.6 次。

3.5.3　9804 型数字万用表

9804 型数字万用表是一种性能稳定、用电池驱动的高可靠性数字万用表。仪表采用

26 mm字高 LCD 显示器、最大显示 1999$\left(3\frac{1}{2}\right)$位自动极性显示、采样速率约每秒钟 3 次，读数清晰，具有背光显示及过载保护功能，更加方便使用。

该仪表用来测量直流电压和交流电压、直流电流和交流电流、电阻、电容、二极管、三极管、通断测试等参数。整机以双积分A/D转换为核心，是一台性能优越的工具仪表，是实验室、生产企业、无线电爱好者及家庭的理想工具。

1. 主要功能

9804 型数字万用表的主要功能见表 3－4。

表 3－4 9804 型数字万用表主要功能

<table>
<tr><th>直流电压</th><th>量程</th><th>准确度</th><th>分辨力</th></tr>
<tr><td rowspan="5">输入阻抗：所有量程为 10 MΩ
过载保护：200 mV 量程为 250 V 直流或交流峰值；其余为 1 000 V 直流或交流峰值</td><td>200 mV</td><td rowspan="4">±（0.5% 读数＋8）</td><td>100 μV</td></tr>
<tr><td>2 V</td><td>100 mV</td></tr>
<tr><td>20 V</td><td>10 mV</td></tr>
<tr><td>200V</td><td>1 mV</td></tr>
<tr><td>1 000 V</td><td>±（1.5% 读数＋8）</td><td>1 V</td></tr>
<tr><td>交流电压</td><td>2 V</td><td rowspan="3">±（1.5% 读数＋10）</td><td>1 mV</td></tr>
<tr><td rowspan="3">输入阻抗：输入量程在 200 mV、2 V 为 1 MΩ，其余量程为 10 MΩ
过载保护：200 mV 量程为 250 V 直流或交流峰值；其余为 1 000 V 直流或交流峰值
频率响应：200 V 以下量程 40～400 Hz，700 V 量程为 40～200 Hz
显示：正弦波有效值（平均值响应）</td><td>20 V</td><td>10 mV</td></tr>
<tr><td>200 V</td><td>1 mV</td></tr>
<tr><td>700 V</td><td>±（2.5% 读数＋10）</td><td>1 V</td></tr>
<tr><td>直流电流</td><td>20 mA</td><td>±（0.8% 读数＋8）</td><td>10 μA</td></tr>
<tr><td rowspan="2">最大测量压降：200 mV
最大输入电流：20 A（不超过 10 s）
过载保护：0.2 A/250 V 速熔熔丝</td><td>200 mA</td><td>±（1.2% 读数＋8）</td><td>100 μA</td></tr>
<tr><td>20A</td><td>±（2.0% 读数＋10）</td><td>10 mA</td></tr>
<tr><td>交流电流</td><td>20 mA</td><td>±（1.0% 读数＋8）</td><td>1 μA</td></tr>
<tr><td rowspan="2">最大测量压降：200 mV
最大输入电流：20 A（不超过 10 s）
过载保护：0.2 A/250 V 速熔熔丝
频率响应：40～200 Hz
显示：正弦波有效值（平均值响应）</td><td>200 mA</td><td>±（2.0% 读数＋8）</td><td>100 μA</td></tr>
<tr><td>20 A</td><td>±（3.0% 读数＋15）</td><td>10 mA</td></tr>
<tr><td>电阻</td><td>200 Ω</td><td>±（1.2% 读数＋15）</td><td>0.1 Ω</td></tr>
</table>

续表

直流电压	量程	准确度	分辨力
开路电压：小于 3 V 过载保护：250 V 直流或交流峰值	2 kΩ	±（0.8% 读数 +8）	1 Ω
	20 kΩ		10 Ω
	200 kΩ		100 Ω
	2 MΩ		1 kΩ
	20 MΩ	±（2.5% 读数 +15）	10 kΩ
	200 MΩ	±(5.0%（读数 -10）+30)	100 kΩ
电容	2 nF	±（2.5% 读数 +25）	1 pF
过载保护：36 V 直流或交流峰值	20 nF		10 pF
	200 nF		100 pF
	2 μF	±（2.5% 读数 +20）	1 nF
	10 μF		10 nF
频率	200 kHz	±（3.0% 读数 +15）	100 Hz
温度	-20 ~1 000 ℃	±（0.75% 读数 +3）<400 ℃ ±（1.5% 读数 +15）≥400 ℃	1 ℃
	-4 ~1 800 ℉①	±（0.75% 读数 +5）<750 ℉ ±（1.5% 读数 +15）≥750 ℉	1 ℉
二极管通断测试	量程	显示值	测试条件
过载保护：250 V 直流或交流峰值 警告：为了安全，在此量程禁止输入电压值	→⊢•)))	二极管正向压降	正向直流电流约1 mA，反向电压约3 V
		蜂鸣器发声长响，测试两点阻值小于 70 ±20Ω	开路电压约 3 V
晶体三极管 h_{FE} 参数测试	h_{FE} NPN 或 PNP	0 ~ 1000	基极电流约 10 μA，V_{ce} 约为 3 V

2. 面板说明

9804 型数字万用表面板如图 3 - 24 所示。

①液晶显示器：显示仪表测量的数值及单位。

②POWER 电源开关：开启及关闭电源。

③LIGHT 背光开关：开启及关闭背光灯。

④HOLD 保持开关：按下此功能键，仪表当前所测数值保持在液晶显示器上，再次按下，退出保持功能状态。

① 1 ℉ =5/9 K。

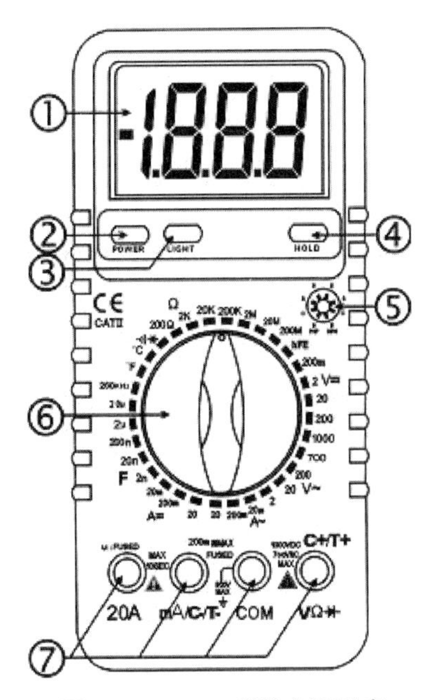

图3－24 9804型数字万用表

⑤h_{FE}测试插座：用于测量晶体三极管的h_{FE}数值大小。

⑥旋钮开关：用于改变测量功能及量程。

⑦分别为电压、电阻、频率及温度插座，小于2 A电流及温度测试插座，20 A电流测试插座，公共地。

3. 使用方法

1）直流电压测量

（1）将黑表笔插入COM插孔，红表笔插入V/Ω/Hz插孔。

（2）将量程开关转至相应的DC V量程上，然后将测试表笔跨接在被测电路上，红表笔所接的该点电压与极性显示在屏幕上。

注意以下事项。

（1）如果事先对被测电压范围没有概念，应将量程开关转到最高挡位，然后根据显示值转至相应挡位上。

（2）未测量时小电压挡有残留数字，属正常现象，不影响测试，如测量时高位显“1”，表明已超过量程范围，须将量程开关转至较高挡位上。

（3）输入电压切勿超过1 000 V，如超过，则有损坏仪表线路的危险。

（4）当测量高压电路时，注意避免触及高压电路。

2）交流电压测量

（1）将黑表笔插入COM插孔，红表笔插入V/Ω/Hz插孔。

（2）将量程开关转至相应的AC V量程上，然后将测试表笔跨接在被测电路上。

注意以下事项。

（1）如果事先对被测电压范围没有概念，应将量程开关转到最高挡位，然后根据显示值转至相应挡位上。

（2）未测量时小电压挡有残留数字，属正常现象，不影响测试，如测量时高位显“1”，表明已超过量程范围，须将量程开关转至较高挡位上。

（3）输入电压切勿超过 700 V_{rms}，如超过，则有损坏仪表线路的危险。

（4）当测量高压电路时，注意避免触及高压电路。

3）直流电流测量

（1）将黑表笔插入 COM 插孔，红表笔插入 mA 插孔中（最大为 2 A），或插入 20 A 插孔中（最大为 20 A）。

（2）将量程开关转至相应的 DC A 挡位上，然后将仪表串入被测电路中，被测电流值及红色表笔点的电流极性将同时显示在屏幕上。

注意以下事项。

（1）如果事先对被测电压范围没有概念，应将量程开关转到最高挡位，然后根据显示值转至相应挡位上。

（2）如 LCD 显示为“1”，表明已超过量程范围，须将量程开关调高一挡。

（3）最大输入电流为 2 A 或者 20 A（视红表笔插入位置而定），过大的电流会将熔丝烧断，在使用 20 A 挡位测量时要注意，该挡位没有保护，连续测量大电流将会使电路发热，影响测量精度甚至损坏仪表。

4）交流电流测量

（1）将黑表笔插入 COM 插孔，红表笔插入 mA 插孔中（最大为 2 A），或插入 20 A 插孔中（最大为 20 A）。

（2）将量程开关转至相应的 AC A 挡位上，然后将仪表串入被测电路中。

注意以下事项。

（1）如果事先对被测电流范围没有概念，应将量程开关转到最高挡位，然后按显示值转至相应挡位上。

（2）如 LCD 显示为“1”，表明已超过量程范围，须将量程开关调高一挡。

（3）最大输入电流为 2 A 或者 20 A（视红表笔插入位置而定），过大的电流会将熔丝烧断，在使用 20 A 挡位测量时要注意，该挡位没有保护，连续测量大电流将会使电路发热，影响测量精度甚至损坏仪表。

5）电阻测量

（1）将黑表笔插入 COM 插孔，红表笔插入 V/Ω/Hz 插孔。

（2）将所测开关转至相应的电阻量程上，将两表笔跨接在被测电阻上。

注意以下事项。

（1）如果电阻值超过所选的量程值，则会显示“1”，这时应将开关转高一挡；当测量电阻值超过 1 MΩ 以上时，读数需几秒时间才能稳定，这在测量高电阻值时是正常的。

（2）当输入端开路时，则显示过载情形。

（3）测量电路中的电阻时，要确认被测电路中所有电源已关断，当所有电容都已完全放电时，才可以进行。

（4）切勿在电阻量程输入电压。

6）电容测量

（1）将量程开关置于相应的电容量程上，将测试电容插入 Cx 插孔。

（2）将测试表笔跨接在电容两端进行测量，必要时注意极性。

注意以下事项。

（1）如果被测电容超过所选量程的最大值，显示器将只显示“1”，此时则应将开关转高一挡。

（2）在测试电容之前，LCD 显示可能尚有残留读数，属正常现象，它不会影响测量结果。

（3）使用大电容挡测量严重漏电或击穿的电容时，将显示“1”数字值且不稳定。

（4）在测试电容容量之前，对电容应充分地放电，以防损坏仪表。

7）晶体管 h_{FE}

（1）将量程开关置于 h_{FE} 挡。

（2）决定所测晶体管为 NPN 型或 PNP 型，将发射极、基极、集电极分别插入相应插孔。

8）二极管及通断测试

（1）将黑表笔插入 COM 插孔，红表笔插入 V/Ω/Hz 插孔（注意红表笔极性为“+”）。

（2）将量程开关置于⊳⊦•))挡，并将表笔连接到待测试二极管，红表笔接二极管正极，读数为二极管正向压降的近似值。

（3）将表笔连接到待测线路的两点，如果内置蜂鸣器发声，则两点之间的电阻值为（70±20）Ω。

9）频率测试

（1）将表笔或屏蔽电缆接入 COM 和 V/Ω/Hz 输入端。

（2）将量程开关转到频率挡位上，将表笔或电缆跨接在信号源或被测负载上。

注意以下事项。

（1）输入超过 10 V_{rms} 时，可以读数，但不能保证准确。

（2）在噪声环境下，测量信号时最好使用屏蔽电缆。

（3）在测量高电压电路时，千万不要触及高压电路。

（4）禁止输入超过 250 V 直流或交流峰值的电压，以免损坏仪表。

10）温度测量

将量程开关置于℃或℉量程上，将热电偶传感器的冷端（自由端）负极（黑色插头）插入 mA 插孔中，正极（红色插头）插入 V/Ω/Hz 插孔，热电偶的工作端（测温端）置于待测物上面或内部，可直接从显示器上读取温度值，读数为摄氏度或华氏度。

注意以下事项。

（1）温度挡常规显示随机数，测温度时，必须将热电偶插入温度测试孔内，为了保证测量数据的精确性，测量温度时须关闭 LIGHT 开关。

（2）本表随机所附 WRNM－010 裸露式接点热电偶极限温度为 250 ℃（短期内为 300 ℃）。

11）数据保持

按下保持开关，当前数据就会保持在显示器上，弹起开关，则保持取消。

12）背光显示

按下 LIGHT 键，背光灯亮，再按一下，取消背光。

注意：背光灯亮时，工作电流增大，会造成电池使用寿命缩短及个别功能测量时误差变大。

3.6 电压的测量

在测量电压时，由于被测对象不同，它们的波形、频率、幅度和等效内阻通常也不相同，对不同特点的电压应采用不同的测量方法。

3.6.1 直流电压的测量

电子电路中的直流电压一般分为两大类：一类为直流电源电压，它具有一定的直流电动势和等效内阻；另一类是直流电路中某元件两端之间的电压差或各点对地的电位。

直流电压的测量一般可采用直接测量法和间接测量法两种。用直接测量法测量时，将电压表直接并联在被测支路的两端，如果电压表的内阻为无穷大，则电压表的示值即是被测支路两点间的电压值；间接测量法则是先分别测量两端点的对地电位，然后求两点的电位差，差值即为要测量的电压值。

直流电压的测量方案很多，常用的有以下几种。

1. 用数字万用表测量直流电压

用数字万用表测量直流电压，可直接显示被测直流电压的数值和极性；数字万用表的有效位数较多，精确度较高；另外，数字万用表直流电压挡的输入电阻较高，可达 10 MΩ 以上，如 DT－9901C 型数字万用表的直流电压挡的输入电阻为 20 MΩ，将它并接在被测支路两端对被测电路的影响很小。

用数字万用表测量直流电压时，要选择合适的量程，当超出量程时，会有溢出显示。如 DT－9902C 型数字万用表，当测量超出量程时，会显示 OL，并在显示屏左侧显示 OVER，表示溢出。

2. 用模拟式万用表测量直流电压

模拟式万用表的直流电压挡由表头串联分压电阻组成，其输入电阻一般不太大，并且各量程挡的内阻不同，同一块表，量程越大，内阻越大。在用模拟式万用表测量直流电压时，一定要注意表的内阻对被测电路的影响，否则将可能产生较大的测量误差。如用 MF500－B 型万用表测量如图 3－25 所示的电路的等效电动势 E，MF500－B 型万用表的直流电压灵敏度 SV＝20 kΩ/V，选用 10 V 量程挡，测量值为 7.2 V，理论值为 9 V，相对误差为 20%，这就是由万用表直流电压挡的内阻与被测电路等效内阻相比不够大所引起的，是测量方法不当引起的误差。因此，模拟式万用表的直流电压挡测量电压只适用于被测电路的等效内阻很小或信号源内阻很小的情况。

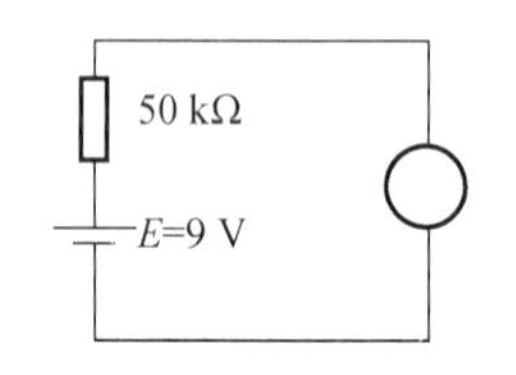

图 3－25 万用表测量等效电动势

3. 用零示法测量直流电压

为了减小由于模拟式万用表内阻不够大而引起的测量误差，可用如图 3－26 所示的零示法。图中 E_S 为大小可调的标准直流电源，测量时，先将标准电源 E_S 输出置最小，电压表置较大量程挡，按图 3－26 所示的极性接入电路。然后缓慢调节标准电源 E_S 的大小，并逐步减小电压表的量程挡，直到电压表在最小量程挡指示为零，电压表中没有电流流过，此时

$E=E_S$。由于标准直流电源的内阻很小，一般小于1 Ω，而电压表的内阻一般在千欧级以上，所以用零示法测量标准电源的输出电压，电压表内阻引起的误差可忽略不计。

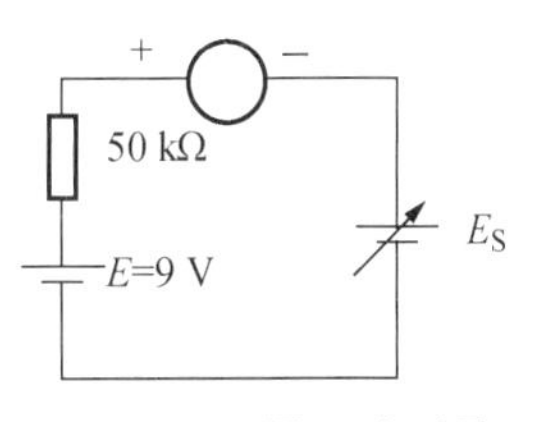

图3-26 零示法测量直流电压

4. 用电子电压表测量直流电压

一般在放大-检波式的电子电压表中，为了提高电压表的内阻，都采用跟随器和放大器等电路提高电压表的输入阻抗和测量灵敏度。这种电子电压表可在电子电路中测量高电阻电路的电压值。

5. 用示波器测量直流电压

用示波器测量电压时，首先应将示波器的垂直偏转灵敏度微调旋钮置校准挡，否则电压读数不准确。具体测量步骤可参看示波器的章节。

6. 微差法测量直流电压

上面介绍的直流电压测量中都存在一个分辨力问题，数字万用表的分辨力是末位数字代表的电压值，模拟电压表的分辨力为最小刻度间隔所代表的电压值的一半。量程越大，分辨力越低，如MF500-B型万用表在2.5 V量程挡，分辨力为0.025 V；在10 V挡，分辨力为0.1 V。电压表不可能测量出比分辨力小的电压。

为了准确地测量大电压中的微小变换量，可以用微差法来测量。微差法和零示法都是减小系统误差的典型技术，零示法对可调电压源要求较高，因为它必须适应被测电压所有可能出现的值。微差法降低了对可调标准电源的要求，测量电路与零示法的相同。测量时，调节E_S的大小，使电压表在小量程挡（分辨力最高）上有一个微小的读数ΔU，则$U_o=U_S+\Delta U$。当$\Delta U \leqslant U_o$时，电压表的测量误差对U_o的影响极小，且电压表中流过的电流很小，对被测电压U_o不会产生大的影响。

7. 含交流成分的直流电压的测量

由于磁电式表头的偏转系统对电流有平均作用，不能反映纯交流量。所以，对于含交流成分的直流电压的测量，一般都采用模拟式电压表的直流挡。

如果叠加在直流电压上的交流成分具有周期性，可直接用模拟式电压表测量其直流电压的大小。由交流信号转换而得到的直流，如整流滤波后得到的直流平均值，以及非简谐波的平均直流分量，都可用模拟式电压表测量。

一般不能用数字式万用表测量含有交流成分的直流电压，因为数字式直流电压表要求被测直流电压稳定，才能显示数字，否则数字将不停跳变。

3.6.2 交流电压的测量

交流电压的测量一般可以分为两类：一类是具有一定内阻的交流信号源，另一类是电路中任意一点对地的交流电压。

交流电压的常用测量方法有电压表法和示波器法。

1. 交流电压表法

交流电压表分为模拟式和数字式两大类。不论是模拟式交流电压表还是数字式交流电压表，测量交流电压时，都是先将交流电压经过检波器转换成直流电压后再进行测量。

模拟式万用表测量交流电压的频率范围较小，一般只能测量频率在1 kHz以下的交流电压。但由于模拟式万用表的公共端与外壳绝缘胶木无关，即与被测电路无共同机壳接地，因此，可以用它直接测量两点之间的交流电压。

2. 用示波器测量交流电压

用示波器法测量交流电压与电压表相比，具有如下优点。

（1）速度快。由于被测电压的波形可以立即显示在屏幕上，避免了表头的惰性。

（2）能测量各种波形电压。电压表一般只能测量失真很小的正弦电压，而示波器不但能测量失真很大的正弦电压，还能测量脉冲电压、已调幅电压等。

（3）能测量瞬时电压。电压表由于惰性，只能测出周期信号的有效值电压（或峰值电压），而不能反映被测信号幅度的快速变换。示波器是一种实时测量仪器，它惰性小，不但能测量周期性信号的峰值电压，还能观测信号幅度的变化情况，甚至可以观测单次出现的信号电压。此外，它还能测量被测信号的瞬时电压和波形上任意两点间的电压差。

（4）能同时测量直流电压和交流电压。在一次测量过程中，电压表一般不能同时测量出被测电压的直流分量和交流分量，但示波器能方便地实现这一点。用示波器测量电压的主要缺点是误差大，一般为5%～10%，现代数字电压测量技术应用于示波器，误差可减小到1%以下。另外，用示波器测量交流电压时，读测值为峰－峰值，要知道有效值，还需采用公式进行换算。具体测量可参考示波器的章节。

3.6.3 电平的测量

1. 电平的概念

电平是指两功率或电压之比的对数，有时也表示两电流之比的对数，单位为贝尔（Bel）。由于贝尔单位相对于测量值太大，在实际应用时，常用贝尔的1/10作为单位，称为分贝，用 dB 表示。电平概念主要应用在某些通信系统、电声系统及噪声测试系统中。

当600 Ω 电阻上消耗1 mW 的功率时，600 Ω 电阻两端的电位差为0.775 V，此电位差称为基准电压。任意两点电压与基准电压之比的对数称为该电压的绝对电平，即

$$L_U = 20\lg \frac{U_x}{0.775}\text{dB} \tag{3-9}$$

式中，U_x 为任意两点的电压。

2. 采用电平概念的意义

如希望同时显示一组幅值很大和幅值很小的信号，采用高度为10 cm 的显示器，一般用显示器的全部高度作为振幅的最大值。若信号的最大振幅为100 V，显示器上1 cm 的高度就对应为10 V；0.1 cm 的高度对应1 V；而小于1 V 的电压在显示器上就难以辨认了。而使用分贝作为单位，可以把大范围内的幅值压缩到较小的范围，这样就可以同时看到最大值和最小值的所有振幅。

3. 电平的测量方法和刻度

从电平的定义就可以看出电平与电压之间的关系，电平的测量实际上也是电压的测量。任何一块电压表都可以作为电平表，只是表盘上的刻度不同而已。

电平表和交流电压表上 dB 刻度线都是按绝对电平刻度的，要注意的是，电平刻度是以在600 Ω 电阻上消耗1 mW 功率为零分贝进行计算的，即0 dB＝0.775 V。当 $U_x > 0.775$ V 时，测量所得 dB 值为正；当 $U_x < 0.775$ V 时，测量所得 dB 值为负。这样，一定的电压值对

应于一定的电平值，就可以直接用电压表测量电平了。如电子式 MF－20 型万用表将 1.5 V 量程刻度线上的 0.775 V 处定为 0 dB。应注意的是，表盘上的分贝值对应的是某挡电压量程，当使用电压表的其他挡量程时，应考虑加上换挡的分贝值。如使用 MF－20 型万用表的 30 V 量程时，被测电压实际值应是表头测量值的 20 倍。设表头上的电压为 U_x'，则实际被测电压为 $U_x=20U_x'$，写成分贝形式为

$$\begin{aligned}L_U&=20\lg(20U_x')\\&=20\lg20+20\lg U_x'\\&=26\ \text{dB}+20\lg U_x'\end{aligned}\tag{3-10}$$

因此，实际测量的分贝值应加上换挡的分贝值 26 dB。

3.6.4 噪声的测量

在电子测量中，习惯上把信号电压以外的电压统称为噪声。从这个意义上说，噪声应包括外界干扰和内部噪声两大部分。由于外界干扰在技术上是可以消除的，所以最终关心的噪声电压的测量，主要是对电路内部产生的噪声电压的测量。

电路中固有噪声主要有热噪声、散弹噪声和闪烁噪声等。在这 3 种主要类型的噪声中，闪烁噪声又称为 $1/f$ 噪声，主要对低频信号有影响，又称为低频噪声；而热噪声和散弹噪声在线性频率范围内部能量分布是均匀的，因而被称为白噪声。白噪声是一种随机信号，其波形是非周期性的，变化是无规律的，电压瞬时值按高斯正态分布规律分布，噪声电压一般指的是噪声电压的有效值。

对于一个放大器，如将其输入端短路，即在输入信号为零时，仍能从输出端测得交流电压，这就是噪声电压。噪声严重的，会影响放大器（或一个系统）传输弱信号的能力。

噪声电压的测量方法主要有电压表法和示波器法。

1. 用交流电压表测量噪声电压

由于噪声电压一般指有效值，因此可以直接采用有效值电压表测量噪声电压的有效值，也可以采用平均值电压表进行噪声电压的测量，但用平均值电压表测量噪声电压时应注意以下几点：

（1）刻度的换算。除了有效值电压表外，其他响应的电压表在测量非正弦波时，都会产生波形误差。所以，必须根据噪声电压的波形系数进行换算。

（2）电压表的频带宽度大于被测电路的噪声带宽。

（3）根据噪声的特性，在某些时刻噪声电压的峰值可能很高，也可能会超过表中放大器的动态范围而产生消波现象。所以，在噪声测量中，平均值电压表指针应指在表盘刻度线的 1/3～1/2 之间的读数上，以提高测量准确度。

2. 用示波器测量噪声电压

示波器的频带宽度很宽时，可以用来测量噪声电压。示波器的使用极其方便，尤其适合测量噪声电压的峰－峰值。

测量时，将被测噪声信号通过 AC 耦合方式送入示波器的垂直通道，将示波器的垂直灵敏度置于合适的挡位，将扫描速度置于较低挡，在荧光屏上即可看到一条水平移动的垂直亮线，这条亮线垂直方向的长度乘以示波器的垂直电压灵敏度就是被测噪声电压的峰－峰值，然后利用噪声电压的波形系数进行换算即可求出有效值。

3.6.5 电压测量中的几个问题

在电压测量的过程中，首先需根据被测电压及其所在电路的特点，来选择或制作测量仪表。在仪表的使用上，需注意以下几个问题。

（1）测量准备：测量前应按仪表的规定方向放置，并在通电前调整机械零点，使指针指示在零位。通电后，在指针稳定时，将输入线短路，调节调零点调整旋钮，使表针指示零位，即进行电气调零。为了提高测量精度，电气调零应在使用量程上进行。

（2）量程选择：根据被测信号值的大小选择电压量程。如不知道被测信号的大小，可先选用大量程，逐步减小到合适的量程。

（3）接地与屏蔽：在进行电压测量时，要注意被测电路高电位端和低电位端要与电压表的对应端相连接。屏蔽接地点应与被测电压源信号地线相连接。在连接顺序上，测量前应先接地线，再连信号线；测量完毕时，应先断开信号线，再断开地线。

（4）输入电路的影响：输入电阻会引起测量误差。这个误差可以修正。但它有时会破坏被测电路的正常工作状态。例如，使谐振回路振幅下降，甚至停振。因此，要求仪表的输入电阻很高。

输入电容对被测电路的影响主要表现在使回路失谐，从而改变了被测量的特性。在高频段时，输入电容使电路的增益显著下降，会引起很大的误差。因此，要求输入电容小。分布参数对测量也有影响，因此，测试信号线宜短，或者使用探头。

此外，对于不同类型的电压表的刻度特性应明确，以免在进行非正弦信号电压的测量时引入波形误差，精密测量时应注意换算。对于电平刻度的示值，它等于指针所指示的分贝数与量程开关所指的分贝数的代数和。在高压测量时，应注意使用绝缘良好的绝缘设施，并按照单手操作的原则操作，以确保安全。

本 章 小 结

（1）电压测量是其他许多电参数量，也包括非电参数量测量的基础。常用测量电压的仪器有模拟式和数字式两种类型的测量仪器。

（2）模拟式电压表由于电路简单、价格低廉，特别是在测量高频电压时，其测量简单、准确度较高。另外，作为长期监测或用于环境条件较差的场合，模拟式电压表具有很多的优点。所以，模拟测量仪器在电压测量中占有重要的地位。

（3）数字式电压表具有精度高、量程宽、显示位数多、易于实现测量自动化等优点，在电压测量中的地位越来越重要。

（4）在测量电压时，由于被测对象不同，它们的波形、频率、幅度和等效内阻通常也不相同，对不同特点的电压，应采用不同的测量方法。

（5）直流电压的测量可采用模拟电压表、数字电压表、零示法、微差法和示波器测量法。

（6）交流电压可采用平均值、峰值和有效值等多种形式表示。电压的表示形式不同，数值也不同。当采用不同的检波器的电压表测量非正弦信号或噪声信号时，应注意波形系数换算，否则测量不准确。

思考与练习

3-1　简述电压测量的意义。

3-2　在示波器上分别观察峰值相等的正弦波、方波和三角波，其中 $U_{P-P}=5$ V，分别用峰值电压表、平均值电压表和有效值电压表测量，则读数分别是多少？

3-3　欲测量失真的正弦波，若没有有效值电压表，只有峰值电压表和均值电压表可选用，问选哪种电压表更合适？为什么？

3-4　数字电压表的主要技术指标有哪些？它们是如何定义的？

3-5　绘图说明数字电压表的电路构成和工作原理。

3-6　逐次逼近比较式数字电压表和双积分式数字电压表各有哪些特点？各适用于哪些场合？

3-7　模拟电压表和数字电压表的分辨力分别与什么因素有关？

3-8　直流电压的测量方案有哪些？

3-9　交流电压的测量方案有哪些？

3-10　甲、乙两台数字电压表，甲的显示器显示的最大值为 9 999，乙为 19 999，问：

(1) 它们各是几位的数字电压表？是否有超量程能力？

(2) 若乙的最小量程为 200 mV，其分辨力为多少？

学习要求

了解示波器的组成，理解示波器的工作原理，会用示波器来观测信号波形、测量电压、频率、时间等参数。

学习要点

示波管的特性，波形的显示及稳定，通用示波器的组成，主要控制键的作用与调节原理，示波器双踪显示原理和双扫描显示原理，示波器的应用与参数的测量。

电子示波器是利用示波管直接显示电信号波形的仪器。在以下两种情况下，可以使用示波器来实现预想的目标。

（1）对电信号的波形进行定性观察（是正弦波或是非正弦波，是否失真等）。

（2）定量测量电信号波形的参数（主要有电压幅度、频率、周期等）。

为了能观察到希望看到的波形，得到所要测量参数的准确量值，掌握示波器的操作方法是必要的。要正确操作示波器，应当具备以下几个方面的知识。

（1）知晓面板上各控制键的名称及作用。

（2）了解各控制键的调节顺序，知道它们的调节原理。

（3）知道屏幕上出现的各种不同现象与哪些控制键的位置相关联。

4.1 波形的显示和观测

本节主要讨论显示波形的原理，以及清晰、稳定地显示波形需要解决的基本问题。

4.1.1 波形观测的基本操作方法

使用示波器观察波形或测量参数，须按一定的操作方法才能快速得到所需结果。下面以YB4340型双踪示波器为例，说明其波形观测的基本操作方法。

1. 波形观察

[**例4-1**]　观察一个1 kHz的正弦波（不要求测量周期和幅度）。

表4-1　例4-1的操作步骤

垂直工作方式（MODE）	CH1
垂直移位（POSITION）	中间
耦合方式（AC-GND-DC）	接地（GND）
$X-Y$ 控制键	弹出
触发方式（TRIG MODE）	自动（AUTO）
触发源（SOURCE）	内（INT）
触发电平（TRIG LEVEL）	中间
水平移位（POSITION）	中间

（1）先按表4-1设定各控制键的位置，然后打开电源开关，此时屏幕上应显示出一条水平亮线，其位置在屏幕中间。

（2）将信号输入示波器的CH1通道，并将偏转因数（VOLT/DIV）放在适当挡位，再将耦合方式转至AC位。此时，屏幕上应显示出正弦波。

（3）要显示的正弦波有一个以上的完整周期，可将时间因数（TIME/DIV）放在0.1～0.5 ms/div挡位。

在定性观察时，垂直微调和扫描微调的位置，可随意放置。

2. 参数测量

［**例4-2**］　测量一个频率为1 kHz左右，幅度为1 V左右的正弦波的周期和幅度。

操作步骤：

（1）先按例4-1中的操作步骤（1）和（2），让屏幕上显示出一个稳定的正弦波，然后再进行以下操作。

（2）测周期时，先调垂直移位，使正弦波的平均电平线与坐标水平中心刻度线重合。将扫描微调旋至校准位置（顺时针旋到底）；时间因数可放在0.1 ms/div（或0.2 ms/div）挡位；调水平移位，使正弦波零相位点落在左端垂直刻度线上；读出正弦波一个周期的格数B（图4-1）；周期$T=B\times0.1$ ms。

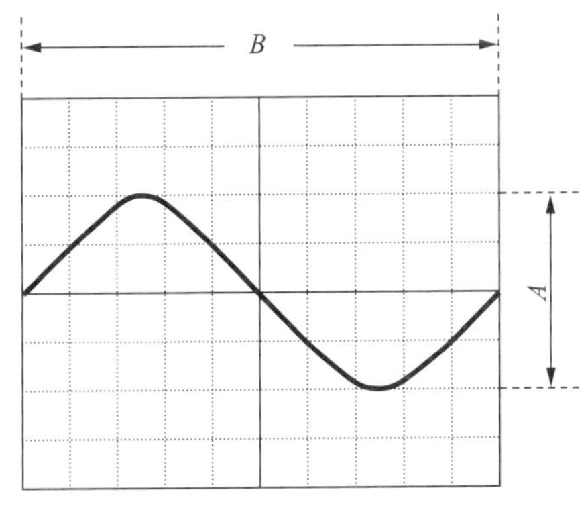

图4-1　波形参数的测量

（3）测幅度时，应将垂直微调旋至校准位置（顺时针旋到底）。偏转因数放在0.5 V/div挡位；调节垂直移位，使正弦波上峰点落在上边第3条水平刻度线上。读出正弦波下峰点与第三条水平刻度线的距离为A格（图4－1），则正弦波的峰－峰值$U_{P-P}=A\times0.5\ V$（幅度为$U_P=U_{P-P}/2$）。为使读出的A值更准确，可调节水平移位，让下峰点落在垂直中心刻度线上。

3. 操作时要求解决的问题

由以上两个例子可知，要快速地观察到波形，并得到准确的参数量值，操作时须解决以下两个基本问题。

（1）让波形出现在屏幕中间区域，并且波形是稳定不动的。

（2）合适地选择显示波形的幅度、周期数及波形位置，以便得到准确的读数。

先从上面的实例来说明各控制键放置位置的缘由。表4－1所列控制键预先设置的目的是开启电源开关后，立即在屏幕上看到一条水平亮线。

$X-Y$控制键：弹出；垂直方式：CH1。是让示波器工作在显示CH1通道波形的状态。

触发方式：自动；耦合方式：接地。是让示波器电源开启后，有一条水平亮线显示。

垂直移位：中间；水平移位：中间。是让显示的波形在屏幕的中间区域。

触发源：内；触发电平：中间。是让步骤（2）中显示的正弦波稳定不动。

应当指出，示波器的亮度控制旋钮应旋至适当的位置（即屏幕上波形的亮度适中）。聚焦控制旋钮的调整将在4.4节中介绍；例4－2中所涉及的控制键的位置、波形位置的调整等，也将在4.4节中介绍。

下面先分析通用示波器显示波形的原理，再说明主要控制键的调节原理。

4.1.2 示波管的特性

示波管又称为阴极射线管（CRT），属电子管器件。示波管是示波器的显示器件，正是示波管的特性，决定了它能显示电信号的波形。示波管的特性是由其结构决定的，下面从示波管的结构入手，分析示波管显示波形的原理。

1. 示波管的结构

示波管的一般结构如图4－2所示。

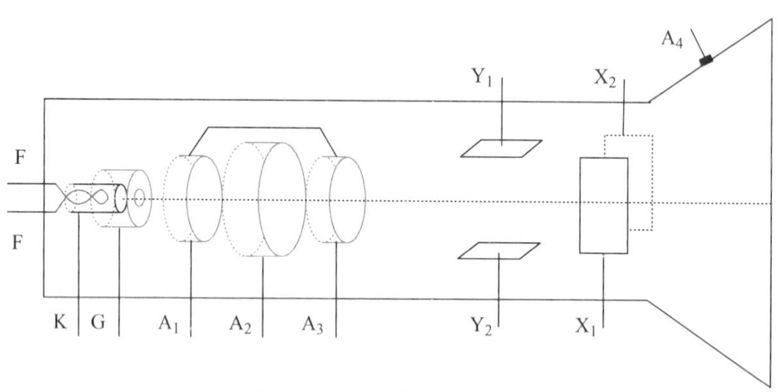

图4－2 示波管结构示意图

示波管可分为以下三个部分。

（1）电子枪：由（灯丝F）、阴极K、控制极G、预加速极A_1、聚焦极A_2、加速极A_3等组成。这些电极（灯丝除外）是放置在同一条轴线上，大小不等的金属圆筒。

（2）偏转系统：由垂直偏转板和水平偏转板组成。垂直偏转板是一对水平放置的平行金属板（Y_1、Y_2），水平偏转板是一对垂直放置的平行金属板（X_1、X_2）。

（3）荧光屏：示波管的一端通常是矩形（或圆形）平面，其内壁涂有荧光物质。这个矩形（或圆形）平面就是荧光屏。

当电子束轰击荧光屏时，被轰击点会产生辉光。电子束消失后，该点的辉光仍可保持一段时间，称为余辉时间。余辉时间小于 1 ms 的称为短余辉，大于 0.1 s 的称为长余辉，在 1 ms ~ 0.1 s 之间的称为中余辉。通用示波器一般采用中余辉管。

另外，为了在不降低亮度的状态下增大电子束偏转角度，在靠近荧光屏的地方，还装有后加速极 A_4。

示波管的图形符号有多种画法，常见两种画法如图 4 - 3 所示。

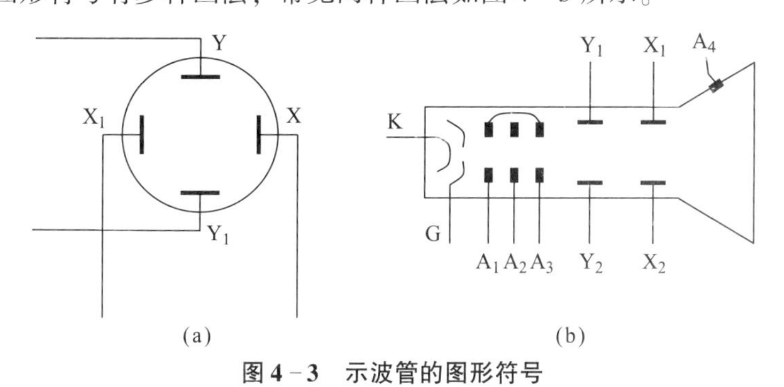

图 4 - 3 示波管的图形符号

（a）简化图；（b）完整图

2. 静电聚焦原理

示波管工作时，各电极所加电压是不同的。以阴极为零电位参考点，控制极电位为负几十伏，预加速极和加速极电位相等，为正几百伏。聚焦极电位也为正几百伏，但比加速极电位低；而后加速极电位高达数千伏。因此，在示波管内存在有两种电场：一是由控制极形成的负电场，二是由阳极（主要是预加速极及加速极）形成的正电场。正电场使阴极发射的电子向荧光屏方向运动，负电场则阻止电子运动。一般情况下，正电场的作用大于负电场的作用。

由于电子枪中各电极均是圆筒形，当各电极加上不同电压后，相邻电极之间将形成一个特殊形状的电场，其等位面的形状如同光学透镜，如图 4 - 4 所示，因其对电子有聚焦作用，故被称为电子透镜。

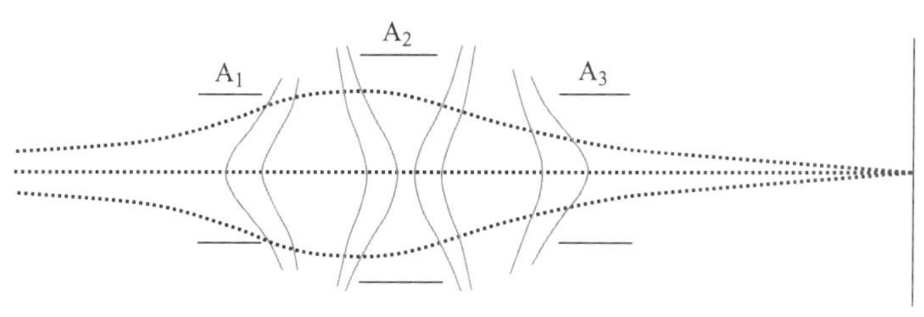

图 4 - 4 静电聚焦示意图

在正电场的作用下，电子会穿过电子透镜向荧光屏运动。无论电子运动的初始方向如何，由于电子透镜的聚焦作用，电子会向轴线聚拢。恰当地调节聚焦阳极的电压，可使电子的聚焦点落在荧光屏上。图 4 - 4 给出了静电聚焦示意图。

由此可知，在示波管中，电子成束向荧光屏运动，最终轰击荧光屏的一个点，从而使荧光屏上显示出一个亮点，这就是聚焦的目的。

为保证荧光屏上亮点足够小及亮度可调，示波器中设置了聚焦调节和辉度调节两个控制键。聚焦调节是调整聚焦阳极的电压；辉度调节是调整控制极电压，从而改变电子束密度，使光点亮度变化。

3. 静电偏转原理

由电子枪射出的电子束，需穿过两对偏转板才能到达荧光屏。若偏转板上未外加电压，电子束将沿管轴线打到荧光屏的中心。当偏转板外加电压后，偏转板间将形成一个电场，其电力线与管轴线垂直。因此，在电子束通过该电场的时间内，电子受到电场力作用，运动方向发生偏转，从而使电子束打在荧光屏上的位置也发生变化。

图4－5给出了在垂直偏转板上外加电压时电子束的偏转情况。图中各参数的意义如下。

l——偏转板长度。

d——偏转板之间的距离。

S——偏转板中心与荧光屏的距离。

U_a——加速极电压。

U_y——Y偏转板上的外加电压。

y——荧光屏上光点垂直偏移的距离（即垂直位移）。

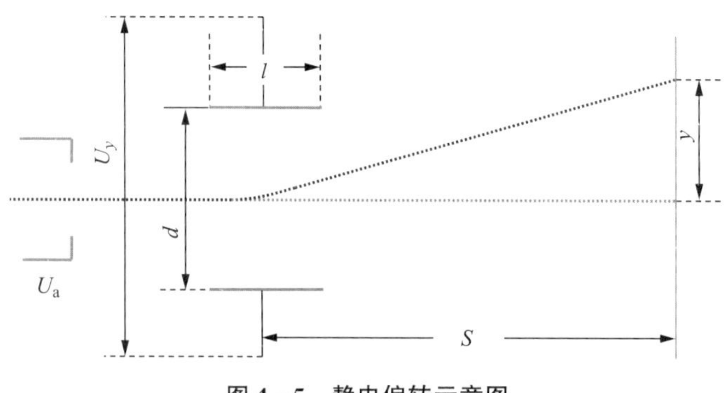

图4－5　静电偏转示意图

荧光屏上光点偏移距离与偏转板上所加电压成正比。同样，荧光屏上光点在水平方向的偏移距离X（即水平位移）与水平偏转板外加电压U_x也成正比。

示波管是一个线性指示器。

由于示波管内两对偏转板的位置是相互垂直的，电子束在垂直方向和水平方向都可以偏转。也就是说，光点可以偏转到荧光屏上任何位置。正是由于这个特性，可以在荧光屏上用光点描绘出电信号的波形。

4.1.3　波形的形成过程

1. 光点的运动与迹线

由前面的分析已知，若X偏转板和Y偏转板上的电压均为零，则光点处于屏幕正中心。

若仅在Y偏转板加上直流电压，则光点将向上（电压为正极性时）或向下（电压为负极性时）偏移。电压越大，光点偏移的距离越大。由于X偏转板未加电压（即电压为零），光点在水平方向没有偏移，所以光点只会出现在屏幕的垂直中心线上，并且静止不动。

若所加电压改为交流电压，则因电压的瞬时值随时间不断变化，将使光点在垂直方向上不断变化位置。此时屏幕上显示的是一个沿垂直中心线运动的光点。当交流电压频率高于数赫兹之后，光点的运动过程无法看清，而只能看到一条垂直亮线，如图4-6所示。

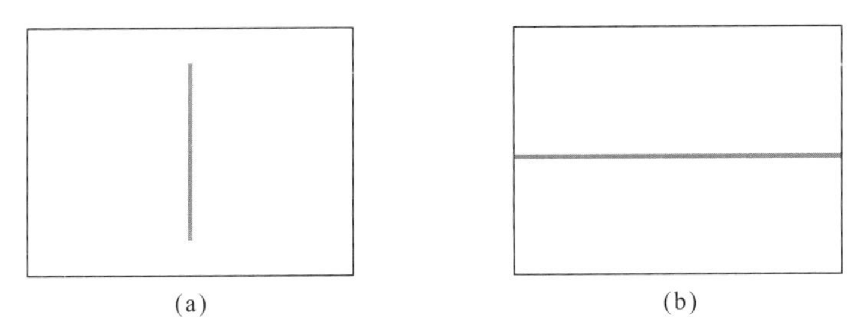

图4-6 光点的迹线

(a) 垂直亮线；(b) 水平亮线

同理，仅在X偏转板加上直流电压，屏幕上只有一个出现在水平中心线上的亮点。其位置由电压的极性和大小决定。当加上交流电压时，屏幕上显示的是一个沿水平中心线运动的光点。交流电压频率高于数赫兹之后，从屏幕上看到的是一条水平亮线，如图4-6所示。

当X偏转板与Y偏转板均加上交流电压，由于两个电压的瞬时值都在变化，因而光点在水平和垂直两个方向的位置都将随之不断改变。显然，由于荧光屏的余辉特性，光点的运动将在屏幕上留下一条迹线，这就是两个电压之间的函数曲线图。

综上所述，在X偏转板和Y偏转板上所加电压都是直流电压时，荧光屏上显示的只是一个不动的光点，而光点的位置由X偏转板和Y偏转板上的电压大小与极性共同决定。

若一对偏转板加交流电压，另一对偏转板加直流电压，屏幕上显示的是一个沿垂直线或沿水平线运动的光点。一般情况下，从屏幕上看到的是一条垂直或水平亮线。

当两对偏转板所加均为交流电压时，荧光屏上出现的是一个可在整个屏幕上运动的光点。在每一个瞬间，光点的位置是由X偏转板和Y偏转板上的瞬时电压大小与极性共同决定的。显然，该光点运动的迹线就是两个电压的瞬时值的函数曲线。

2. 波形的展开-扫描

所谓波形图，是电信号的瞬时电压与时间的函数曲线图。这是一个在直角坐标系中画出的函数图形。其中，纵轴代表电压，横轴代表时间。显然，要用示波管显示波形，应该让荧光屏上光点垂直方向的位移正比于被测信号的瞬时电压，而光点水平方向的位移正比于时间。也就是说，应将被测的电信号U_y加在Y偏转板上。

但是，如前所述，仅将U_y加在Y偏转板上，屏幕上显示的只是一条垂直亮线，而不是波形。这好似将波形沿水平方向压缩成一条垂直线。要将此垂直线展开成波形，就必须在X偏转板加上正比于时间的电压，这个电压只能是线性锯齿波电压。

在X偏转板上加锯齿波电压时，光点扫动的过程称为扫描。这个锯齿波电压称为扫描电压。这里对锯齿波电压的要求是：在锯齿波的正程期，其瞬时值$u_x=at$（a为常数）。

如果仅仅将锯齿波电压加在X偏转板（Y偏转板上不加信号），那么屏上光点从左端沿水平方向匀速运动到右端（称为正扫期），然后快速返回到左端（称为回扫期），以后重复这个过程。此时，光点运动的迹线是一条水平线，常称为扫描线或时基线。因扫描线是一条直线，故称为直线扫描。由上已知，在锯齿波的正程期，锯齿波电压的瞬时值与时间成正比。而由式（4－3）知，屏上光点的水平位移 X 是正比于 X 偏转板所加电压 U_x 的。因此，当 U_x 为线性锯齿波电压时，屏上光点的水平位移将与时间成正比。

若将被测信号（比如正弦波）加在 Y 偏转板上，同时将线性锯齿波电压（扫描电压）加在 X 偏转板上，则在被测信号电压和扫描电压的共同作用下，屏上光点将从左到右描绘出一条迹线。由前面的分析已知，这条迹线上的每一点的垂直位移均正比于被测电压的瞬时值，而迹线上的每一点的水平位移均正比于时间。因此说，这条迹线就是被测信号的波形，如图 4－7 所示。

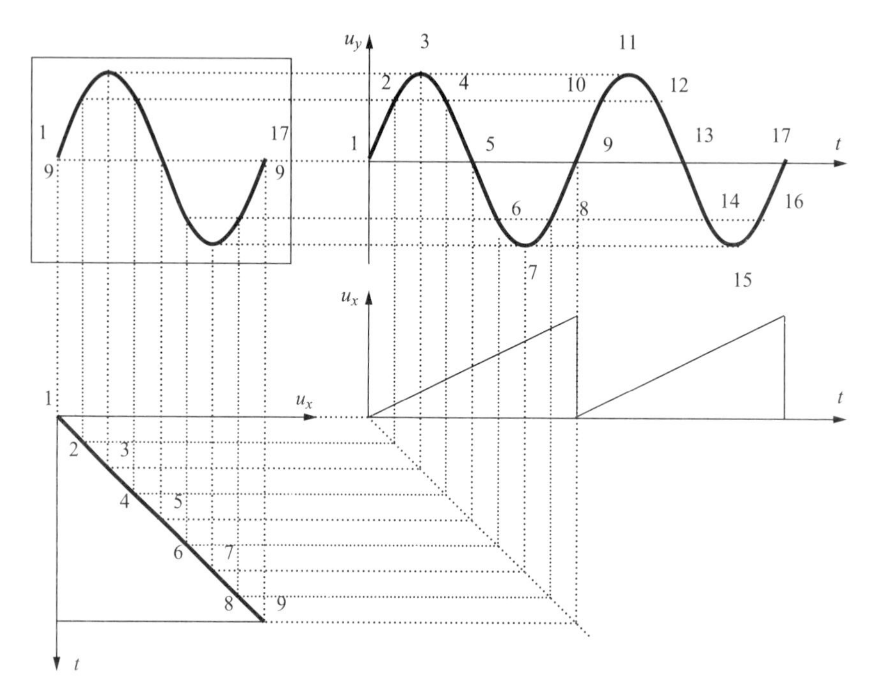

图 4－7　波形的形成

至此，可知荧光屏上显示的波形是一个运动的光点画出的一条迹线。要得到代表波形的迹线，必须在 X 偏转板上加线性锯齿波电压。

应当指出，这里的被测信号是周期信号，扫描电压也是周期信号，于是带来了波形稳定问题。

4.2　通用示波器的组成与控制键

4.2.1　通用示波器的组成

通用示波器可以用来观测频率范围很宽、幅度范围很大的各种信号波形。但不同的测试目的或是测量的信号不同（频率、幅度、波形等不同）时，对示波器性能的要求也不同。因此，需要有转换示波器性能的控制元器件（通常为转换开关、电位器等元器件，它们统称为控制键）。下面从示波器组成入手，分述控制键的分布及其作用。

1. 通用示波器的基本组成

通用示波器的基本组成如图 4 - 8 所示。

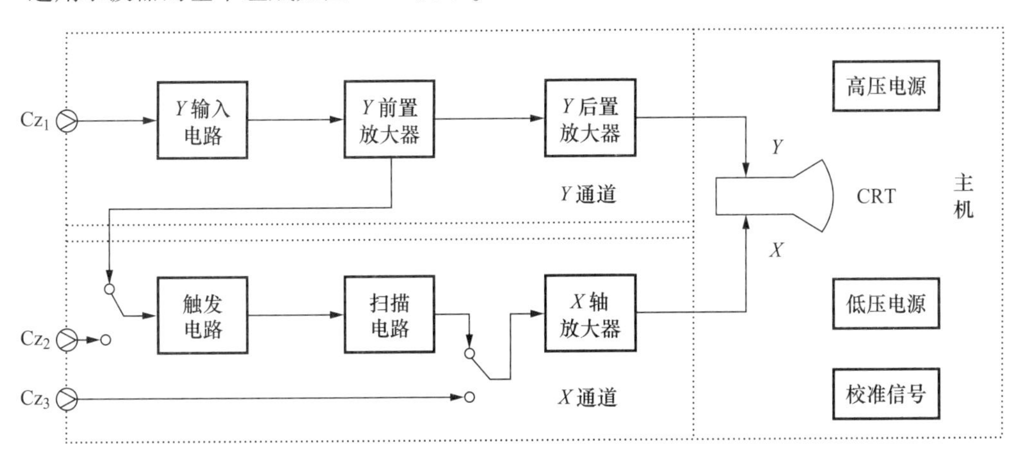

图 4 - 8 通用示波器的基本组成框图

通用示波器由主机、垂直通道（Y 通道)、水平通道（X 通道）三大部分组成。其中，Y 通道的作用是放大（或衰减）被测信号；X 通道的主要作用是产生锯齿波扫描电压；主机部分包含显示波形的核心部件——示波管、低压电源（向整机中各单元电路提供所需的直流电压)、高压电源（给示波管供电)、校准信号发生器（在示波器自检时，提供一个校准信号）等。

在通用示波器中，控制键很多，并且分布在各个部分之中。每个控制键都只是局部地改变示波器的性能，例如，偏转因数开关，它可以改变 Y 通道的总增益。当总增益较大时，可以观测小电压的信号；当总增益较小时，可观测大电压的信号。这个开关只是限定了示波器可测信号的幅度范围，而对示波器的其他性能并未改变。控制键采用手动的方式进行转换，各控制键之间又可以相互配合，故而灵活多变。因此，要实现快捷使用示波器，必须知道控制键的作用与调节原理，以及控制键之间的关联。

下面以 YB4340 型通用示波器为例，说明主要控制键的作用与调节原理。YB4340 型通用示波器的面板如图 4 - 9 所示。

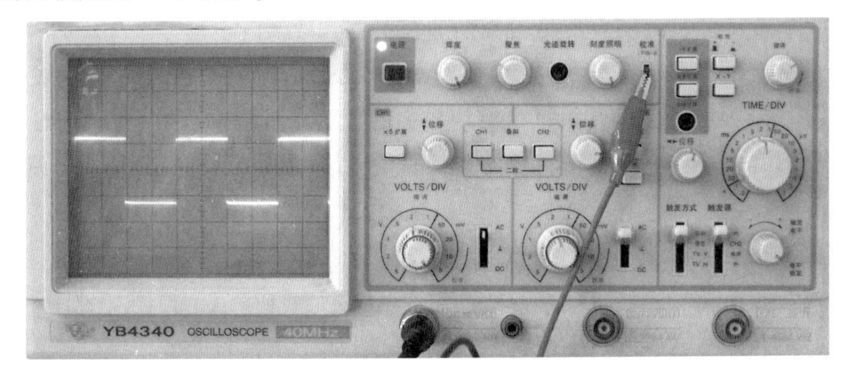

图 4 - 9 YB4340 型通用示波器面板

2. 主机部分的主要控制键

主机部分中的控制键数目不多，主要控制键有辉度和聚焦两个。它们的作用及调节的原理如下。

辉度：用来调节波形的亮度。调节原理：调节示波管的控制极的电压，从而使电子束的电子密度改变，密度大时亮度提高，反之亮度降低。

聚焦：用来调节波形的清晰度。调节原理：调节示波管的聚焦极的电压，以改变电子透镜的聚焦点的位置，当焦点正好落在荧光屏上时，波形的清晰度最高。

这里需特别指出，示波器中辉度旋钮有相当大的调节范围，不要将其调到亮度最大的位置，因为这样会降低荧光屏的寿命。一般情况下，辉度旋钮只需调到中间位置即可。在使用过程中，可酌情微调辉度旋钮，使亮度适中。

聚焦旋钮的正确调整方法将在4.4节中介绍。通常聚焦旋钮也是调到中间位置，并且一旦调好，在以后的整个测试过程中，都无须再调节该旋钮。

在垂直通道和水平通道中，控制键的数目较多。正确地选择这些控制键的挡位或位置，是快捷、正确使用示波器的关键。下面分述这两部分主要控制键的作用及调节原理。

4.2.2 垂直通道及控制键

1. 垂直通道的组成

垂直通道的基本组成如图4－10所示。

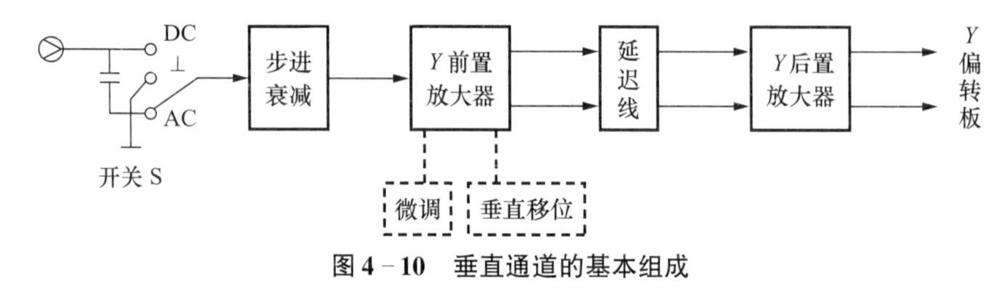

图4－10 垂直通道的基本组成

其中，开关S和衰减器即图4－14中的Y输入电路；Y放大器分为前置放大器和后置放大器，之间插入延迟线。前置放大器将不平衡输入信号变换为平衡输出信号，并且由此处分出一路信号送到X通道作为内触发信号。可见，垂直通道主要由衰减器和放大器组成，其作用是放大（或衰减）被测信号，再将其送到Y偏转板。

因为最终从屏幕上看到的波形是由当前加在Y偏转板上的电信号来决定的，而被测信号需经过Y通道的全部电路，才能到达Y偏转板，故而Y通道的控制键可以实现如下的控制：决定Y输入信号能否送到Y偏转板；决定信号中的直流分量能否送到Y偏转板；决定送到Y偏转板的信号幅度大小；决定Y偏转板的附加直流电压大小。这些控制作用分别体现在下面列举的控制键中。

2. 垂直通道的主要控制键

耦合方式：转换信号的输入耦合方式。它有AC－⊥－DC三个挡位（见图4－10中的开关S）。在DC挡位时，Y通道是一个直流放大器，此时被测信号中的直流分量可以改变屏上波形的垂直位置；在AC挡位时，由于耦合电容C的存在，Y通道变成一个交流放大器，此时被测信号中的直流分量不影响屏上波形的垂直位置。⊥即接地，此时Y通道放大器的输入端被接地，而Y输入插座上的被测信号被隔断。

偏转因数：调节示波器的垂直偏转灵敏度。它其实是一个多挡位的衰减器，采取步进方式变更衰减量。当衰减量增大时，Y通道的总增益降低，屏上波形的幅度（波形的高度）减小，反之，幅度增大。偏转因数的挡位明确指示了垂直偏转灵敏度的值。

垂直微调：垂直偏转灵敏度的微调。电路中，通常采用调整负反馈量的方法来调节放大器的增益。调节垂直微调时，屏上波形的幅度可连续变化，但不能明确指示垂直偏转灵敏度的大小。

垂直移位：调整屏上波形的垂直位置。电路中，采用改变Y偏转板上附加直流电压的大小来实现。垂直移位有相当大的调整范围，一般宜置于中间位置。

探极：是连接被测电路与示波器的测试线，常用的是无源探极。目前示波器所用探极常带有开关，有×1、×10两个挡位。在×10挡位时，衰减比为10:1，输入电阻为10 MΩ。在×1挡位时，无衰减，输入电阻为1 MΩ。两个挡位不仅输入阻抗不同，而且带宽也不同，在×10挡位时，可达满带宽；在×1挡位时，带宽在10 MHz以下。因此，应优先选用×10挡位，特别是测量高频信号时。

垂直方式：选择Y通道的工作方式。在双踪示波器中才有此控制键。在早期生产的示波器中，该键是一个多挡位的开关。目前生产的示波器，常用一组（CH1、CH2、ADD）按键开关来控制。通过组合，有4种工作方式。

（1）按下CH1按键：屏幕上仅显示通道1的信号波形。

（2）按下CH2按键：屏幕上仅显示通道2的信号波形。

（3）同时按下CH1、CH2按键：屏幕上同时显示通道1和通道2两个信号的波形，此时为双踪显示（DUAL）。

（4）按下ADD按键：屏幕上显示通道1信号和通道2信号的叠加波形。

关于此方式开关与双踪显示的工作原理，将在4.3节中叙述。

4.2.3 水平通道及控制键

1. 水平通道的组成

水平通道的基本组成如图4－11所示。

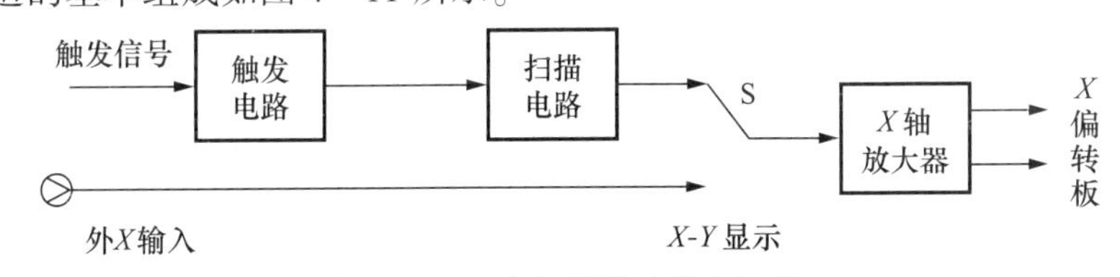

图4－11 水平通道的基本组成

水平通道由触发电路、扫描电路、X放大器组成。其中，X放大器用来放大锯齿波扫描电压或X外接信号；扫描电路产生线性锯齿波（扫描电压）；触发电路将各种来源的触发信号变换成触发脉冲。可见，水平通道不仅用扫描电路产生的锯齿波实现扫描，还由触发电路去完成同步。

在示波器中，水平通道的控制键最多，其中近一半在触发电路中。下面按上述三个部分分述各部分中的控制键的作用与调节原理。

2. X 放大器中的控制键

水平移位：调整屏上波形的水平位置。电路中，采用改变 X 偏转板上附加直流电压的大小来实现。水平移位的调整范围较小，一般也应置于中间位置。

扫描格式：示波器除了可以显示电信号的波形外，还可以显示 X－Y 图形。此控制键是这两种扫描格式的转换开关。一般情况下，此开关处在波形显示位置，X 偏转板上所加信号是锯齿波扫描电压；当此开关处在 X－Y 显示位置时，X 偏转板上所加信号是 X 外接信号，而 Y 偏转板上所加是 Y 信号，所以显示图形是 Y－X 的函数曲线。

3. 扫描电路中的控制键

扫描电路的基本组成是由扫描闸门电路、锯齿波发生器、比较释抑电路构成一个环（称为扫描发生器环），如图 4－12 所示。

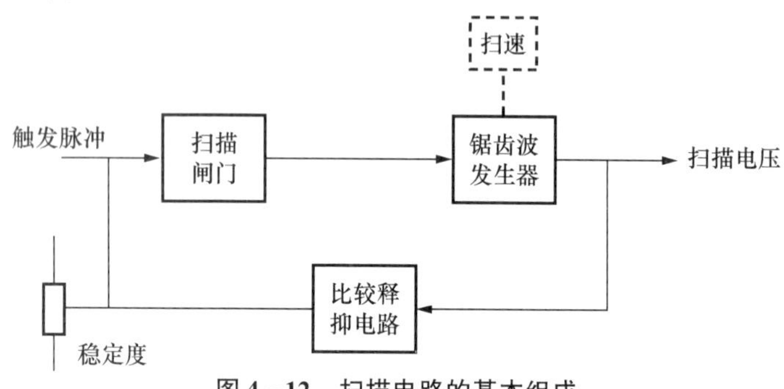

图 4－12　扫描电路的基本组成

其中，锯齿波发生器是产生锯齿波（扫描电压）的电路，多用密勒积分电路。该电路中设置了扫描速度的调节控制键（图 4－12）。扫速调节就是改变扫描正程时间 T_s，因其由时间常数 RC 决定（其中 R 称为时间电阻，C 称为时间电容），故改变 R 或 C 的大小即改变了扫速。扫描电压的起点和终点是由扫描闸门输出的门控信号决定的。在正常情况下，由触发脉冲打开扫描闸门，扫描开始；积分电路输出的锯齿波电压，经释抑电路返送回闸门输入端，当达到预定电压幅度时，便关闭扫描闸门，扫描结束。这里，扫描发生器环构成一个定幅反馈电路，从而使得任何扫描速度时，扫描电压的幅度（锯齿波的终止电平 u_z）是恒定不变的。

而释抑电路由射极跟随器和一个 R_hC_h 并联电路构成。其中 C_h 称为释抑电容，它和积分电路中的 RC 同步调节。并且，释抑电容的放电时间常数 R_hC_h 大于扫描回程的时间常数，这样可保证时间电容 C 充分放电后才可开始第二次扫描。于是保证了每一次扫描的起点电平（锯齿波的起点电平 u_q）不变，提高了扫描信号的幅度稳定性，也就是提高了显示波形的稳定性。下面简述扫描电路中的控制键。

时间因数：调节扫描速度。电路中是用改变时间电阻 R 和时间电容 C 的方法，来改变锯齿波的斜率，即改变扫描的正程时间 T_s，从而调节扫描的速度的。该键采用步进调节。

扫描微调：扫描速度的微调。电路中通过改变电容的充电电压，使锯齿波的斜率变化，从而调节扫描的速度。该键采用电位器进行连续调节。

稳定度：调节触发灵敏度。电路中用于调整扫描闸门的静态输入电平。该键是一个不常调整的控制键，只是在触发扫描方式时，出现不触发或同步不易的情况下，需调节此键。

4. 触发电路中的控制键

触发电路主要包含触发源选择、触发方式选择、电压比较器、电平极性选择、整形微分电路及各种转换开关等，其基本组成如图 4 - 13 所示。

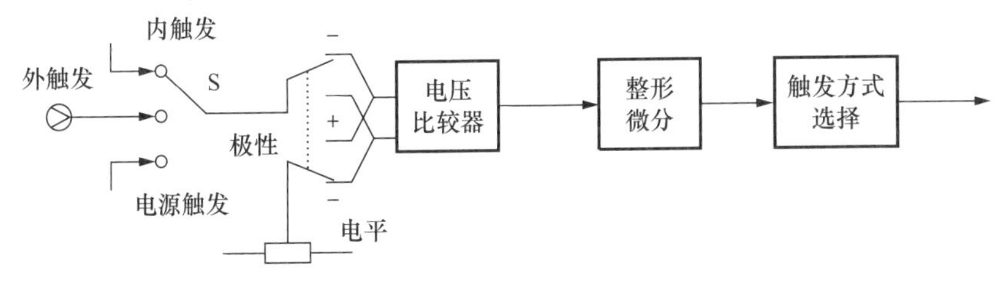

图 4 - 13 触发电路的组成

不同型号的示波器，其触发电路的构成有所差异，进而控制键的个数及挡位也不尽相同。但其中主要控制键及挡位基本相同。

触发源：选择触发信号源。该转换开关主要有内、外两挡。在“内”挡位时，触发信号来自 Y 通道的前置放大器，此时除被测信号外，示波器无须外接触发信号。在“外”挡位时，需由外触发输入插座引入外部触发信号，此挡位用于被测信号为复杂信号且同步不易之时。有的示波器另设有 CH2，为电源挡位。CH2 挡位是双踪示波器所特设的，主要用在观测两个信号的相位差时，用 CH2 的信号作为触发信号（其原因见 4. 3 节）。电源挡位则是以市电信号作为触发信号，用于观测与市电相关的信号波形。

触发方式：选择触发方式。触发方式主要有自动（ >20 Hz）和常态两种。YB4340 型示波器还设有 TV - H、TV - V 两挡，这是为观察电视信号中的行信号与场信号而专门设置的。

需要说明的是，“常态”即触发扫描；“自动”在无信号输入时是连续扫描，有信号输入时转变为触发扫描。目前生产的示波器都采用这两种扫描方式。

触发电平：选择触发点的电平。用触发信号的瞬时电平与直流比较电平进行比较，在二者相等时刻产生触发脉冲，再用此触发脉冲去启动扫描，故显示的波形起点即是该触发点。比较电平的可选择范围较大，常可超过触发信号的峰点电平。

触发极性：选择触发点的切线斜率。触发点位于触发信号的上升沿时，称为正极性；位于下降沿时，称为负极性。由触发极性与电平来确保触发点的唯一性，因此，在观测正弦波等连续信号时，极性所置位置可正可负；而在观测脉冲信号时，应酌情选择。

以观测正弦波为例，触发电平和极性对显示波形的影响如图 4 - 14（a）所示。

观测脉冲波时，触发极性应根据需观测的脉冲的正负来选定。若需观测正脉冲，触发极性应置于 +；若是负脉冲，极性应置于 -。如图 4 - 14（b）所示。

4. 2. 4 示波器的技术指标及其作用

在示波器的说明书中，都会列出许多技术指标（或称技术参数）。它们都是用来描述示波器的性能与特征的。其中，除机械规格（尺寸、重量等）外，所列技术指标主要是电气指标。电气指标归纳起来可分为以下几类。

（1）说明示波器的使用条件。如电源电压、环境温度及湿度等。务必在规定的工作环境中使用，以保证示波器处于最佳状态。

（2）说明示波器的测量误差。对测量准确度有较高要求时，要从这些指标中查看该示波器是否能够满足测量要求。

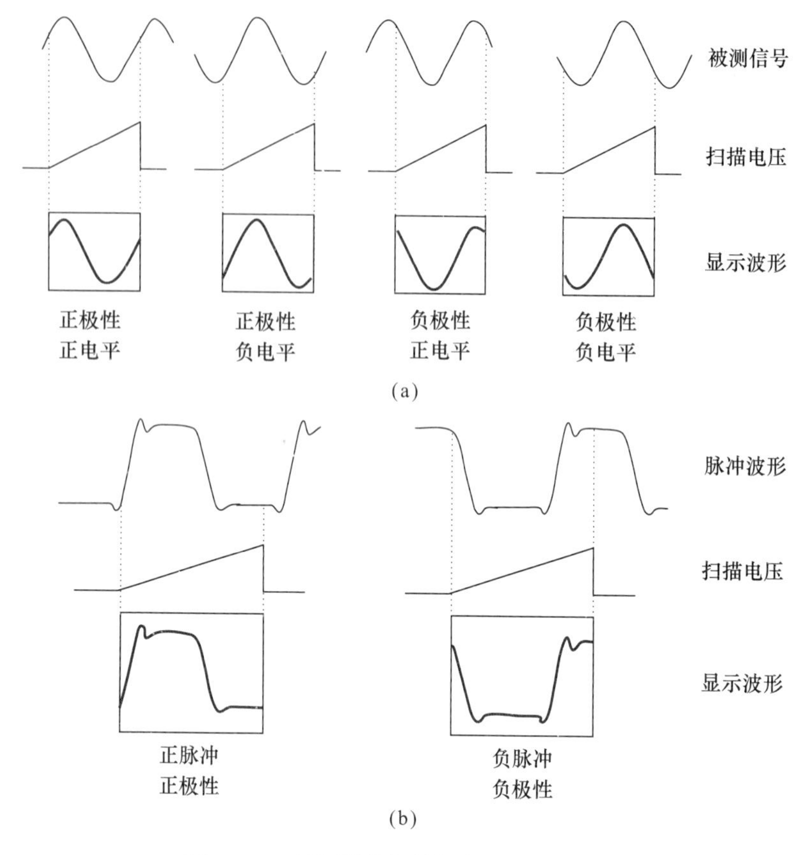

图 4－14　不同触发极性与电平的屏幕显示

（a）不同极性、电平的显示波形；（b）不同极性脉冲的显示

（3）说明示波器的功能和特性。示波器的技术指标中，大部分属于此类。由于观测不同的信号对示波器有不同的要求，选择示波器时，应当根据这些指标确定该示波器能否对被测信号进行测量，能否得到所要求的结果。

此类指标中，有几项指标直接指出示波器适用的范围，如偏转因数指出可观测信号的幅度范围、带宽则指出可观测信号的频率范围。例如，观测高频信号或窄脉冲时，要求示波器的 Y 通道带宽为信号中最高频率的 3 倍以上，同时要求有足够高的扫描速度（即最小时间因数要小）。

另外，有若干指标表明示波器具有何种功能，如慢扫描、双踪、双扫描、存储等。例如，观测缓慢变化的信号时，要求示波器具有低速扫描且用长余辉示波管，即慢扫描示波器；或者具有存储功能的存储示波器。观测、比较两个相关信号时，应选用双踪示波器。当观测一个信号列的同时，还需要仔细观察它的局部内容，则可选双扫描示波器。当需要把被观测信号保留一定时间时，应选用存储示波器。

综上所述，应当依据技术指标之中的相关项，选择出能够满足测量要求的示波器。由于前两类指标项目少且直观明了，而第三类指标比较复杂，因此，下面对其中的主要指标做分析说明。以 YB4340 型双踪示波器为例，其主要技术指标及作用如下。

1. 垂直系统

（1）频带宽度 B_w：DC，40 MHz。它指明 Y 放大器的 -3 dB 带宽，即指出 Y 放大器的工作频率范围。被测信号中，可能含有多种频率成分。为了能够不失真地显示被测信号，要求带宽达到信号中最高频率的3倍。换言之，$B_w=40$ MHz 的示波器，可以测量的信号的最高频率是13 MHz左右。若被测信号中最高频率超过13 MHz，则显示的波形将会出现失真。定量测量时，误差将超过说明书中给出的值。

上升时间 T_{rs}：≤8.8 ns。它指 Y 放大器输入理想矩形波后，示波器显示的波形会发生变化。即显示的矩形波的脉冲参数，不再等于输入矩形波的脉冲参数。其中，最主要的是上升时间 t_r，它将由0变为 T_{rs}。因此，当测量矩形波的上升时间为 t_r时，应按下式修正：

$$t_r=\sqrt{T_r^2-T_{rs}^2}$$

式中，T_{rs}是示波器自身的上升时间；T_r是屏幕显示的上升时间（即示值）；t_r是被测波形的上升时间（即实际值）。

由于频带宽度是示波器的稳态响应，而上升时间是示波器的瞬态响应，它们都表示示波器的频率特性在本质上是一致的。因此，在一定条件下两者之间有如下固定关系：

$$B_w \cdot T_{rs}=0.35\ \mu s \cdot MHz$$

当已知其中之一时，可由上式求出另一个。

（2）偏转因数 D_y：5 mV/div ~5 V/div。共10挡，按1－2－5步进。它分挡指明 Y 放大器的灵敏度，其实也是指出各挡的量程。例如5 V/div挡，量程为5 ~40 V；当×5扩展键按下时，量程变为1 ~8 V。

应当指出，按下×5扩展键时，频带宽度将下降为7 MHz。因此，若无必要，不要按下此键，以免使可测的信号频率范围变小。

垂直微调可连续微调垂直灵敏度，可调范围大于标称灵敏度的2.5倍。标称灵敏度是指偏转因数开关的挡位所标明的数值。在进行定量测量时，垂直微调必须置于校准位置。

（3）输入阻抗：1 MΩ∥25 pF。示波器的输入阻抗一般用输入电阻和输入电容并列表示。通用示波器的输入电阻一般均为1 MΩ；而输入电容与频带宽度相关联，带宽越宽，输入电容越小。使用探极后，输入阻抗变化如下。

探极：10 MΩ∥17 pF（探极上的开关在×10位置时）。探极（或称探头）是连接示波器与被测电路的测试线。常用的无源探极，其内部构成是一个 RC 并联电路。探极内的 RC 与示波器的输入电阻 R_i、输入电容 C_i共同组成 RC 宽频带衰减器，衰减比为10:1。

应当指出，探极上的开关在×1位置时，不仅输入阻抗降低，而且带宽也下降。因此，如无必要，不要把开关放在×1位置，特别是测量高频信号时。

（4）最大输入电压：400 V（DC＋AC峰值）。这个电压值是由元器件与材料的耐压所决定的。示波器的输入信号电压不得超过此值，否则将造成示波器损坏。

（5）垂直方式：CH1、CH2、ADD、DUAL四种工作方式。前两种是单踪显示，第四种是双踪显示，而第三种是叠加显示。该项指标说明YB4340型示波器既可以作为单踪示波器使用，又能作为双踪示波器使用，还可以进行两个波形的加减运算。

2. 水平系统

（1）时间因数 S_s：0.1 μs/div ~0.2 s/div。共20挡，按1－2－5步进。它分挡指明 X 轴

方向的扫速，也指出了屏幕坐标 X 轴所代表的时间长度。例如，0.2 s/div 挡，X 轴所代表的总时间为 2 s；当 ×5 扫描扩展键按下时，时间变为 0.4 s。一般情况下，不必按下扫描扩展键。

（2）扫描方式：单扫描、交替扫描。单扫描是指只有一个扫描电压，显示的波形水平方向每格所代表的时间长度只有一个。例如，0.2 s/div 挡，每格所代表的时间是 0.2 s。若此时是双踪显示两个波形，那么两个波形水平方向每格所代表的时间都是 0.2 s。但交替扫描时，有一个低速扫描和一个高速扫描，两个扫描各描绘出一个波形。若低速扫描描绘的波形每格时间是 0.2 s，则高速扫描描绘的波形每格时间为 0.04 s。该项指标说明 YB4340 型示波器既可以按单扫描方式工作，又具有双扫描功能。

（3）触发方式：自动、常态。该项指标说明 YB4340 型示波器既可以工作于连续扫描和触发扫描自动转换的方式，又可以工作于触发扫描方式。另外，还有 TV－H，TV－V 两个挡位，是专门用来观测电视的行同步信号及场同步信号的。

（4）触发源：内、外、CH2、电源。参考 4.2.3 节中的内容。

（5）触发灵敏度：触发源置于内时，为 2 div；置于外时，为 0.8 V。触发方式置于常态时，下限频率是 10 Hz；置于自动时，是 20 Hz。该指标指明，屏幕上显示的波形幅度不应小于 2 格，否则可能出现无法同步的现象。

3. $X-Y$ 工作方式

（1）工作方式：CH1 输入的是 X 轴信号，CH2 输入的是 Y 轴信号。

（2）X 轴带宽：DC，500 kHz。由于此项限制，CH1 输入信号的频率不宜超过此值。

（3）相位差：≤3°。由于 X 轴与 Y 轴两通道存在固有相位差，当测量两通道信号的相位差时，应考虑其影响。

4.3 两个波形的同屏显示

4.3.1 双踪显示原理

1. 双波形的显示方法

当需要比较两个信号间的相位、失真等情况时，就要求两个信号在同一个屏幕上显示出来。实现在一个屏幕上同时显示两个波形的方法有以下两种。

（1）双束显示：采用双束示波管，管内装有两套相互独立的电子枪及偏转系统，但同用一个荧光屏。其优点是两个信号之间的交叉干扰小，还能观察同时出现的瞬变信号。但这种示波管的工艺要求高、价格高昂，因而应用不普遍。

（2）双踪显示：仍然采用普通的单束示波管，利用电子开关，按时间分割原理，轮流地将两个信号接至垂直偏转板，实现双踪显示。

由于双踪示波器价格不贵，因而成为应用十分普遍的一种示波器。

2. 信号通道转换器

与普通示波器相比，双踪示波器中主要增加了一个 Y 通道（前置放大器）和一个信号通道转换器（见图 4－15 中虚线框部分）。

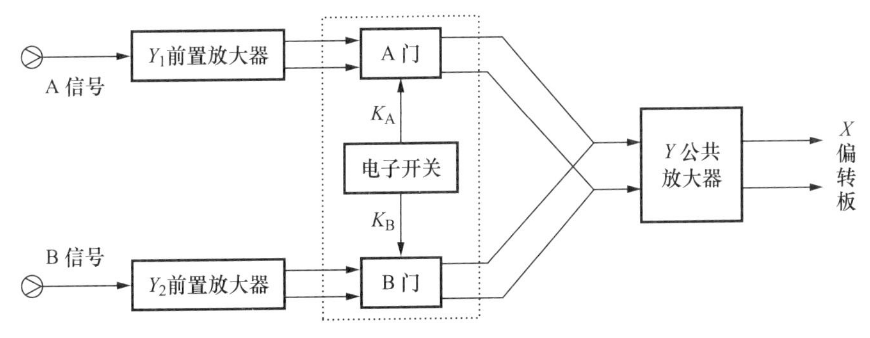

图4-15 双踪示波器的垂直通道

由上图可见，两个被测的信号是同时但分别加到两个前置放大器。因此，只要A、B两信号已接入示波器的输入插座，并且两个通道的耦合方式都不在“⊥”位置，则在A、B两门的输入端就始终存在A、B两个信号。而在示波管屏幕上是否显示该波形，取决于两门的开关状态。根据两个门的开关状态，示波器可有以下3种工作方式。

(1) 只有一个门开。如A门开B门关，或B门开A门关。此时与单踪示波器无异，只显示一个信号波形（如A门开只显示A信号；如B门开只显示B信号）。

(2) 两个门全开。此时由于A、B两个信号都被送到Y偏转板，因此显示的是两个信号的线性叠加波形。

(3) 两个门轮流开关。此时A、B两门按一定转换频率轮流开关，因而A、B两个信号将按时段显示出来，形成双踪显示。

3. 两个波形的形成过程

在以上第（3）种工作方式时，电子开关将输出两个反相的开关信号，分别送至A门与B门，这将使两个门始终处于一个门开则另一个门关的状态。当两个开关信号（即图4-16（b）中K_A、K_B两波形）的转换受门控信号（即扫描闸门的输出信号）控制时，称为交替显示。由图4-16（b）可以看出，交替显示是在相邻的两个扫描期，分别地描绘A、B信号。显然，在第1，3，…各次扫描时，光点描绘A信号波形；而在第2，4，…各次扫描时，光点描绘B信号波形。若将两波形垂直位置分开（可分别调节两个通道的垂直移位），显示如图4-16（a）所示。虽然光点并没有同时描绘A、B两个波形，但是每个波形都被重复描绘，只要信号频率足够高（数百赫兹以上），由于荧光屏的余辉作用，从屏幕上看到的波形却好像是同时显示的。

交替显示时，A、B门开或关的转换频率与扫描频率同步。由图4-16可见，若扫描频率相同，交替显示时A信号（或B信号）重复描绘的次数，比单踪显示时重复描绘的次数减少一半。从前面波形形成的过程已知，所看到的波形是光点无数次重复描绘的结果。当被观测信号的频率较高时，所看到的波形无闪烁现象。若信号频率较低，会使重复描绘的间隔时间增长，单位时间内重复描绘的次数减少，故而看到的波形将出现闪烁现象。显而易见，交替显示方式比单踪显示更易出现闪烁现象。

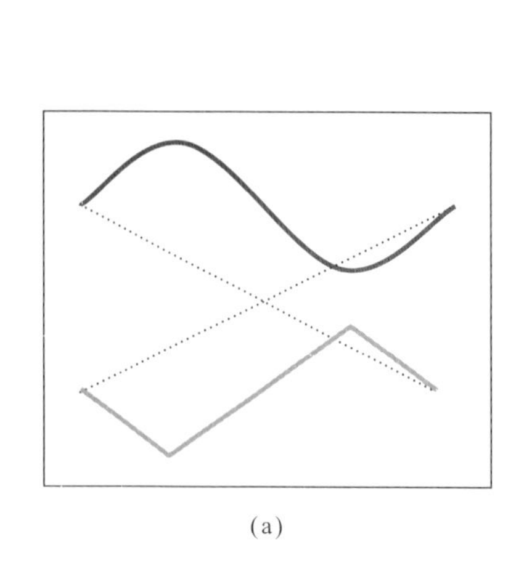

(a)

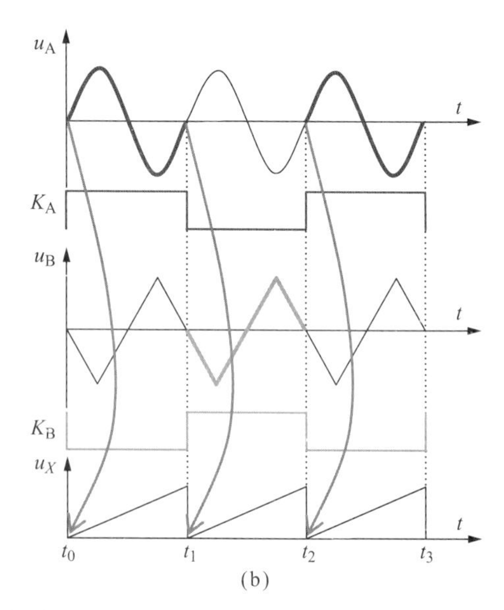

(b)

图 4－16　交替方式与屏幕显示

(a) 屏幕上以“交替”方式显示的波形；(b) 波形对应关系

在双踪示波器中，采用断续显示的方式来减弱闪烁现象。断续显示时，开关信号的转换频率远高于扫描频率，故在每个扫描期，都将分段轮流描绘 A、B 信号。也就是说，断续显示时每个信号重复描绘的次数与单踪显示时一样，出现波形闪烁的频率也与单踪显示一样。在 YB4340 型双踪示波器中，交替与断续是自动转换的。

4. 相位关系与单信号触发

在双踪显示时，多数情况是采用交替显示。当采用交替方式时，能否正确显示两波形的相位关系，与触发信号的选择有关。如图 4－16 和图 4－17 所示，图中 A 信号是正弦波，B 信号是三角波，两波形正好反相。

触发信号可以选择两个信号都用（称双信号触发），即在显示 A 信号波形时，用 A 信号作为触发信号；在显示 B 信号波形时，用 B 信号作为触发信号。此时，A、B 信号与扫描电压的对应关系如图 4－17（b）所示，屏幕显示将如图 4－17（a）所示。显然，此时显示的相位关系是不正确的。原因是显示 B 信号时，扫描起点时刻 A 信号的相位已发生变化，使显示的两个信号变成同相关系。

由以上分析可知，必须保证每次扫描起点时刻 A 信号的相位不变（同样，B 信号的相位也不变），才能正确显示两个信号的相位关系。即只可以选择一个信号（称为单信号触发）作为触发信号。图 4－16（b）所示是选用 A 信号作为触发信号时，A、B 信号与扫描电压的对应关系。可见，每次扫描起点时刻，A 信号都是 0 相位点；而 B 信号都是 180°相位点。此时屏幕显示将如图 4－16（a）所示，它正确地反映了两个波形的相位关系。

在 YB4340 型双踪示波器的触发源控制键中，特设 CH2 挡位，就是为此用途的。

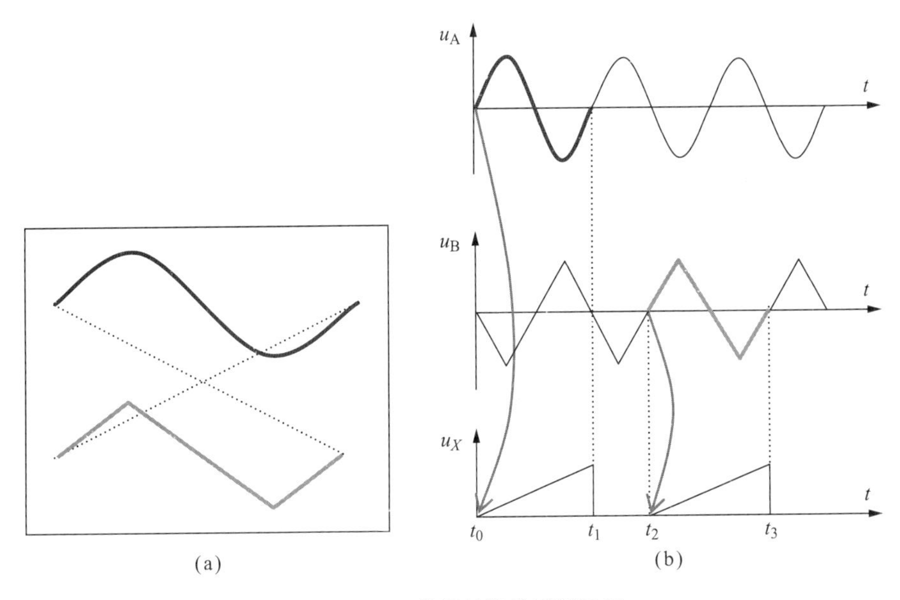

图 4-17 双信号触发的屏幕显示

(a) 双信号触发时屏幕上显示的波形；(b) 波形对应关系

4.3.2 双扫描显示原理

1. *局部波形的展开*

若被测信号是一个脉冲序列，常希望把信号中某一局部展开，以便看清局部的细节。在如图 4-18 所示的由 4 个脉冲组成的脉冲序列中，其中各个脉冲的幅度不等，且各脉冲之间的间隔时间也不完全相等。显然，要观测这种信号，只能选择扫描周期等于脉冲序列的周期。此时 4 个脉冲同时在屏幕上显示出来，每个脉冲的水平宽度都较小，不易看清各个脉冲的细节。

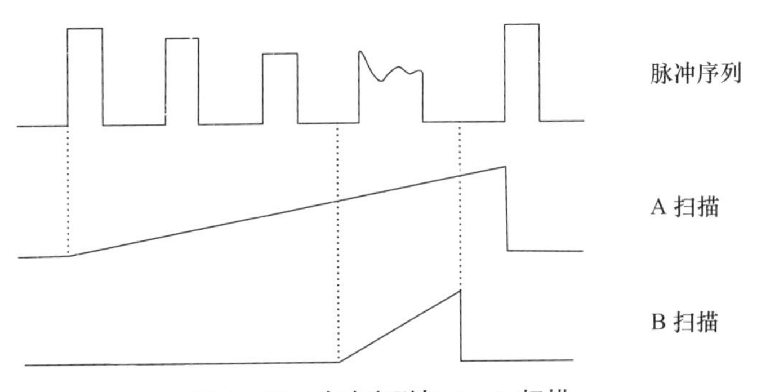

图 4-18 脉冲序列与 A、B 扫描

由前面窄脉冲的观测方法已知，若要把脉冲波形沿水平方向展开，必须提高扫速（即让扫描正程时间与脉宽相近）；若要波形同步，则必须使每次扫描的起点时刻，信号都处于相同相位点。采用双扫描就可以实现以上要求。

双扫描就是在 X 通道中有两个时基电路：一个是低速主扫描，称为 A 扫描；另一个是高速扫描，称为 B 扫描。其构成如图 4-17 所示，可见它与双踪示波器的 Y 通道的构成类似。当 A 扫描电压被送至 X 偏转板时，与普通单扫描示波器无异，屏幕上显示的是脉冲序列的全部。当 B 扫描电压被送至 X 偏转板时，屏幕上只显示脉冲序列的局部（图 4－18 中只显示第四个脉冲）。此时因 B 扫描的正程时间与第四个脉冲宽度相近，所以第四个脉冲被展宽，而 B 扫描是由 A 扫描延迟一段时间后触发的，只要延迟的时间不变，则 B 扫描的起点时刻脉冲序列的相位点就相同。如此，就实现了局部波形的展宽。

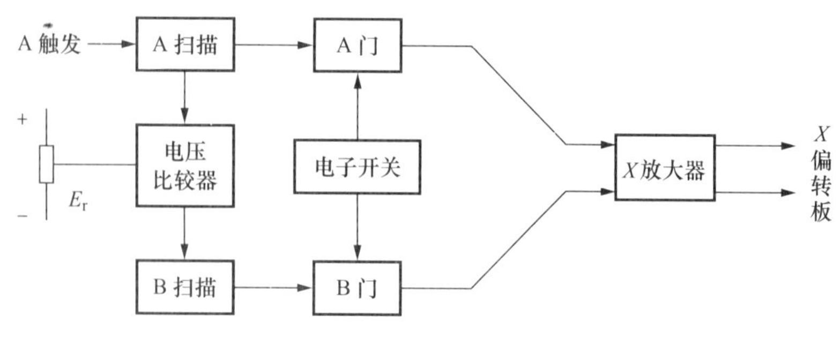

图 4－19　双扫描示波器的 X 通道

2. 双扫描显示的工作方式

具有双扫描功能的示波器的水平工作方式常有以下几种。

1）B 加亮 A 扫描

图 4－20（a）所示，由 A 触发启动 A 扫描，A 扫描又被送至电压比较器与延迟触发电平 E_r 比较并产生 B 触发脉冲，B 触发再启动 B 扫描。这样 A、B 扫描均处于工作状态，并且在扫描的正程期送出增辉脉冲，如图 4－20（b）所示。但只有 A 扫描被送到 X 放大器，而后加在 X 偏转板，故此屏幕上显示的是脉冲序列信号的全貌。又因为 B 增辉脉冲被送至示波管，所以与 B 扫描对应的局部信号被加亮（即图中第四个脉冲）。

B 加亮的目的就是标明 B 扫描的波形在脉冲序列信号中的位置。如前所述，B 触发脉冲可由延迟触发电平 E_r 来调节选定，因此 B 扫描的工作期可对应于脉冲序列中任意一个局部，相应的局部信号将被加亮显示。

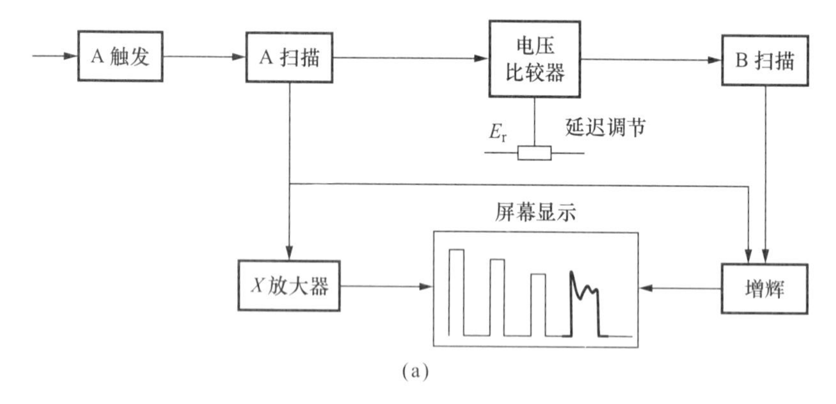

(a)

图 4－20　B 加亮 A 扫描的工作波形

（a）电路连接

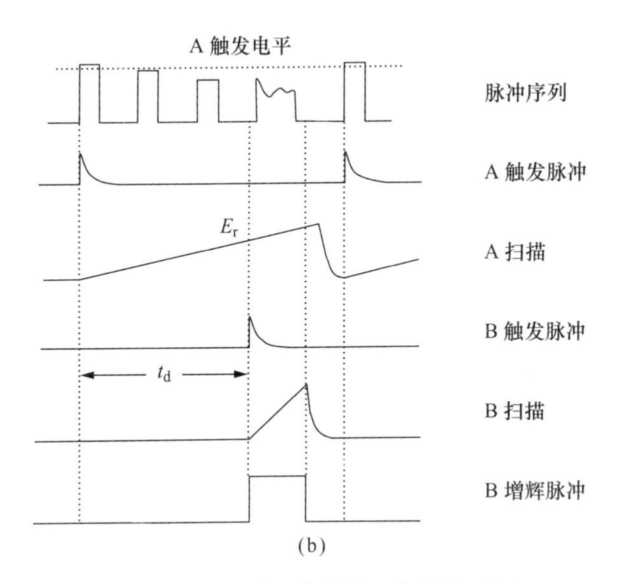

(b)

图 4-20 B 加亮 A 扫描的工作波形（续）

(b) 工作波形

2) A 延迟 B 扫描

A 延迟 B 扫描的电路连接和工作波形如图 4-21 所示。与上述工作方式一样，A、B 扫描也均处于工作状态。但此时只有 B 扫描被送到 X 放大器，并加在 X 偏转板。于是屏幕上显示的是被展开的局部信号，即图中第四个脉冲。

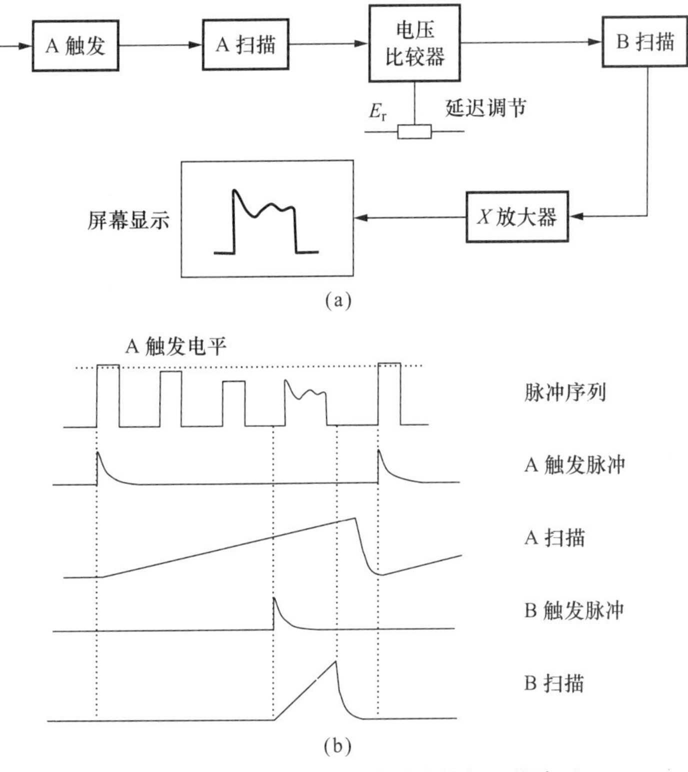

(a)

(b)

图 4-21 A 延迟 B 扫描的电路连接与工作波形

(a) 电路连接；(b) 工作波形

如前所述，A 延迟的时间是可由 E_r 来调节选定，因此所显示的局部信号，可以是脉冲序列中的任意部分，该部分的位置须由上一种方式显示出来。

应当指出，B 扫描的扫速是可以独立调节的。以上两种工作方式虽然 A、B 扫描都处于工作状态，但都只有一个扫描被送到 X 偏转板，因此屏幕上只显示一个波形。

3）A、B 交替扫描

图 4－22 所示，此时 A 门和 B 门因受电子开关控制而交替开关，故 A 扫描和 B 扫描被交替地送到 X 放大器，而后再送到 X 偏转板。这与双踪显示中交替方式一样，屏幕上将同时显示出同一被测信号的两个波形：一个是信号的全过程的波形（即脉冲序列的全貌），另一个是被扩展的局部波形（即图 4－22 中第四个脉冲）。但不同的是，电子开关信号送入两门的同时又送往 Y 线分离电路，使得在 A 扫描和 B 扫描时，Y 放大器的直流电平不同。这样一来，屏幕上显示的 A 扫描波形（即脉冲序列全貌）和显示的 B 扫描波形（即局部展开信号）的垂直位置不同。于是如图中所示，在屏幕上看到的波形是分开的。

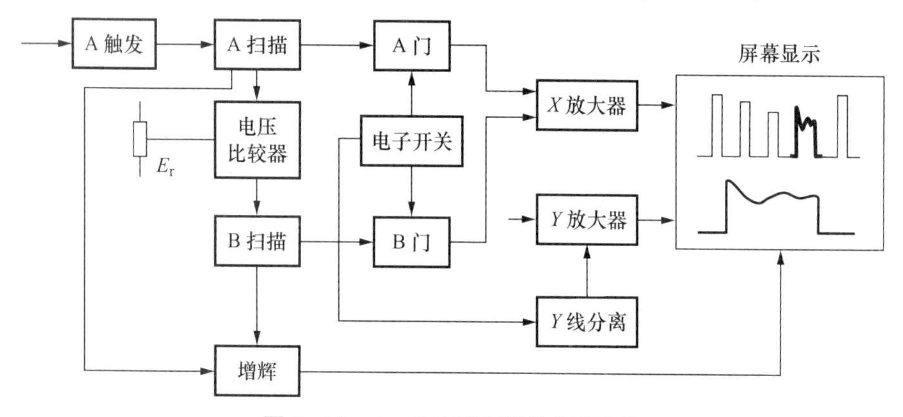

图 4－22　A、B 交替扫描的电路连接

应当指出，双扫描示波器也可以选择主扫描单独工作的状态，此时与单扫描的示波器无异。另外，双扫描示波器的水平工作方式不止以上三种，而且不同型号的示波器选用的方式也不尽相同。YB4340G 型示波器就是一种双扫描示波器，其面板如图 4－23 所示。

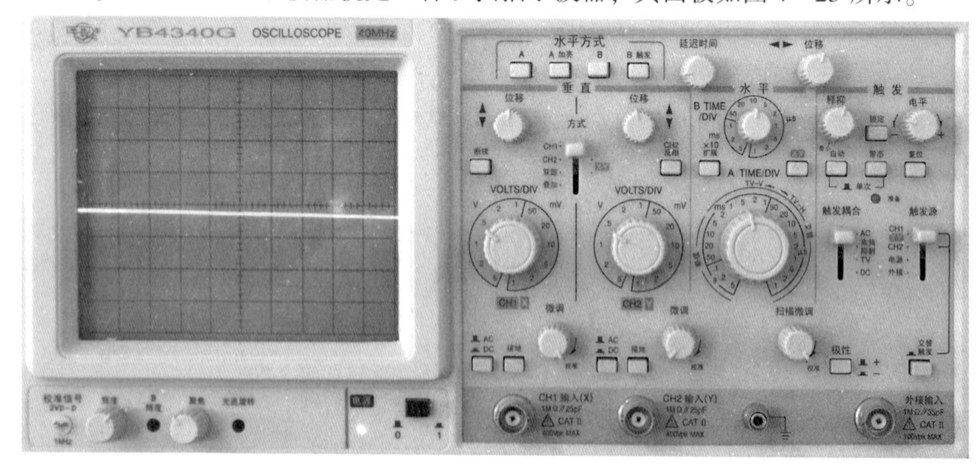

图 4－23　YB4340G 示波器面板

4.4　波形参数的测量

4.4.1　测量前的自检

示波器在使用中应遵照基本操作要领进行操作，这样既能延长仪器的安全使用寿命，又能快速获得所需波形。主要有以下两方面的要求。

注意事项：① 亮度不宜过亮；避免显示不动的光点。② 输入电压不得超过400 V。

操作技巧：① 触发方式尽量使用“自动”；② 零电平线置于水平中心刻度线上。

1. 聚焦的检查与调整

1）简易调整

当看到扫描线（或波形）后，先调辉度旋钮使亮度适当，然后调聚焦旋钮直至轨迹线达到最清晰程度为止。这种方法的缺点是，其标准不够明确（即何时才是最清晰?）。但目前生产的示波器，常带有自动聚焦功能，即在测量过程中聚焦电平可自动校正。因此仍可用此简易方法进行调整。

2）光点调整法

在看到扫描线后，按下扫描格式（即 $X-Y$ 控制键）按键，让示波器工作于 $X-Y$ 工作方式，并将两个通道的耦合方式都置于“⊥”。屏幕上应看到一个光点，先调整辉度旋钮将亮度降至适中，再调整聚焦旋钮（及辅助聚焦）使光点最小、最圆。此后可调节垂直移位和水平移位，检查光点在屏幕上任何位置是否都是如此。若不是，则应调聚焦与辅助聚焦使其兼顾。

应当指出，光点调整法较为复杂，但效果好（即显示波形的清晰度高）。一般聚焦一旦调好，使用中就无须再动。

2. 示波器的自检

示波器可以利用自身所带的校准信号进行自检。

1）自检的步骤

（1）按表4-1设定相关控制键的位置。

（2）开启电源，待屏幕上出现扫描线后，将探极线连接在CH1输入插座和校准信号输出端子上，且探极上的开关放在×10位置。

（3）将偏转因数设置为10 mV/div，时间因数设置为0.5 ms/div，且垂直微调和扫描微调均放在校准位置；然后将耦合方式转至“AC”，屏幕上应出现如图4-24所示波形。

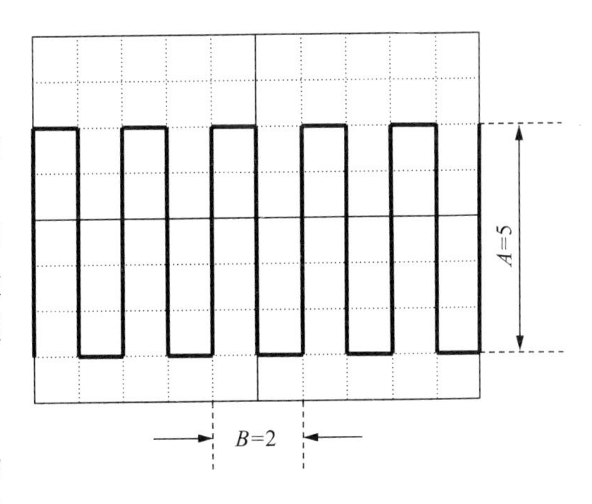

图4-24　自检的波形

2）自检的项目

（1）检查偏转灵敏度的准确度。显示的波形垂直高度应为五大格；否则，说明偏转灵敏度准确度欠佳。

（2）检查扫描速度的准确度。显示的波形周期应为水平两大格；否则，说明扫速的准确度欠佳。

（3）检查探极中补偿电容是否处于最佳值。当显示波形如图4－25（a）所示时，说明补偿电容已是最佳值；若如图4－25（b）和图4－25（c）所示，则应调整探极线上的微调电容，直至出现图4－25（a）所示波形为止。

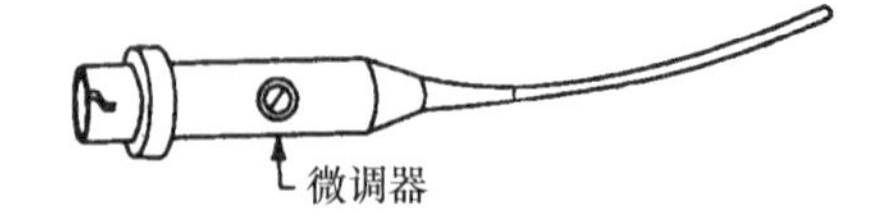

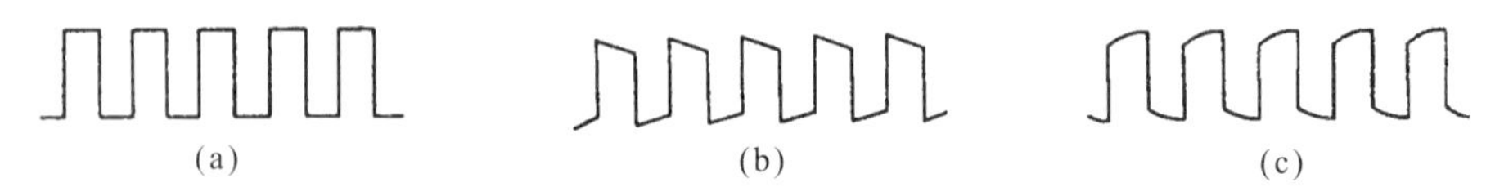

图4－25　补偿电容的调整

（a）最佳补偿；（b）过补偿；（c）欠补偿

自检时偏转因数和时间因数可以置于其他位置，可以根据校准信号0.5U_{P-P}，1 kHz的方波来推算显示波形的垂直和水平格数。

由自检项目（3）知，探极线应同示波器配套使用，一般不应互相挪用。若挪用，应进行第（3）项检查或调整。

4.4.2　电压的测量

测量电压时，垂直微调应置于“校准”位置。

1. 直流电压测量

示波器一般用于交流信号的观测，但也可以测量直流电压，方法如下。

挡位选择：耦合方式设置为“DC”，触发方式设置为“自动”。

测量方法：耦合方式先放在“⊥”位置，调定零电平线的位置；再转至“DC”位，读出扫描线移动之格数A_o（参看图4－26），则有

$$U_{DC}=D_y\times A_o \tag{4-4}$$

式中，D_y是偏转因数的标称值。说明：零电平线的位置应根据所测电压的极性来选择，＋极性时可选最下一条刻度线，－极性时选最上一条刻度线。

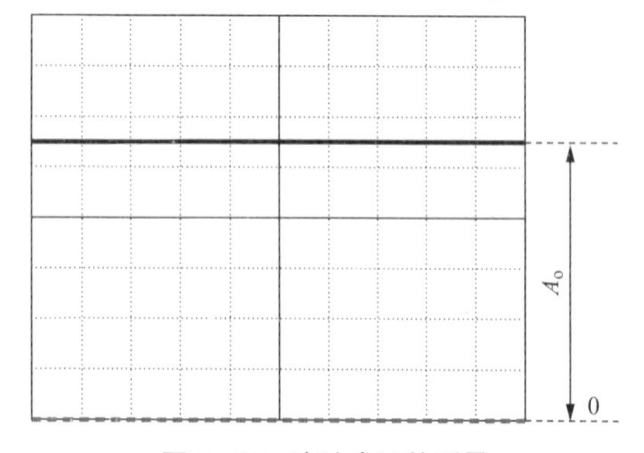

图4－26　直流电压的测量

2. 交流电压测量

1）方法1——耦合方式设置为“AC”

屏幕显示如图4－27所示，读出波形的上下峰点间的格数A，则有

$$U_{P-P}=D_y\cdot A \tag{4-5}$$

说明：此时仅能测出波形的峰－峰值，无法测出直流分量之值。测量时应调节垂直移位，使波形的上峰点（或下峰点）位置，与某条水平刻度线对齐。

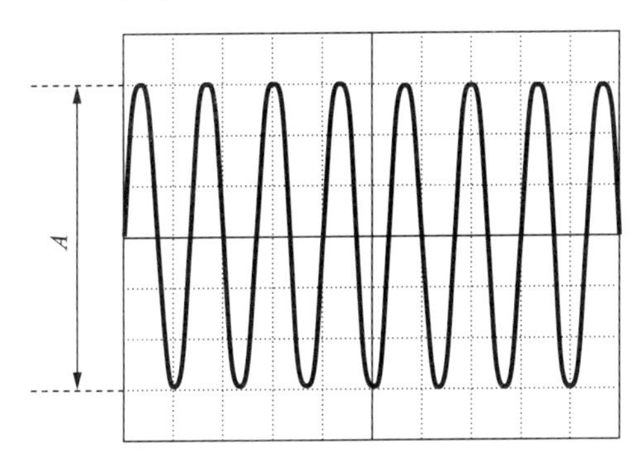

图4－27　交流电压的测量

2）方法2——耦合方式设置为“DC”

操作步骤：耦合方式先置于“⊥”位，调定零电平线的位置；再转至“DC”位，屏幕显示如图4－28所示。读取零电平线与远端峰点之格数A_P，则有

$$U_{P-P}+U_{DC}=D_y\cdot A_P \tag{4-6}$$

读取零电平线与平均电平线的格数A_o，则直流分量按式（4－4）计算。

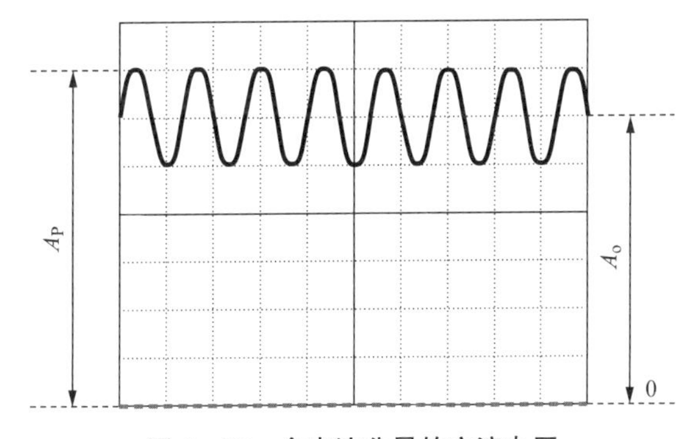

图4－28　含直流分量的交流电压

说明：此时测出的是$AC_{P-P}+DC$的叠加值，也可测出直流分量U_{DC}之值。但当直流分量很高时，不宜用此法观测交流信号AC_{P-P}。若需观测AC_{P-P}，最好采用AC耦合方式，使波形显示仍如图4－27所示。但若信号$f_y\leq 20$ Hz，仍应采用DC挡，此时若直流分量很高，可外加一反极性直流电压与之抵消。

4.4.3　时间的测量

测量时间时，扫描微调应置于“校准”位置。一般偏转因数可放在使显示的波形幅度尽量接近8格的位置，垂直微调可随意放置。

1. 周期的测量

步骤：选择适当的时间因数挡位，使显示波形有一个以上的完整周期（图 4－29），读出一个周期的格数 B，或读出 nB 后，再除 n 求之，则有

$$T=S_s\times B \tag{4-7}$$

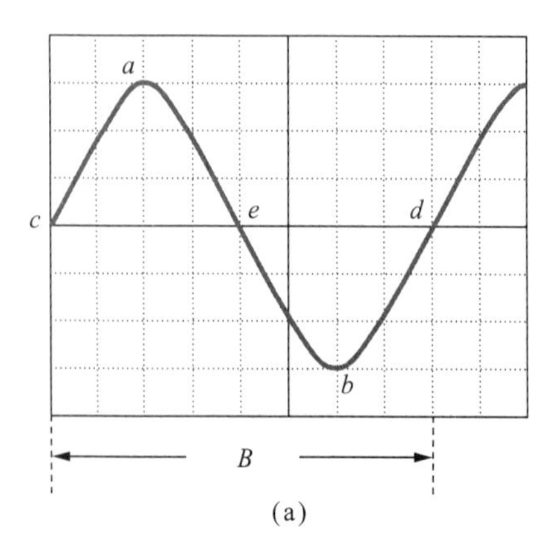

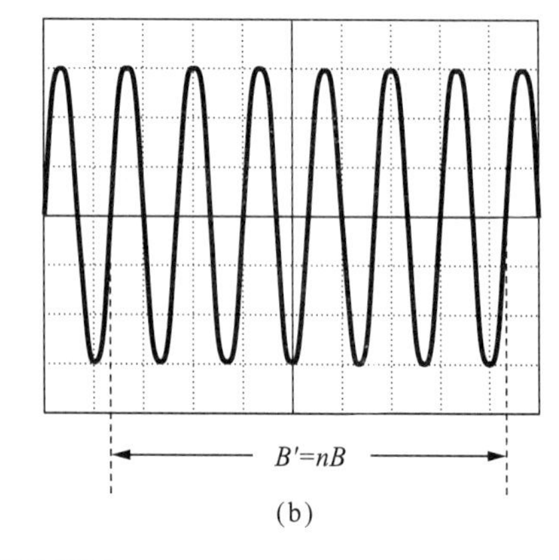

(a)　　　(b)

图 4－29　周期的测量

（a）一个完整周期；（b）多个完整周期

说明：式中 S_s 是时间因数的标称值。测量时，最好使波形的平均电平线位于水平中心刻度线。若要求出频率，可由 $f=1/T$ 换算。

2. 脉宽、前后沿时间的测量

此时，触发方式宜选择为“常态”。

步骤：适当选择偏转因数以及触发极性，使屏幕上显示出完整的脉冲头（图 4－30），读出 $0.5U_m$ 两点间的格数 C，则脉宽为

$$T_P=S_s\cdot C \tag{4-8}$$

说明：U_m 指脉冲的幅度。若测量上升时间 t_r（或下降时间 t_f），应如图 4－30（b）和 4－30（c）所示，尽量展宽波形，并用 $0.1U_m$ 与 $0.9U_m$ 间的格数 C_1（或 C_2）代替 C，即可求出 t_r（或 t_f）。但当 $T\leqslant 3T_{rs}$ 时，应按 $t_r(t_f)=\sqrt{T^2-T_{rs}^2}$ 求出（T_{rs} 为示波器的上升时间，T 为按式（4－8）求得的值）。

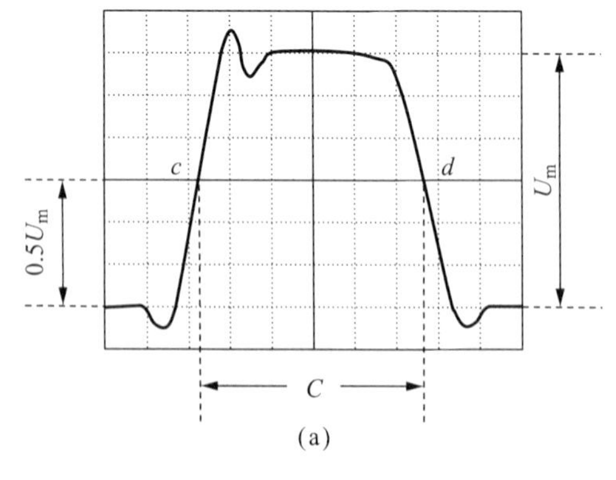

(a)

图 4－30　脉宽、前后沿时间的测量

（a）脉宽

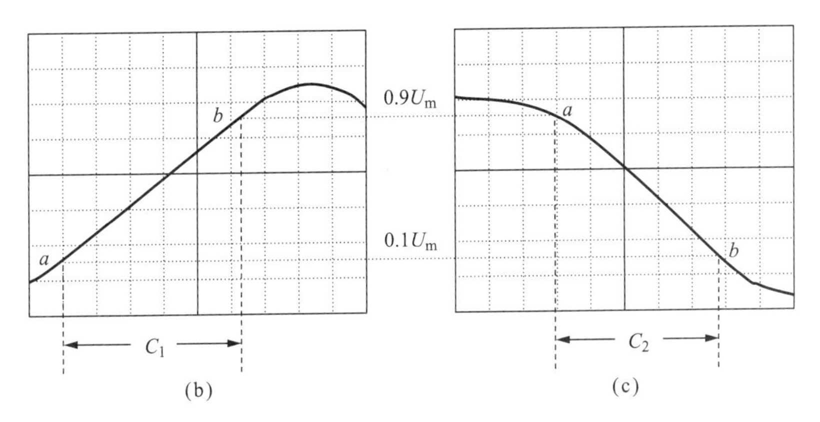

图 4－30 脉宽、前后沿时间的测量（续）

（b）上升时间；（c）下降时间

4.4.4 相位差的测量

1. 双踪法

操作：垂直方式设置为双踪（DUAL），选择时间因数的挡位，使显示如图 4－31 所示，分别调两个垂直移位，使两波形的平均电平线均重合于水平中心刻度线。从屏幕上读出两个波形相邻的同相位点间的格数 C 和波形一周的格数 B。则相位差为

$$\Delta\varphi=\frac{C}{B}\times360^{\circ}\tag{4-9}$$

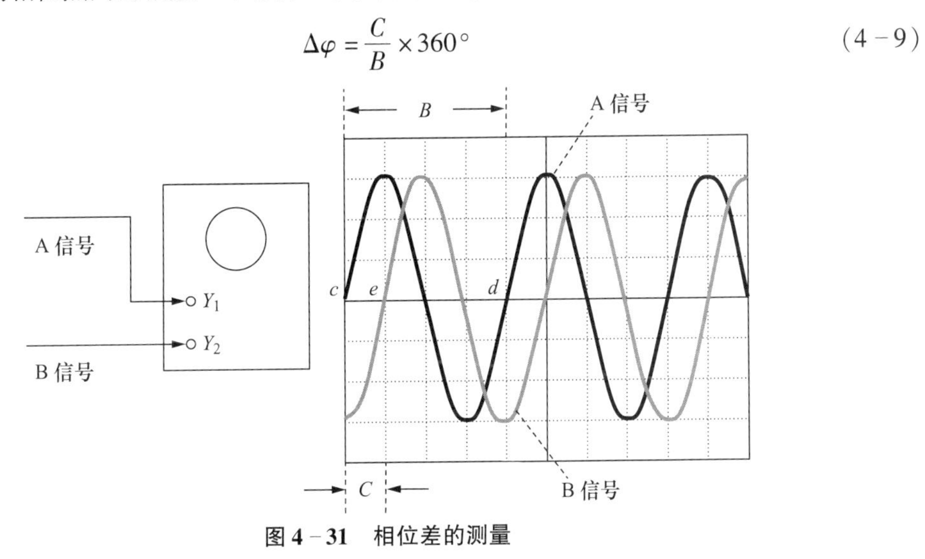

图 4－31 相位差的测量

2. 单踪法

操作：先将 A 信号接到示波器输入端，如图 4－32（a）所示。调整时间因数和垂直、水平移位，使显示波形如图 4－32（b）中虚线所示；然后把 A 信号改接到触发输入端，并将 B 信号接到示波器输入端，调垂直移位，使显示波形如图 4－32（b）中实线所示。按图中所示读出两波形的零相位点 e、c 间的格数 C，和 c、d 间的格数 B，则相位差仍按式（4－9）计算。

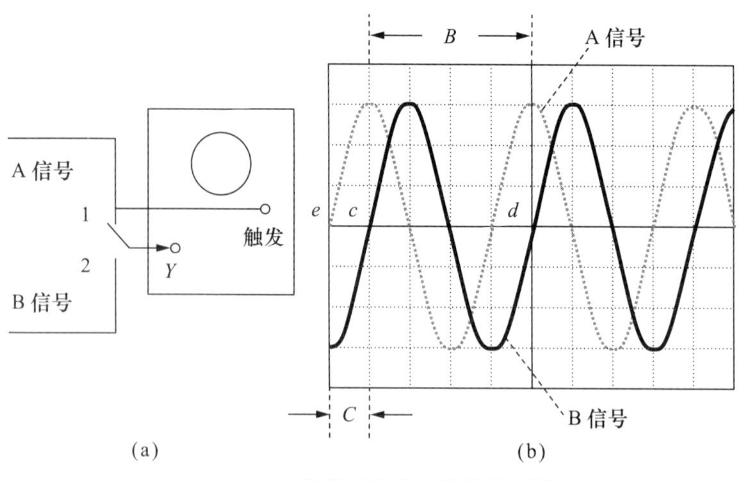

图 4-32　单踪示波器相位差的测量

（a）测试步骤；（b）读取读数

4.4.5　调幅系数的测量

示波法的操作：适当选择“时间因数”挡位，使包络波有一个完整周期，即如图 4-33 所示，直接显示出调幅波。读出图中 A（最大垂直高度）、B（最小垂直高度）的格数。则调幅系数为

$$m_a = \frac{A-B}{A+B} \tag{4-10}$$

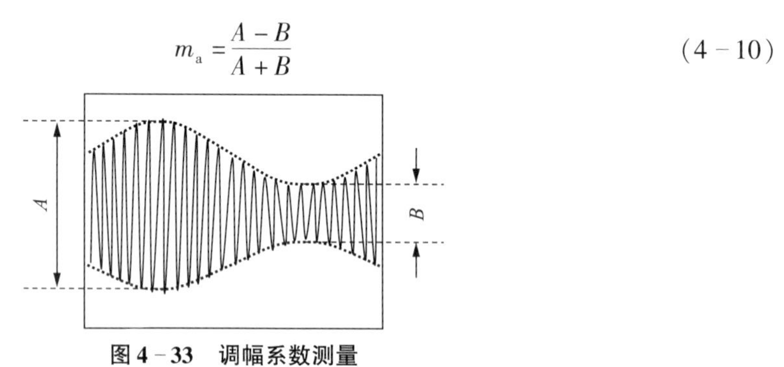

图 4-33　调幅系数测量

4.4.6　运用李沙育图形法的测量

将扫描格式设置为 $X-Y$；两个信号必须均为正弦波。

1. 频率测量

操作：被测信号 f_y 送入 Y 通道，标准信号 f_x 送入 X 通道，调整 f_x 的频率，直至出现稳定图形，如图 4-34 所示。则有

$$\frac{f_y}{f_x} = \frac{m}{n} \tag{4-11}$$

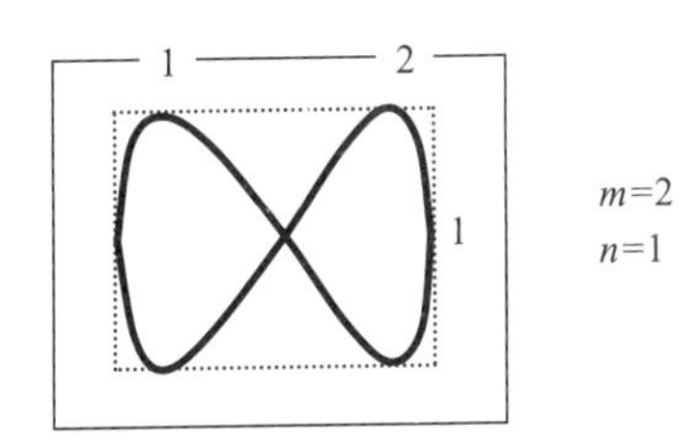

图 4－34　用李沙育图形法测频率

说明：对所显示的图形作一外切矩形，则式中 m 为水平切点数，n 为垂直切点数。显然，因 f_x 可直接读出，所以 f_y 可由式（4－11）求出。此法适用范围为 f_y 为 10 Hz～30 MHz；一般在测量时尽量使比值范围 $m:n=(1:1)\sim(10:1)$（设 $f_y>f_x$）。

应当指出，此时的李沙育图形只是相对稳定，若时间较长可能发生变化，但不影响测量结果。另外，当频率比（或相位差）不同时，显示的李沙育图形也不相同。

2. 相位差测量——椭圆法

操作：将 A、B 两信号分别送入 X、Y 通道，则屏幕上显示如图 4－35 所示的椭圆。调节垂直与水平移位，使椭圆移至坐标中心。读出椭圆在水平中心刻度线上的截距 C，和椭圆水平方向的最大距离 B，则相位差为

$$\Delta\varphi=\arcsin\frac{C}{B} \tag{4-12}$$

说明：一般测相位差时，两个信号是相互关联的，故显示的图形是稳定的，不会出现图形翻转变化的现象。

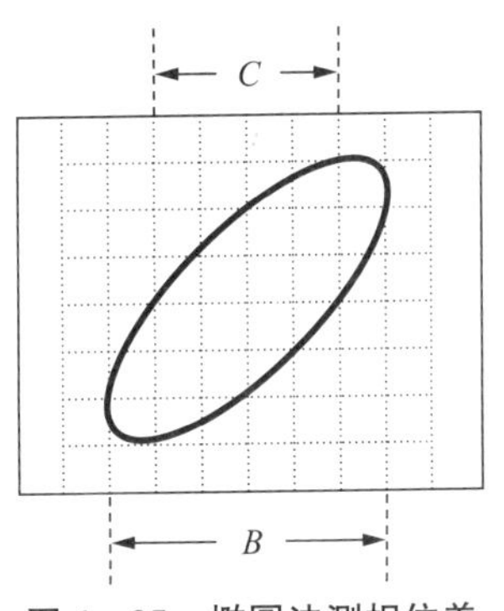

图 4－35　椭圆法测相位差

3. 调幅系数测量——梯形法

操作：将调幅波 u_{AM} 送入 Y 通道，调制信号 u_{Ω} 送入 X 通道，并让调制信号与上包络波同相，则屏幕显示如图 4－36 所示的梯形。读出图中 A、B 的格数，则调幅系数仍按式（4－10）计算。

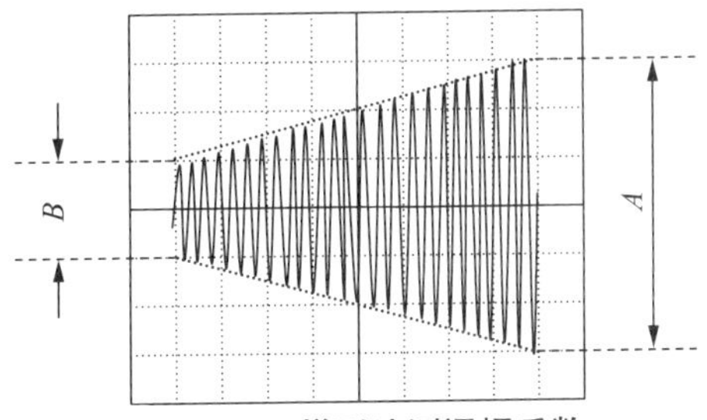

图 4－36　梯形法测调幅系数

4.5 取样示波器

4.5.1 取样示波器的基本原理

1. 高频率信号的波形显示

通用示波器是在信号经历的实际时间内显示信号波形的，即光点的一个扫描正程的时间与被测信号实际持续时间相等。因此，通用示波器属于实时示波器。

但是，实时示波器的工作频率范围是受到限制的。主要原因有：示波管的上限工作频率难以提高到GHz量级，Y通道放大器的带宽不可能做得很宽，时基电路也不易产生过高的扫描速度并且同步变得困难。因此，目前通用示波器的工作频率一般在500 MHz以下。

为了能够观测很高频率信号的波形，目前都使用取样示波器。采用取样技术可将高频信号降低成低频信号，从而有可能用低频示波器显示其波形。下面简述波形取样和重现的原理。

2. 取样原理

取样就是在波形的各个不同的取样点上，取得该点的幅度值作为样品。只要取样点数足够多，那么，由各取样点样品依顺序拼出来的波形，可以认为与原波形是一样的。为了使取样后信号的频率大大降低，可如图4－37所示进行取样。

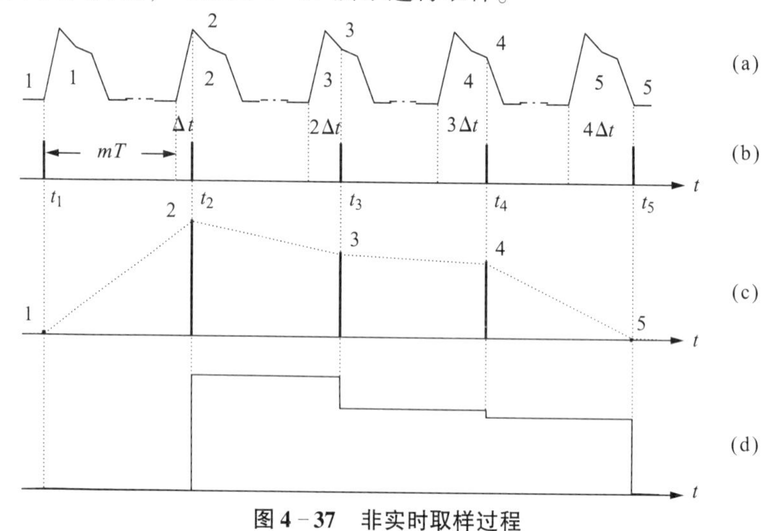

图4－37 非实时取样过程

（a）被测波形；（b）取样脉冲；（c）样品电压；（d）样品展宽

图4－37所示，取样的过程是这样的：在时间t_1进行第一次取样，对应于第一个波形上为取样点1；第二次取样在t_2进行（t_1与t_2间隔m个周期），且相对于前一次取样时间t_1，第二次取样延迟了Δt（即两次取样的相位点不同），对应于第$m+1$个波形上为取样点2。以后每次取样，都比前一次延迟Δt。如此可得到6个取样点，而每个取样点的周期（即跨周取样）及相位都不同。由图4－37（c）所示，由6个样品组合拼成的波形与原波形是一样的。而此时经6次取样所经历的时间，远远大于原信号的周期，因此这是一种非实时取样。非实时取样使信号波形的频率大大降低，但是这些取样点只对应原波形上的若干不连续的光点。显然，在波形重现时，即显示这一系列不连续光点。为了提高光点亮度，取样所得的电压需经展宽后，得到如图4－37（d）所示阶梯波。

3. 波形重现方法

如前所述，屏幕上将要显示的是不连续的光点构成的波形，因此，波形重现的方法与前述通用示波器不同。

在取样示波器中，波形合成的过程如图4－38所示。

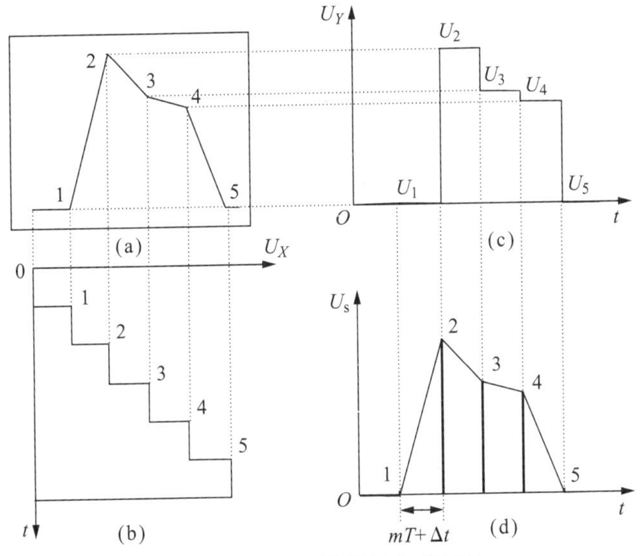

图4－38 显示波形的合成过程

由图4－37可见，加在Y偏转板的是取样电压经展宽后的阶梯波，而加在X偏转板的扫描电压也是阶梯波，而且是等距跳变的阶梯波。扫描阶梯波的重复周期与取样周期相同，每个阶梯持续时间与取样间隔时间相等。实际的波形显示是每一点停留$mT+\Delta t$的时间，然后跳至下一点。如此显示的一系列光点，与原波形上取样点一一对应，因而显示的波形与被测的原波形相似。

综上所述，非实时取样就是在n个信号波形的不同位置，完成一个信号波形的全部取样过程，而且两次取样间隔的时间为$mT+\Delta t$。虽然n个取样信号并不是来自同一个信号波形，但是由于信号是周期性的，所以n个取样信号的包络波形与原波形是相似的。而n个取样信号的包络波形所持续的时间，远远大于被测波形实际经历的时间，于是信号波形的频率被大大降低了。在波形重现时，是把n个取样点在屏幕上用亮点显示出来，形成由一系列不连续光点组成的波形。显然，这些不连续光点组成的波形，与原波形是相似的。

4.5.2 取样示波器的基本组成

取样示波器的组成与通用示波器类似，主要由示波管、X通道和Y通道组成。取样示波器的组成如图4－39所示。

由图4－39可见，取样示波器的X通道和Y通道与通用示波器有较大区别。下面分别介绍取样示波器的Y通道和X通道。

1. 取样示波器的Y通道

图4－39所示，Y通道由取样门、取样脉冲发生器、放大器、展宽电路、展宽脉冲发生

器等组成。取样门、放大器、展宽电路组成取样电路。取样脉冲发生器和展宽脉冲发生器在水平通道输出的步进延迟脉冲的触发下，产生取样脉冲和展宽脉冲。

从图4－39中可见，被测信号进入取样门，在步进延迟的取样脉冲作用下被取样，得到一串取样信号脉冲列。取样信号脉冲的幅度小、宽度窄，需经放大、展宽后得到阶梯波信号，再经 Y 放大器放大，送至垂直偏转板。

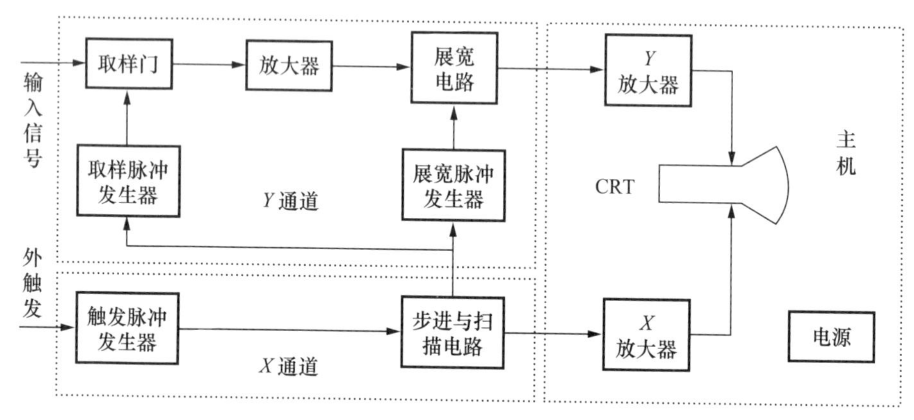

图4－39　取样示波器的基本组成框图

取样示波器的 Y 通道完成波形取样，并将取样信号展宽，得到与被测波形相当的量化取样电压。这个量化取样电压的频率，远远低于原信号的频率。

2. 取样示波器的 X 通道

图4－38所示，X 通道由触发脉冲发生器、步进与水平扫描电路等组成。而后者又由快斜波发生器、阶梯波发生器和比较器组成。

从图4－38可见，触发信号可由机外引入，也可内触发。通常被测信号需先分频，再送至触发脉冲发生器产生触发信号。该信号送至步进脉冲发生器产生步进脉冲，并送至 Y 通道，控制取样脉冲发生器和展宽脉冲发生器的工作。同时，在步进延迟脉冲的作用下，水平扫描电路产生一个线性上升的阶梯波电压，经 X 放大器放大后送至水平偏转板。

取样示波器的 X 通道主要用来产生每隔 $mT+\Delta t$ 上升一级的阶梯波，此外还产生 Δt 步进延迟脉冲。这个线性上升的阶梯波电压就是扫描电压，它与量化取样电压共同作用，使屏幕上的光点以跳变的方式，描绘出被测信号的波形。

4.5.3　取样示波器的主要参数

1. 取样示波器的带宽

取样示波器的带宽取决于取样门的最高工作频率。这就要求取样门用的元器件高频特性足够好，取样脉冲足够窄。目前已做到18 GHz的带宽。

2. 取样密度

取样密度是图形水平方向每1 cm的亮点数。延迟时间 Δt 越小，步进脉冲越密，则取样点越多，取样密度越大，重现波形的亮点数越多。应当合理地选择取样密度。

3. 等效扫速

等效扫速是指被测信号等效经历的时间 $n\Delta t$ 与水平方向展宽的距离 L 之比。它与快斜波的上升斜率成反比，调整快斜波斜率可调整等效扫速。

4. 扫描延迟时间

扫描延迟时间是指第一个步进脉冲相对于第一个触发脉冲所延迟的时间。改变延迟时间可以改变显示波形的起始点。

4.6 数字存储示波器

4.6.1 数字存储示波器的基本原理

1. 数字存储示波器的主要组成

实时取样的数字存储示波器的主要组成如图 4-40 所示，由控制、取样存储、读出显示三大部分组成，它们通过数据总线、地址总线、控制线互相联系与交换信息。

控制部分由键盘、CPU 和只读存储器 ROM 等组成。CPU 控制所有 I/O 口，随机存取存储器 RAM 的读/写，以及地址总线和数据总线的使用。在 ROM 内写有仪器的管理程序，在管理程序的控制下，对键盘进行扫描而产生识别码，然后根据识别码所提供的信息，去完成开关切换及设定测试功能等。

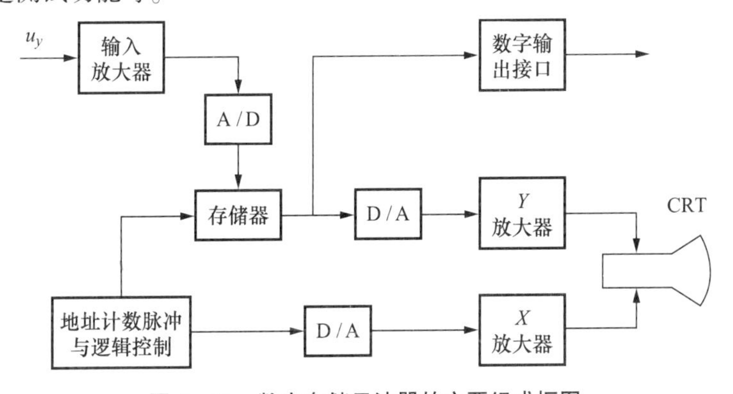

图 4-40 数字存储示波器的主要组成框图

2. 数字存储示波器的取样和存储过程

取样存储部分的工作过程如图 4-41 所示。

由取样脉冲形成电路产生取样脉冲，取样脉冲控制取样门对被测信号 V_i 取样并保持，量化电压 U_{is} 经 A/D 转换器变为数字量 D_0，D_1，…，D_n，然后依次将各数字量存入 RAM 中首地址为 A_0 的 n 个存储单元。

一个波形的显示点数、波形显示长度以及设定的扫描速度共同决定取样速度。取样存储速度可以任意选择。

3. 数字存储示波器的读出和显示过程

读出显示部分的工作过程如图 4-42 所示。

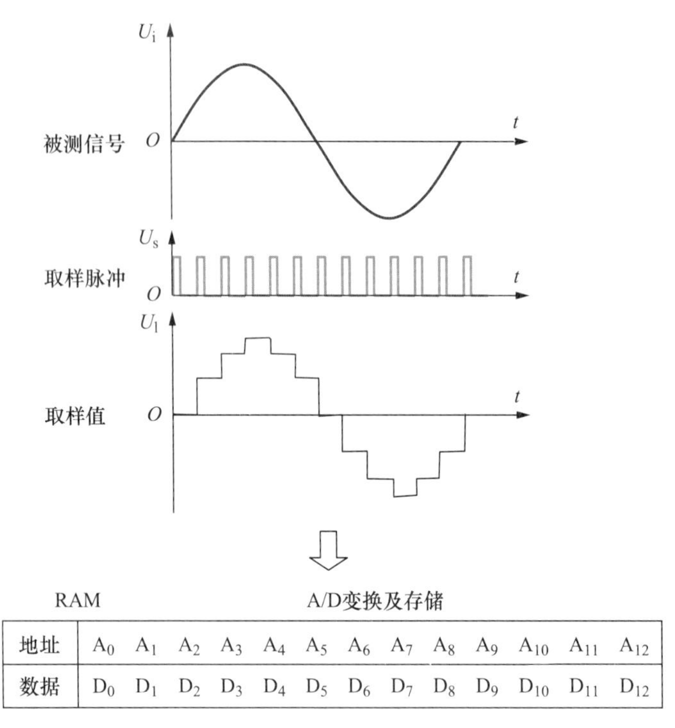

图 **4－41**　取样和存储过程

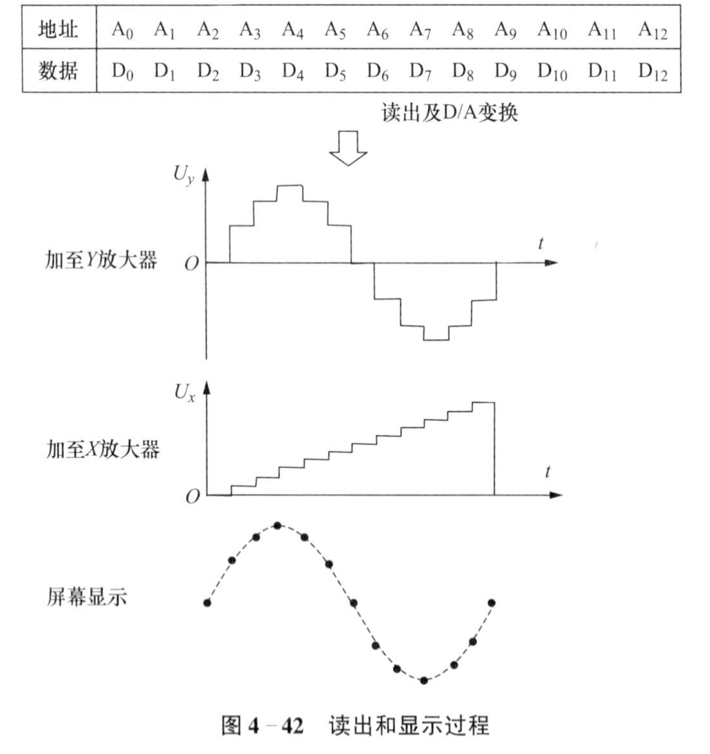

图 **4－42**　读出和显示过程

从 RAM 中找到首地址 A_0，依次读出所存数据 D_0，D_1，…，D_n，经 D/A 转换将数字量恢复成模拟量，量化电压 U_y 的每个阶梯的幅值与取样存储时的取样值成正比。并与线性阶梯扫描电压共同作用，在屏幕上形成不连续的光点合成的被测波形。

读出显示速度也可以任意选择。当采用低速存入、高速读出，即使观测甚低频信号，也不会像通用示波器那样产生波形闪烁。

4. 数字存储示波器的特点

数字存储示波器具有一系列的特点，主要特点如下。

（1）使用字符显示测量结果。用面板上的调节旋钮控制光标的位置，在屏幕上直接用字符显示光标处的测量值。因此可避免人工读数的误差。

（2）可以长期存储波形。如果将参考波形存入一个通道，另一通道用来观测需检查的信号，便能方便地进行波形比较；对于单次瞬变信号或缓慢变化的信号，只要设置好触发源和取样速度，就能自动捕捉并存入存储器，便于在需要时观测。

（3）可以进行预延迟。当采用预延迟时，不仅能观察到触发点以后的波形，也能观察到触发点以前的波形（图 4－43）。

（4）有多种显示方式。例如“自动抹迹”方式，每加一次触发脉冲，屏幕上原来的波形就被新波形所更新，如放幻灯片一样；又如“卷动”方式，此方法适用于观察缓变信号，当被测信号更换后，屏幕上显示的老波形将从左至右逐点变化为新波形（图 4－44）。

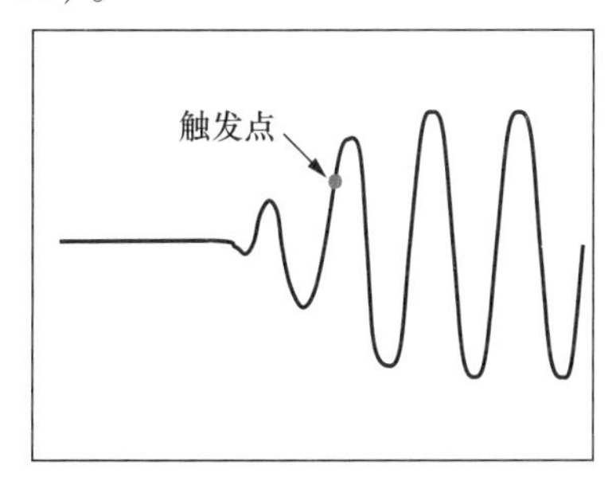

图 4－43　预延迟时的显示波形

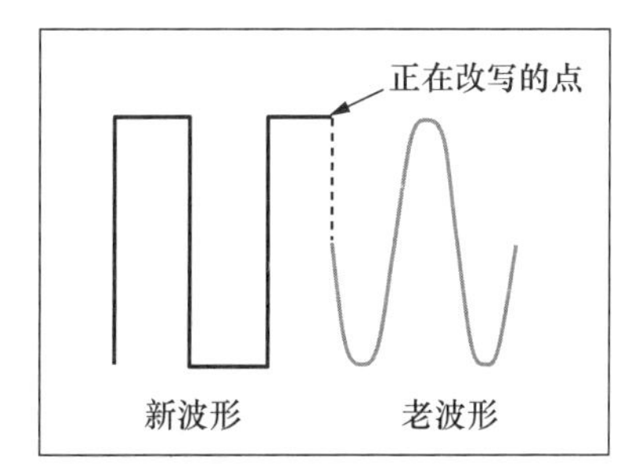

图 4－44　卷动显示方式时的波形变化

（5）便于进行数据处理。例如，把数据取对数后再经 D/A 变换送去显示，此时屏幕上显示的是对数坐标上的图形。

（6）便于程控，可用多种方式输出。通过适当的接口，可以接受程序控制，又可以与绘图仪、打印机等连接。

4.6.2　YB54100 型示波器的性能简介

1. 主要特点与性能指标

YB54100 型示波器是一种便携式数字存储示波器。其主要特点是：具有数据存储、光标和参数自动测量、波形运算、FFT 分析等功能。

该示波器的特点如下。

（1）垂直双通道，独立模数转换器。

（2）主副双时基扫描。

（3）双光标 ΔU、ΔT、$1/\Delta T$ 测量。

（4）波形参数自动测量（16 种）。

（5）波形运算、FFT 分析。

（6）边沿、视频触发，释抑控制。

（7）实时/随机取样变换，常态/峰值/平均/余辉显示。

（8）波形存储、调出/面板设置存储。

（9）RS－232 直接支持微型打印机。

（10）用户可选 USB 及 GPIB 接口。

说明该示波器的功能和特性的指标较多，可查阅示波器的说明书。其中说明适用范围和测量精度的主要性能指标如下。

（1）模拟带宽：100 MHz。

（2）偏转系数：2 mV/div～5 V/div，11 挡按 1－2－5 步进。

（3）直流精度：5 mV/div 以上为 ±3%。

（4）时间因数：常规 250 ns/div～20 ms/div，16 挡。

（5）时间精度：±2% div ±0.6 ns。

2. 面板简介

YB54100 型示波器的面板如图 4－45 所示。

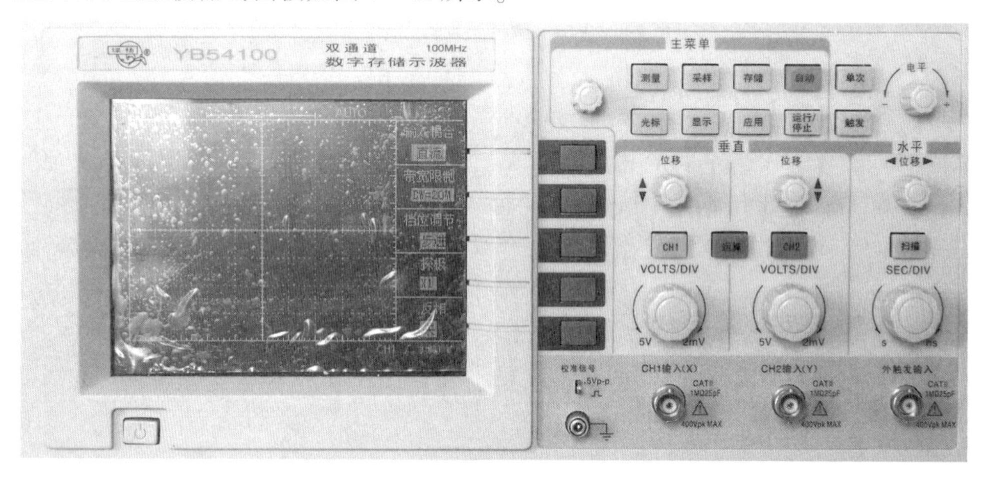

图 4－45　YB54100 型示波器的面板图

面板可分为显示区和控制键盘区。

显示区可划分为 3 个区域。

（1）主显示区：显示波形及光标。

背景显示：网格（水平 10 格，垂直 8 格）或白背景坐标；上边线中心有一个粉红色箭头光标，它是时间参考点，光标的位置受“水平位移”控制；左边线有一个红色箭头光标（CH1 开时显示，CH2 开时显示黄色箭头光标），它指示通道“地”的位置，光标的位置受“垂直位移”控制；右边线有一个绿色箭头光标，它指示触发电平的大小，光标的位置受

"触发电平"控制。

(2) 菜单显示区：分别显示各功能键的菜单，其菜单项目由各功能键的设定而定。

本区域通常显示5个功能项目的菜单，由各功能键确定其项目内容。各项目可有若干可选的功能，可根据需要选择。

(3) 状态显示区：显示CH1和CH2的偏转因数、时间因数、触发极性与触发电平值。

本区域采用不同颜色的字符显示上述几个参数的挡位状态：红色*字符显示CH1的偏转因数（100 mV，表示100 mV/div），下边电压值表示光标所指参考电平线（即通道"地"）的电压值（0.000 V，表示参考电平线电压为0）；黄色*字符显示CH2的偏转因数和参考电平线的电压值；粉红色字符显示时间因数（250 ns，表示250 ns/div）；绿色字符显示边沿类型和触发电平的电压值。当某通道关闭时，相应字符不显示（如CH2关闭，则黄色字符无显示）。

*注：有的仪器字符颜色采用其他色。

控制键盘区又可划分为以下几个。

(1) 菜单键区：竖排有5个按键，由菜单显示区指明其功能。

(2) 主菜单功能键区：如图4-47所示主菜单有8个按键。它们依次是"测量""光标""采样""显示""存储""应用""自动"和"运行/停止"。

(3) 挡位状态设定区：

其中"CH1""CH2""运算"三键等同于前述双踪示波器中的"垂直方式"控制键；另外两个功能键是"扫描""触发"；还有一个"单次触发"的按键。

另有"CH1偏转系数""CH2偏转系数""时间因数"等3个挡位调节开关。

(4) 调节旋钮：共5个，其中包含"CH1垂直位移""CH2垂直位移""水平位移"3个波形移位旋钮，以及"触发电平"调节旋钮和"公用调节"旋钮。

3. 主要功能键及初始屏幕显示

在所有控制键中，主要常用的功能键有以下几个。

(1) 通道选择控制键："CH1"和"CH2"。

(2) 扫描的功能选择键："扫描"。

(3) 触发的功能选择键："触发"。

(4) 自动测量的功能选择键："测量"。

(5) 光标测量的功能选择键："光标"。

以上各键均有相应的菜单（可查阅说明书），要根据测量要求进行选择。其中通道选择"CH1"和"CH2"在第一次按下时是开启该通道；而第二次按下时（菜单显示为该通道时）则关闭该通道，状态显示区的字符同时消失。"触发"键可连续按下两次，获得两组不同的菜单；"测量"键可连续按下4次，获得4组不同的菜单。

开启电源约6 s后，初始的屏幕显示如下。

主显示区显示一个8×10网格坐标，上边线中心有一个粉红色箭头光标，左边线中心有一个红色箭头光标及一条与之跟随的红色水平线，右边线中心有一个绿色箭头光标。

右边是菜单显示区，从上至下显示为：CHANNEL1（红色字符），"输入耦合"/直流，"带宽限制"/BW=20 M，"挡位调节"/步进，"探极"/×1，"反相"/关。

下边是状态显示区，从左至右显示为：CH1… 500 mV/0.000 V（红色字符）；M 250 ns/

0.000 s（粉红色字符）；CH1/0.000 V（绿色字符）。

4.6.3 YB54100 型示波器的使用

1. 基本控制键的操作

与通用示波器一样，本示波器使用时首先需解决两个问题：其一，在屏幕上显示出被测波形；其二，使显示的波形稳定不动。

要解决第一个问题，就需要选择适当的偏转系数和时间因数。

本仪器“偏转系数”“时间因数”及“触发电平”的调节旋钮可直接调节。方法如下。

（1）接通电源后，显示的是“CH1”的菜单。

（2）根据被测信号电压的估计值，调节“CH1 偏转系数”至适当挡位。

（3）根据被测信号的频率估计值，调节“时间因数”至适当挡位。

此时在挡位状态显示区可以看到 CH1 的偏转系数的挡位和时间因数的挡位。应当指出，通常，在开启电源后即进行此项观测时，波形是稳定的，无须进行稳定的调节。

若需解决第二个问题，应选择适当的触发源和触发功能。

如果在开启电源后，进行过其他操作，可能出现以下情形。

一种情形是波形不稳定。此时应先从屏幕上查看触发电平位置是否正确（即触发电平的绿色指示光标应不超过显示波形的范围），若超出范围，可调节“触发电平”旋钮使光标位于显示波形范围的中部；若绿色光标指示正确，则需按下“触发”键，在显示的菜单中，检查“触发源”是否为“CH1”，若不是，可按该键选择“CH1”即可，菜单中其他键可根据需要选择或不变；另一种方法是，再按一次“CH1”键，波形即可稳定。

另一种情形是出现上下两个波形。此时需按下“扫描”键，再按下菜单中“扫描选择”，选择“A”。菜单中其他各键一般可不必调节。

以上各键的选择只是方法之一，有些键可有几种选择。如选择“电平锁定”为“关”，此时需调节“触发电平”旋钮，让波形稳定下来；若选择“开”，此时无须调节“触发电平”旋钮。

若观测的信号是脉冲波，如电视信号中的行、场同步脉冲，则应按二次“触发”键，在其菜单中，如“同步”“高频抑制”“负极性”选择相应的挡位即可。

这里只对 3 个常用的功能键（指“CH1”或“CH2”及“扫描”“触发”）及其菜单中某些键的选择和调节作一个简单介绍，掌握了它们的调整，就能进行基本的测试。

2. 基本测试的操作方法

如本章开篇所述，示波器对交流信号的基本测试：定性观察波形及细节；定量测量波形的参数，如电压、频率、周期、脉宽等。

由于波形的多样化，下面分别以正弦波和矩形脉冲为例，简述使用本示波器进行定量测量或定性观察的操作方法。

示例：一个正弦交流信号的基本测试，不外乎测量电压值和频率。

先按 1 中所述方法调出稳定波形（此时可直接观察波形的失真情形，为能得到清晰的波形，建议调节“时间因数”旋钮，让屏幕上显示出两个完整周期的波形为宜），然后用测量功能，即可以方便地测出正弦波的有效值和频率。操作方法如下。

按两次“测量”键，在显示的菜单中再按下“均方根值”“频率”键，即可读出正弦波的均方根值（即有效值）和频率。与通用示波器相比，这里省去读格数与计算步骤，减小了误差。若要测量其他参数，可在16种测量功能中找寻。

示例：一个矩形波的基本测试，主要是周期、脉宽、上升和下降时间。

仍先按1中所述方法调出稳定波形，再进行以下操作。

按三次“测量”键，在显示的菜单中再按下“周期”“正脉宽”“上升时间”“下降时间”键，即可读出矩形波的周期、脉宽、上升和下降时间。若要测负脉宽或占空比等，则需第四次按下“测量”键。

以上是利用测量功能键进行测量，此法较简。也可以利用光标测量功能进行测量，这里不做介绍。

3. 观察局部扩展波形与李沙育图形的操作方法

若要展开局部波形，可进行如下操作：

在按下“扫描”键后，按“扫描选择”键显示“AB”，此时屏幕的下半部是原“A”扫描的波形，上半部是“B”扫描的波形（即扩展部分的波形），被扩展部分的所在区域，由下半部的小窗口标出。

若要看李沙育图形，应进行以下操作。

先按单个波形的观察方法，分别调好两个波形的垂直幅度（最好让它们显示的幅度相等），然后按下“扫描”键，再按下“$X-Y$扫描”键显示“开”。

此时若为测频，屏幕显示应是一个矩形亮区，调节标准频率源的频率使其尽可能与被测频率相等（如不能相等，应使两个频率为简单整数比），让屏幕显示的圆（或其他形状的李沙育图形）尽量稳定。然后据图确定频率比，由标准频率和频率比求出被测频率。

此时若为测相位差，屏幕显示应是一个斜椭圆。可按4.4所述方法求出相位差。

本章小结

（1）阴极射线示波管（CRT）由电子枪、偏转板和荧光屏三部分组成，屏幕上显示的只是一个光点。示波管屏幕上的光点是可动的，其线性偏转特性是显示和测量波形的依据。荧光屏上显示的波形是由光点运动的迹线形成的。

（2）示波管显示一个稳定波形的条件是：在X偏转板加线性锯齿波电压，并且该电压的周期是被测信号周期的整数倍。X偏转板加锯齿波电压时，光点扫动的过程称为扫描；使扫描电压的周期是被测信号周期的整数倍的过程称为同步。扫描过程分为：正程、逆程和等待时间，只有正程才显示波形；逆程和等待时间会产生回扫线和休止线，需要消隐。示波器的扫描方式主要分为连续扫描和触发扫描。

（3）通用示波器由X通道、Y通道和主机三部分组成。X通道的主要作用是产生扫描电压，而该通道中的触发电路的作用，是为采取多种方式去实现波形稳定（即同步）的。双踪示波器是利用电子开关，按时间分割原理，来实现双踪显示的。双扫描示波器具有A、B两个扫描信号，可以观察信号的全部或局部。

（4）示波器主要用来定性观察波形，定量测量电压、频率、相位差、时间、调制系数等多种参数。示波器还可以作为$X-Y$图示仪使用，如用李沙育图形法测量频率和相位差。

（5）取样示波器可以观测吉赫兹以上的超高频信号，是由于采取了非实时取样方式，把高频波形变成低、中频波形来显示。显示时是采用不连续的光点来拼成波形，因而取样示波器中 X 通道和 Y 通道输出的波形都是阶梯波，这与通用示波器中的波形是不同的。

（6）数字存储示波器采用实时取样，并通过数字电路将模拟信号经 A/D 变换成数字信息，存储于数字存储器中，显示时从存储器读出，通过 D/A 变换成模拟信号显示。与取样示波器一样，其显示的波形也是由不连续的光点拼成的。

数字存储示波器的特点是：直接用字符显示测量结果；有多种显示方式，如存储显示、抹迹显示、卷动显示等；具有多种功能，如波形存储、预延迟、数据处理、程控等。

思考与练习

4-1　通用示波器包括哪几部分？各部分有何作用？

4-2　设示波器 X、Y 偏转灵敏度相同，在两个输入端加上同频、等幅的正弦波电压，若

（1）两信号同相。

（2）两信号相位差为90°。

（3）两信号反相。

画出屏幕上显示的图形。

4-3　将示波器的偏转因数置于10 mV/div 挡，探头开关在×10 位，测量一个正弦信号读得波形高度为7.07 格（峰-峰值），问该正弦波的有效值为多少？

4-4　将示波器的偏转因数置于0.5 V/div 挡，时间因数置于0.2 ms/div，测量一个频率为1 kHz、峰值为1 V 的正弦波，问屏上波形高度（峰峰值）为多少格？波形的周期为多少格？

4-5　通用示波器的扫描方式有哪两种？何谓触发扫描？有何优点？

4-6　何为“+极性”触发？何为“-极性”触发？使用时怎样选择？

4-7　何为“交替”显示？适用什么场合？何时使用“断续”显示？

4-8　若扫描电压的周期是被测正弦波周期的7/8，画出两个扫描周期中屏幕上显示的波形。

4-9　在通用示波器中，下列控制键的作用是什么？简述它们的调节原理。

（1）偏转因数。

（2）时间因数。

（3）触发方式。

（4）触发源。

（5）触发电平。

（6）触发极性。

4-10　若示波器的回扫消隐不好，使正程和回程的光迹亮度差不多，画出如图4-46所示被测信号与扫描电压在荧光屏上合成的波形。

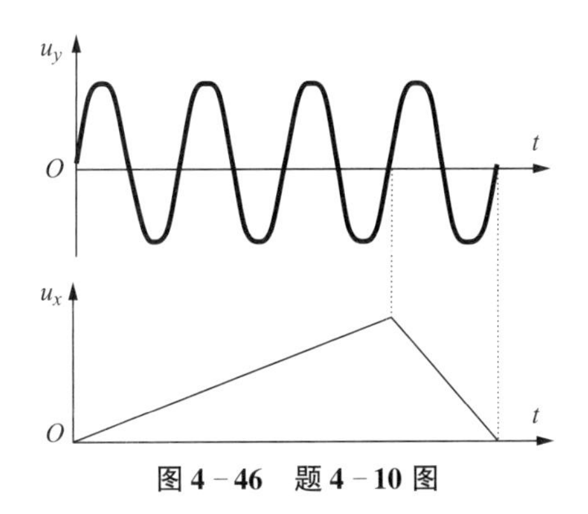

图 4-46　题 4-10 图

4-11　有一个正弦波信号中含有 1.5 V 的直流分量，用示波器 0.2 V/div 挡观察该信号，当耦合方式在“AC”挡位时，屏幕上显示波形正常，且波形峰-峰幅度为四大格，位于坐标中心。若耦合方式在“DC”挡位，显示波形会怎样变化？若耦合方式在“⊥”位置，显示波形是什么？（设示波器的触发方式为“自动”。）

4-12　某示波器的触发方式放在“自动”位置，观察正弦波时，显示波形是稳定的。若将触发源的位置由“内”转至“外”（示波器未接外触发信号），屏幕上波形会怎样变化？若此时又将触发方式转至“常态”位置，屏上显示什么波形？

4-13　已知示波器偏转因数 D_y =0.2 V/cm，荧光屏有效宽度为 10 cm。

（1）若时间因数为 0.05 ms/cm（微调在“校准”位置），屏上显示的波形如图 4-47 所示。求被测信号的峰-峰值及频率。

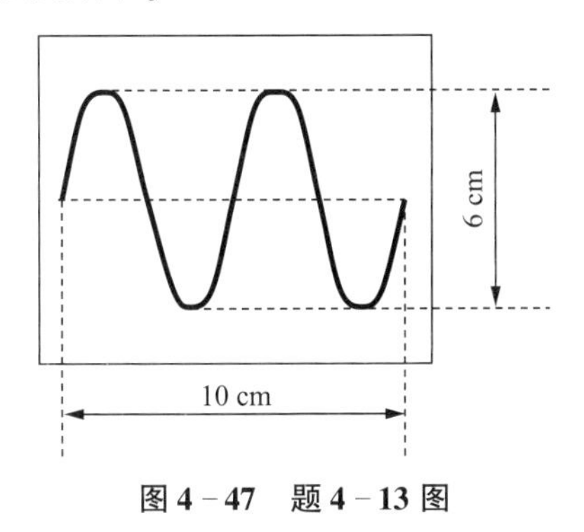

图 4-47　题 4-13 图

（2）若想在屏幕上显示该信号 10 个周期的波形，扫描速度应取多大？在示波器电路中靠调整什么来改变显示波形的周期数？

4-14　何为“双踪”？它与“单踪”有什么不同？双踪示波器与单踪示波器在电路结构上有什么区别？

4-15　用示波器观察正弦波，由于 X 通道和 Y 通道的某些控制键位置不正确，屏幕上出现如图 4-48 所示图形，试说明原因及应如何调整相关控制键，才能观察到正常的正弦波形。

4-16　何为双时基？什么示波器才有“双时基”？这种示波器与普通示波器的电路结构有什么区别？

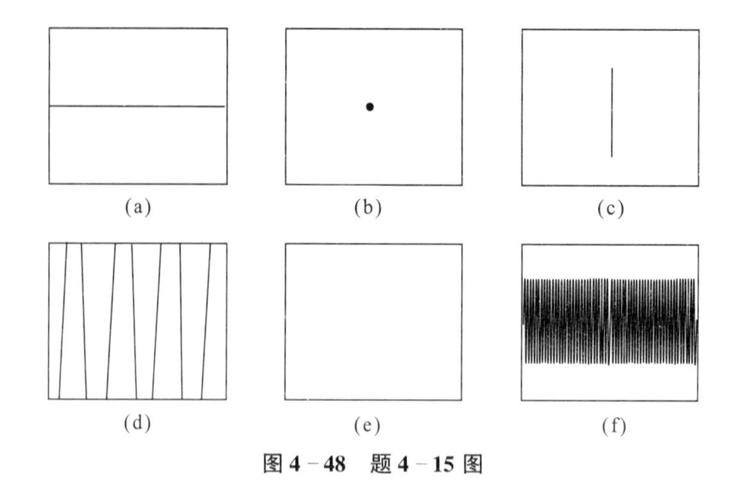

图 4-48　题 4-15 图

4-17　画出“B 加亮 A 扫描”的主要工作波形，说明其工作原理。

4-18　画出“A 延迟 B 扫描”的主要工作波形，说明其工作原理。

4-19　双扫描示波器所观测的信号有几个？常有哪几种工作方式？在屏幕上显示的都是两个波形吗？

4-20　用双踪示波器的“交替”显示方式，采用零电平、正极性触发，观测图 4-49 中所画正弦波 u_1 与三角波 u_2 之间的相位关系。图 4-49（a）为用两个信号（u_1、u_2）分别触发产生扫描电压；图 4-49（b）为仅用三角波 u_2 触发产生扫描电压。画出（a）、（b）两种情况下屏上显示的波形，指出哪一种方法才能正确显示相位关系，为什么？

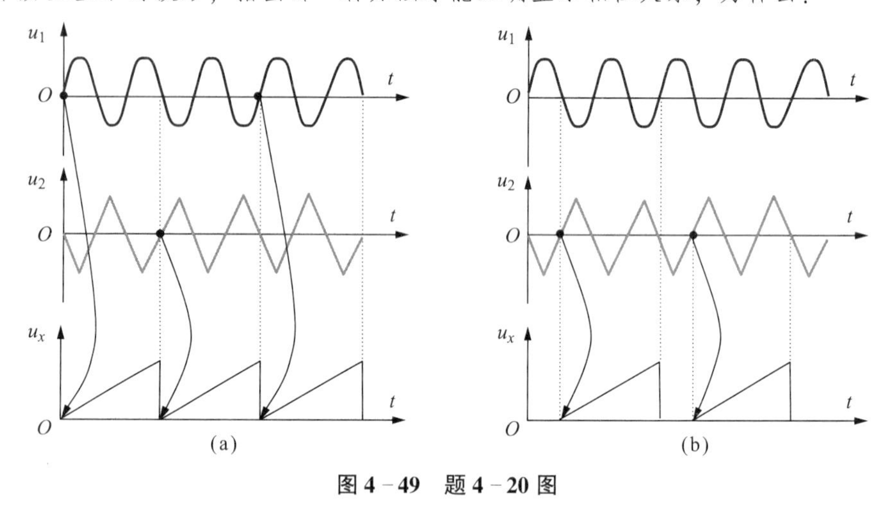

图 4-49　题 4-20 图

4-21　在示波器上用李沙育图形测被测电路输入电压 u_i 与输出电压 u_o 之间的相移（绝对值）。

（1）利用图 4-50 画出测试线路。

（2）如何检验示波器的 X、Y 通道间是否存在固有相位差？

（3）若 X、Y 通道间固有相位差为 φ_{xy}，采用什么方法能使测量不受其影响？

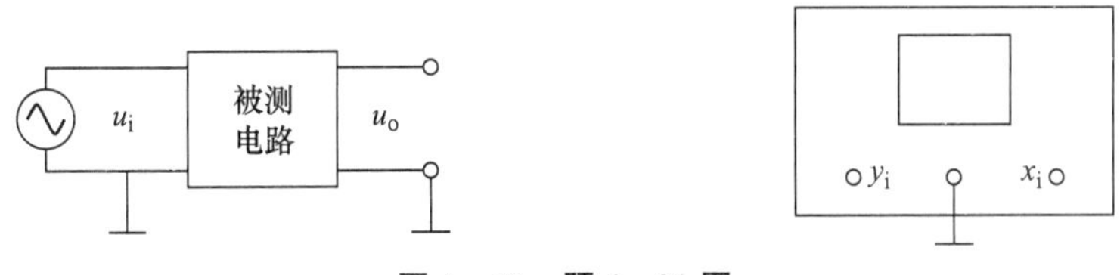

图 4-50　题 4-21 图

4-22　示波器为 $X-Y$ 工作方式时，把一个受正弦波调制的调幅波加到示波器的 Y 通道，同时把这个正弦调制电压加到 X 通道（图 4-51），试画出屏幕上显示的图形，并说明如何从这个图形求出该调幅波的调幅系数。

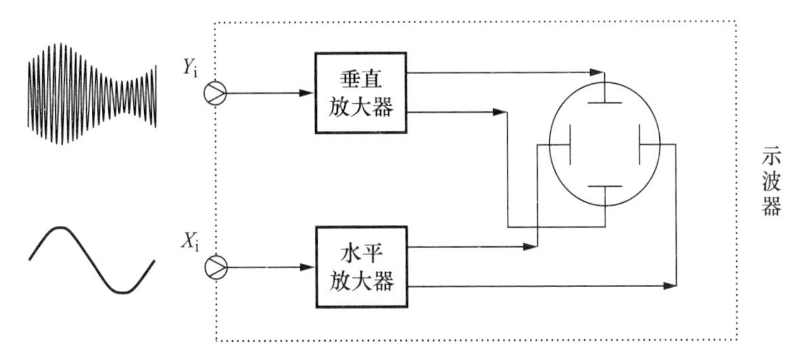

图 4-51　题 4-22 图

4-23　说明取样示波器波形取样原理，画出取样过程的工作波形。

4-24　说明取样示波器波形重现原理，画出合成波形的过程。

4-25　已知取样示波器屏上的波形如图 4-52 所示（每隔 30°一点），试画出 X、Y 偏转板所加电压的波形形状。

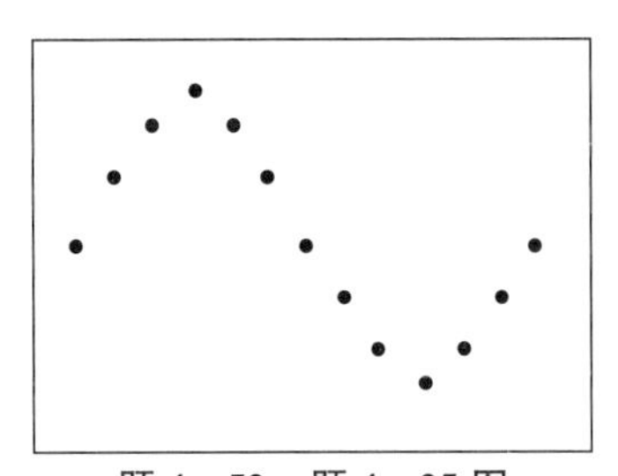

题 4-52　题 4-25 图

4-26　欲观测一个上升时间约为 50 ns 的脉冲波形，现有下列 3 种型号的示波器，选哪种型号的最好？哪种型号的次之？说明原因及应注意的问题。

（1）SR-8 型：示波器上升时间 $t_R \leqslant 24$ ns。

（2）SBM-10 型：示波器上升时间 $t_R \leqslant 12$ ns。

（3）SBM-14 型：示波器上升时间 $t_R \leqslant 3.5$ ns。

4-27　欲观测一个由 10 个脉冲组成的周期性脉冲列，同时要仔细观察其中第 3 个脉冲的细节，若没有双扫描示波器，但有两台通用示波器，它们均有“Y 输入”“外触发输入”“扫描输出”“门控输出”和后面板上的调辉输入。试用这两台示波器在图 4-53 中画出测试电路。

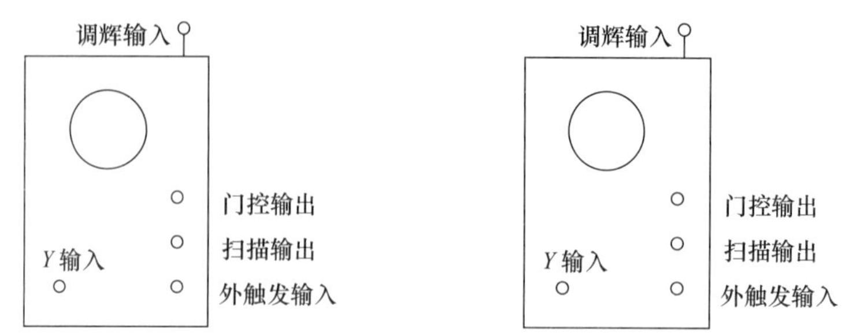

图 4-53　题 4-27 图

4-28　说明数字存储示波器的波形取样与显示，同普通示波器有什么不同？

4-29　为什么取样示波器采用非实时取样，数字存储示波器采用实时取样？

4-30　数字存储示波器有哪些特点？

4-31　什么是扫描？为何示波器必须有扫描才能显示波形？

4-32　什么是同步？示波器中哪些控制键是为实现同步而设置的？为何要设置这么多的控制键？

4-33　用示波器观测波形时，首先要解决的基本问题是什么？如何做到快速看到被测波形？

4-34　在第 4-2（2）题中，若将 X 通道的信号换成三角波，画出屏幕上显示的图形。若 X、Y 通道的信号都换成三角波，画出屏幕上显示的图形。

4-35　在用李沙育图形法测频率时，屏幕上的图形能否像通用示波器显示波形一样，可以长时间稳定不动？试说明理由。

学习要求

掌握扫频测量仪的基本组成与原理，会用扫频仪测量频率特性曲线、频谱特性曲线。

学习要点

幅频特性曲线的显示原理，扫频仪的组成，控制键的作用与调节原理，BT3C 型扫频仪的使用，频谱仪的组成原理及应用。

5.1 频率特性的测量

频率特性测试仪是利用示波管直接图示被测电路幅频特性曲线的仪器。它采用扫频信号作为测试信号，是一种扫频测量仪器，故又称之为扫频仪。

5.1.1 静态幅频特性曲线及其测量

1. 频率响应和基本测量问题

在正弦信号的激励下，若输出响应是具有与输入相同频率的正弦波，只是幅值和相位可能有所差别，这样的系统称为线性系统或称线性网络。

常见的各种放大电路和四端网络都可看作线性网络。例如，接收机中的高频放大器、中频放大器、宽带放大器、滤波器及衰减器等。一个放大电路（或四端网络）对正弦输入的稳态响应称为频率响应，也称频率特性。频率特性包括幅频特性和相频特性。放大器的放大倍数（增益）随频率的变化规律，称为幅频特性；放大器的相移随频率的变化规律，称为相频特性。研究电路的频率响应，需要进行幅频特性和相频特性的测量。

为了使电路达到理想的要求，需要调整相关元器件参数，使电路具有最佳的幅频特性和相频特性。显然，要确定调整的方向，首先应当进行频率特性的测量。然而，不是在所有的电路里，相位失真都会对传输质量产生重大影响。有些电路对其要求不高，此时只需测试幅频特性，而无须测试相频特性。因此，在频率特性的测量中，最主要的是幅频特性的测量。

下面将讨论幅频特性的测量方法，以及幅频曲线图的获得方法。

2. 测试信号与曲线图的获得方法

幅频特性有两种测量方法：经典测量方法是正弦波点频法；目前常用测量方法是正弦波扫频法。

点频法与扫频法的主要区别有二：其一测试信号不同；其二频率特性曲线的获得方法不同。

测试信号是被测电路的输入信号。点频法的测试信号是点频信号，即单一频率的正弦波信号。因输入信号频率不变，故输出信号的幅度是被测电路对该输入频率的静态响应。为得到被测电路的幅频特性，需要分别输入多个点频信号。扫频法的测试信号是扫频信号，即是频率连续变化的正弦波信号。由于输入信号频率是变化的，所以输出信号的幅度变化，是被测电路对输入频率的动态响应。

幅频曲线是在直角坐标系中画出的增益与频率的函数关系的曲线。在点频法中，需由人工画出幅频曲线图。而在扫频法中，却是由示波管直接显示幅频曲线图，是利用波形显示原理自动显示的。

3. 幅频曲线的点频测量法

点频法的测量步骤如下。

（1）按图 5－1（a）所示连接测试线路。

（2）由信号发生器输出一个点频信号，从频率低端开始，按一定的频率间隔改变信号频率 f（但保持 U_i 不变），加至被测电路的输入端。

（3）由电子电压表逐一读出 U_o，记录 U_o、f 对值。

（4）将测得的每一对 U_o、f 值，在坐标纸上标出一个个对应的点，再依次将各点连接成平滑的曲线，如图 5－1（b）所示。

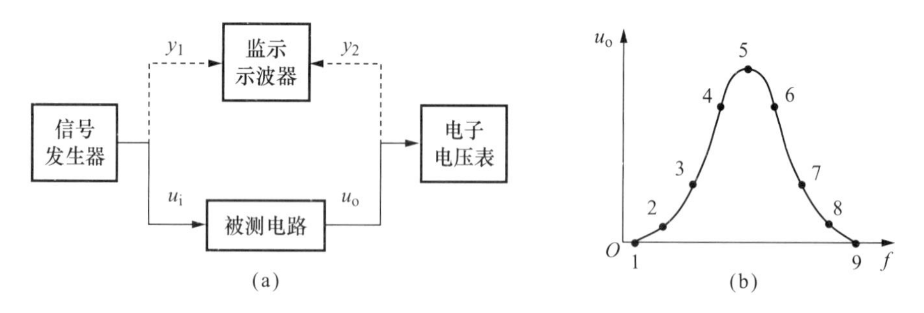

图 5－1　点频法与幅频曲线

（a）测试线路；（b）幅频曲线

这是一种静态测量法，所绘曲线是静态幅频曲线。在测量过程中，采取手动方法改变频率，再由人工绘图画出幅频曲线，因此测试时间长。又由于测试频率点是不连续的，有可能漏掉曲线的突变点。再者，实际信号多是动态变化的，由静态法获得的曲线不能反映这种实际情况。

5.1.2　动态幅频特性的图示方法

1. 幅频曲线的扫频测量法

扫频法的测量原理如图 5－2（a）所示，图 5－2（b）所示是其工作波形。

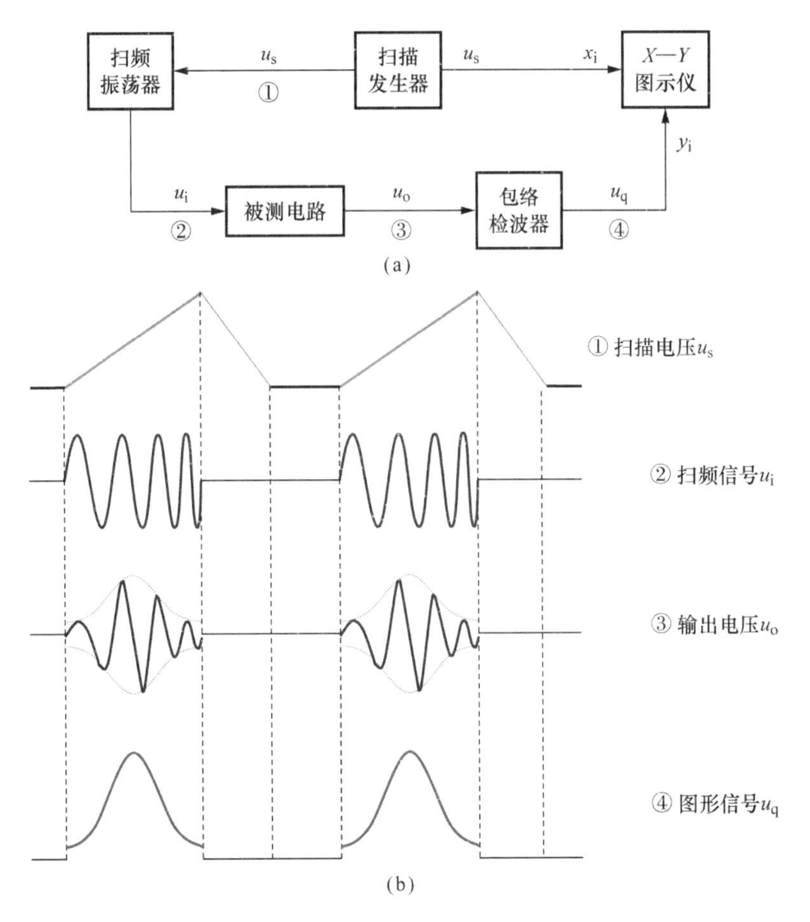

图5-2　扫频法测量原理与工作波形

(a) 测量原理；(b) 工作波形

扫频法的测量原理：由扫描发生器产生的扫描电压 u_s（图中波形①）一方面送至X放大器，为示波器提供扫描信号；一方面又送至扫频振荡器，控制振荡频率的变化，使其产生等幅的扫频信号 u_i（图中波形②）。扫频信号经被测电路后，幅度将发生变化。其输出电压 u_o（图中波形③）的包络，表征被测电路的幅频特性。输出电压经包络检波后，得到代表被测电路的幅频特性的曲线图形信号 u_q（图中波形④）。图形信号送至Y放大器，然后由示波管直接显示出来。

扫频法是将等幅扫频信号加至被测电路的输入端，再用示波管来显示被测电路输出信号幅度的变化。由于测试信号的频率是变化的，因此是一种动态测量法，测试所得曲线能反映电路工作的实际情况。因扫频信号的频率是连续变化的，不存在测试频率的间断点，这就不会漏掉幅频曲线的突变点。再者，扫频信号是自动改变频率，远快于手动改变频率，而曲线又是由示波管直接显示，更是快于人工绘图，故测试速度快、时间短。

2. 动态幅频曲线图的形成

在扫频法中，幅频曲线图是由示波管直接显示的。而由示波管的特性知，一般荧光屏上显示的是一个静止的光点或一个运动光点描绘的迹线。是何种图形取决于示波管的X偏转板和Y偏转板上所加信号是直流还是交流。

由扫频法的测量原理知，扫描电压被送到示波管的 X 偏转板，输出电压经检波所得的包络波形被送到示波管的 Y 偏转板。如第4章电子示波器的第4.1.3节中所述，因包络波形与扫描电压都是交流信号，故而示波管屏幕上显示一个运动的光点。而光点运动的迹线，是两个信号电压（包络波形与扫描电压）的函数曲线图。

由于扫描电压是扫频振荡器的调制电压，因此扫频信号的瞬时频率正比于扫描电压。而包络波形正是（被测电路）输出电压的幅度变化曲线。于是可以说，屏幕上显示的曲线图是 u_o-f 函数曲线图。又由于扫频信号是等幅的（即被测电路的输入电压 u_i 是恒定的），所以被测电路的增益（u_o/u_i）正比于输出电压 u_o。所以，u_o-f 曲线即可表征（u_o/u_i）$-f$ 曲线，即幅频曲线。因输入信号的频率是变化的，故该曲线是动态幅频曲线。

可见，在上述的扫频测量法中，屏幕上显示的幅频曲线，是通过光点扫描而得到的。因此，上述的扫频测量法称为光点扫描式图示法。

3. 单向扫描与零基线的显示

采用扫频法测出的动态曲线，与点频法测出的静态曲线不同。如图5-3（a）所示，虚线为静态曲线，实线是动态曲线。从图可见两者的差别有二：其一，动态曲线的谐振点偏离静态曲线的谐振点，偏离方向与扫频信号 f 的变化方向相同，而且扫频速度越快偏离越甚；其二，动态曲线的带宽变宽，谐振峰幅度降低。造成这种差别的主要原因是电路存在惯性。

从图5-2中可见，作为扫描电压的锯齿波的正程时间与逆程时间是不同的，正程时间长而逆程时间短，而且正程和逆程两个方向都进行扫描（即双向扫描）。因此受锯齿波调制的扫频信号，正程扫频速度慢而逆程扫频速度快，而且扫频 f 的变化方向相反。于是，正程扫描出的曲线和逆程扫描出的曲线不能重合（如图5-3（b）所示），显然这种曲线是不利于观测的。为此，在电路中采取措施，使扫频振荡器在逆程期间停振。这样一来，光点只在正程时间内扫描出幅频曲线，称为单向扫描。而在逆程期间，由于输入电压为零，则输出电压亦为零，光点扫描出的是一条零电平线（即零基线）。此时屏幕显示如图5-3（c）所示。使用这种方法，不仅避免了双向扫描的曲线不重合现象，而且由于有零基线，方便了增益测量。

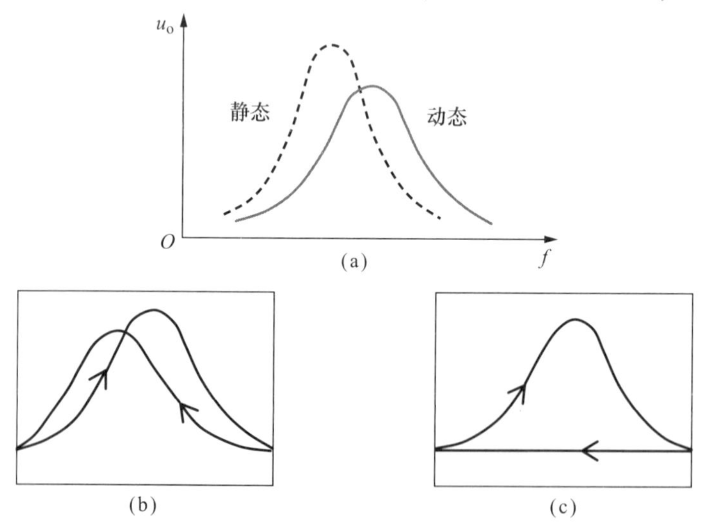

图5-3 双向扫描与单向扫描

（a）静态曲线和动态曲线；（b）双向扫描的显示；（c）单向扫描和零线显示

5.1.3 扫频测量的信号源

1. 扫频信号源的主要工作特性

频率按一定规律，在一定范围内反复扫动的正弦信号，称为扫频信号。其本质是调频信号，只是通常所说的扫频信号的瞬时频率范围（即最大频率覆盖范围），比调频信号的瞬时频率范围大许多。

扫频信号的波形如图5-4（a）所示。描述扫频信号时，常用以下3个参数。

（1）扫频宽度B_w：指一次扫频所达到的最大频率覆盖范围。

$$B_w = f_m - f_n \quad (5-1)$$

式中，f_m、f_n为一次扫频中最高瞬时频率和最低瞬时频率。

（2）中心频率f_o：指一次扫频的平均频率。

$$f_o = (f_m + f_n)/2 \quad (5-2)$$

（3）频偏Δf：指一次扫频最大频率覆盖范围的一半。

$$\Delta f = (f_m - f_n)/2 \quad (5-3)$$

对扫频信号的基本要求如下。

① 具有足够宽的扫频范围（即扫频宽度应大于被测带宽）。

② 很高的振幅平稳性（即振幅应当恒定不变，以保证u_o/u_i正比于u_o）。

③ 良好的扫频线性（以获得预定的扫频规律）。

衡量扫频信号源的性能优劣，主要用以下几个参数来表示：扫频宽度、寄生调幅、线性系数。

扫频宽度由预定要求的测量范围而定。例如，BT3C型扫频测量仪的扫频宽度大于30 MHz，一般说明书上用最大频偏$\Delta f \geq \pm 15$ MHz来表示。这个指标表明，BT3C型扫频测量仪可用来测量带宽在30 MHz以下的电路的幅频曲线。

寄生调幅是用来表示振幅的平稳性。如图5-4（b）所示，寄生调幅系数为

$$M = \frac{A - B}{A + B} \times 100\% \quad (5-4)$$

线性系数用来表示扫频振荡器的压控特性的非线性程度。如图5-4（c）所示，线性系数为

$$K = \frac{K_m}{K_n} \quad (5-5)$$

式中，K_m、K_n为压控特性$f-u$曲线的最大斜率和最小斜率。

由扫频测量法原理知，扫频信号的振幅必须保持恒定不变，因此，寄生调幅系数应当越小越好。而线性系数越接近1，则扫频线性越好。

2. 扫频信号的产生方法

产生扫频信号的方法很多，目前广泛采用变容二极管扫频。图5-5是BT3C型的扫频振荡器的电路原理图和等效电路。

由图5-5可见，这是一个电容三点式振荡电路，其振荡频率主要由电感L及变容二极管的等效结电容C_j决定。而变容二极管的结电容与所加偏压有以下近似关系：

$$C_j \approx \frac{C_{jo}}{u_r^m} \quad (5-6)$$

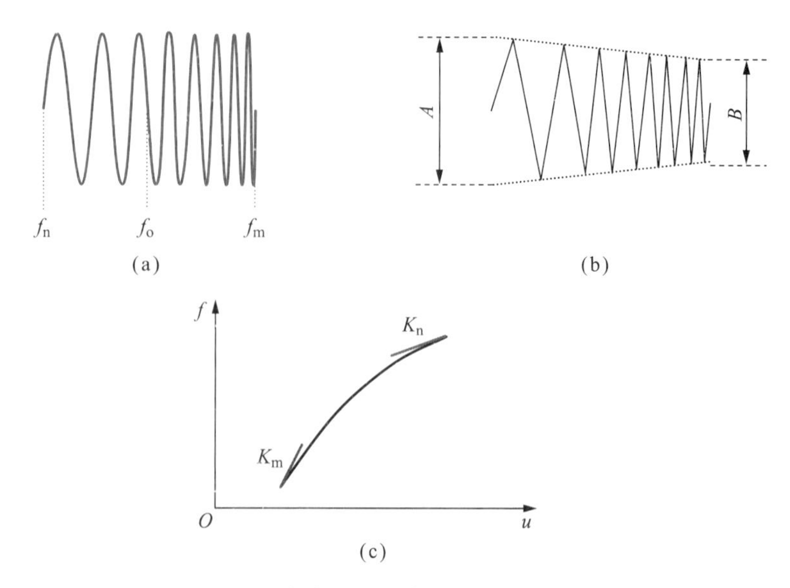

图 5-4　扫频信号、寄生调幅与压控特性

（a）扫频信号；（b）寄生调幅；（c）压控特性

式中，C_{jo}为零偏压时变容二极管的结电容；u_r 为变容二极管所加偏压；m 为电容指数，为获得线性扫频，常取 $m=2$。

则当取电容指数 $m=2$ 时，扫频振荡器的振荡频率为

$$\omega \approx \frac{u_r}{\sqrt{LC_{jo}}} \tag{5-7}$$

由上式可见，振荡频率与变容二极管所加偏压成正比。而偏压 u_r就是扫频振荡器的调制电压，即扫描电压 u_s。因此，当锯齿波电压（即 u_s）加到变容二极管上后，振荡器的频率将随 u_s电压的变化而连续变化，于是产生扫频信号。

从式（5-7）可知，在其他条件不变的情况下，扫频信号的最高瞬时频率f_m和最低瞬时频率f_n，由偏压变化的最大值和最小值而定。因而两者之差（f_m-f_n）由偏压变化的范围控制。这就是说，调节调制电压 u_r的幅度，就改变了扫频宽度。这是扫频仪中，扫频宽度的调节原理。

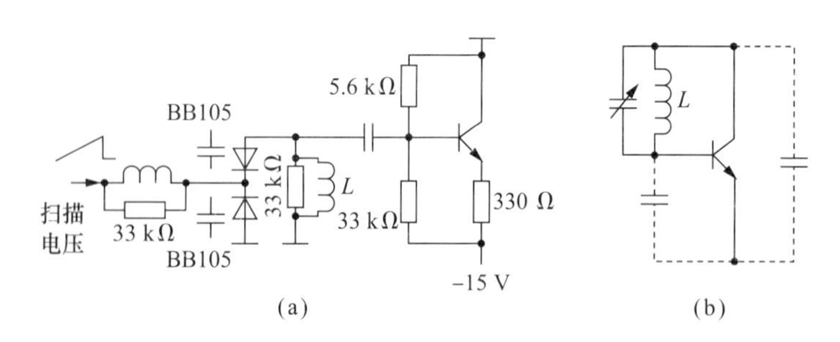

图 5-5　BT3C 型扫频振荡器

（a）原理电路；（b）等效电路

3. 获得宽频率覆盖的方法

通常把一个波段信号的最高频率f_H与最低频率f_L之比（f_H/f_L）称为波段的频率覆盖系数。但在振荡器中，覆盖系数（f_H/f_L）是受到限制的。这是因为一般振荡器采用LC作为振荡回路，而且采用调节电容（即C用可变电容）的方法来改变频率；于是可变电容的最大容量C_m与最小容量C_n之比和覆盖系数有以下关系：

$$\frac{C_m}{C_n}=\frac{f_H^2}{f_L^2} \tag{5-8}$$

由上式可见，若$f_H/f_L=2$，则要求$C_m/C_n=4$；若$f_H/f_L=3$，则要求$C_m/C_n=9$。由于可变电容的容量比（C_m/C_n）无法做得很大，所以覆盖系数通常在3以下。

扫频仪的工作频率范围是很宽的，这里是指中心频率的可调范围。例如BT3C型扫频仪的中心频率在1～300 MHz连续可调，其覆盖系数达到300。显然一般振荡器是无法实现的，通常需采用外差式电路来实现。

图5-6所示，扫频振荡器输出一高频的扫频信号，设中心频率为f_o；可调固频振荡器的频率可以手动调节，调节范围f_H～f_L。当固频振荡器的频率在f_H～f_L间变化时，输出扫频信号的中心频率将在（f_o-f_H）～（f_o-f_L）之间变化。适当选择f_H、f_L及f_o，就可以获得所需的宽频率覆盖。例如，选$f_H=199$ MHz，$f_L=100$ MHz，$f_o=200$ MHz，则扫频信号的中心频率变化范围是1～100 MHz。此时覆盖系数已达100，但固频振荡器的覆盖系数仅为$f_H/f_L\approx2$，一般振荡器是可以实现的。实际在BT3C型扫频仪中，所选频率比上例更高，以获得1～300 MHz的频率覆盖。

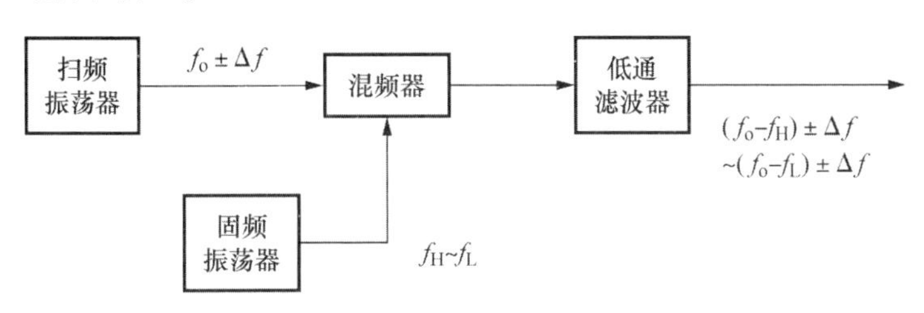

图5-6　宽频率覆盖的获得方法

从图5-6可知，扫频信号的中心频率的调节原理，是手动调节固频振荡器的频率，从而改变该频率与扫频振荡器的频率（即f_o）之差。

5.2　频率特性测试仪的组成与控制键

5.2.1　频率特性测试仪的基本组成

1. BT3C型扫频仪的组成

图5-7是BT3C型扫频仪的原理框图。由图可见，扫频仪的基本组成有扫频信号发生器和示波器两大部分。应当说，扫频仪中的“示波器”，只是使用了通用示波器的$X-Y$显示功能，因此也可以称为$X-Y$图示仪。另外，扫频仪还带有频标电路和检波探头等。检波探头的作用是对被测电路输出电压实行包络检波，以获得幅频曲线图形信号。频标电路的作

用见 5.2.2 节的内容。

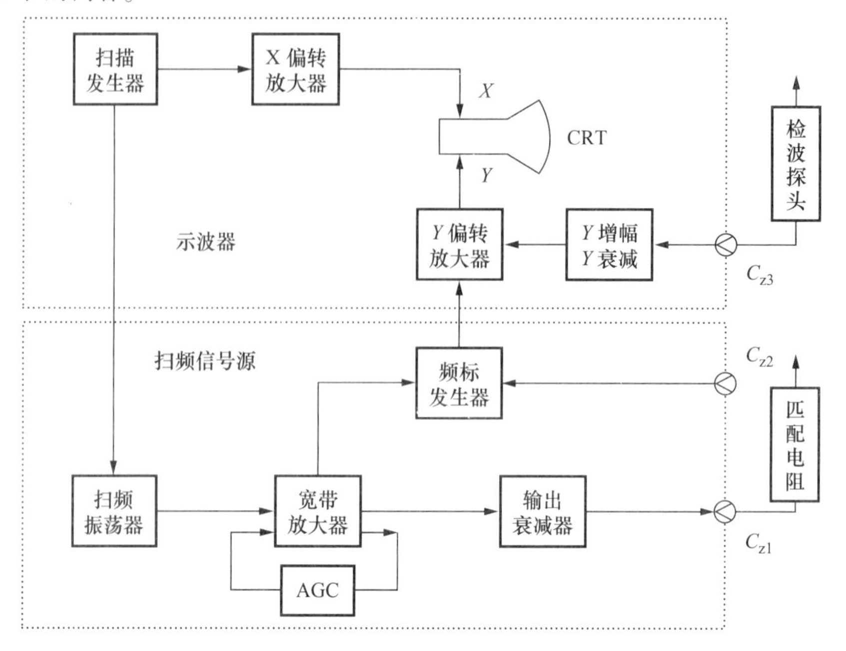

图 5－7　BT3C 型扫频仪原理框图

2. 扫频信号发生器

在 BT3C 型扫频仪中，扫频信号发生器采用外差式电路。其中，扫频振荡器电路如图 5－5 所示，而固频振荡器电路与它基本相同。在扫频振荡器电路中，变容二极管所加偏压是扫描电压，从而产生一个高频的扫频信号；而在固频振荡器电路中，变容二极管所加偏压是直流电压（该电压即调整中心频率的电压），从而产生一个固定频率的信号。扫频信号和固频信号经混频选出差频信号，就得到所需频率范围的扫频信号。

应当指出，上面所说的扫频信号的频率范围，是一次扫频的频率范围，也就是从屏幕上看到的曲线图的频率范围。此频率范围就是扫频宽度，其大小由扫频振荡器中调制电压（即扫描电压）的幅度来调节。该频率范围的中间频率就是中心频率（f_o），而中心频率的大小则是由固频振荡器中，变容二极管的直流偏压来调节。如前所述，中心频率可以在很宽的频率范围内调节，例如 BT3C 型扫频仪的可调范围是 1～300 MHz。

在实际测试时，不同的被测电路，所要求的输入信号大小也不同。为了得到不同幅度的扫频信号输出，在扫频信号发生器的输出端，接有粗调和细调两组衰减器。衰减器是由电阻构成的分压器，有准确的衰减系数，两组分压器均采取步进调节衰减系数。

3. 示波器部分

在扫频仪中，示波器部分是幅频曲线的显示部分，其构成如图 5－7 中上部虚线框内所示。从图中可见，CRT 示波管加上 X 偏转和 Y 偏转两个放大器，就是一个 $X-Y$ 图示仪。再加上扫描发生器后，其组成与示波器基本相同。但是它毕竟不是真正意义上的示波器，与通用示波器相比较：其一，这里的扫描发生器所产生的扫描电压频率是固定不变的（常用市电频率 50 Hz）；其二，组成中没有同步触发电路。关于幅频曲线的显示原理，前面已作介绍，这里不再赘述。

5.2.2　频标信号产生电路

1. 频标电路的组成

频标是一种标示频率刻度的特定图形。利用频标可以读出幅频曲线上各点的频率值。频标的图形有多种形状，菱形是其中一种。菱形频标的产生电路较简单，但其宽度较大，读取的频率值准确度不够高。一般在高频扫频仪中采用此种频标，BT3C 型扫频仪即是如此。

BT3C 型扫频仪的频标信号产生电路的组成框图如图 5－8 所示。

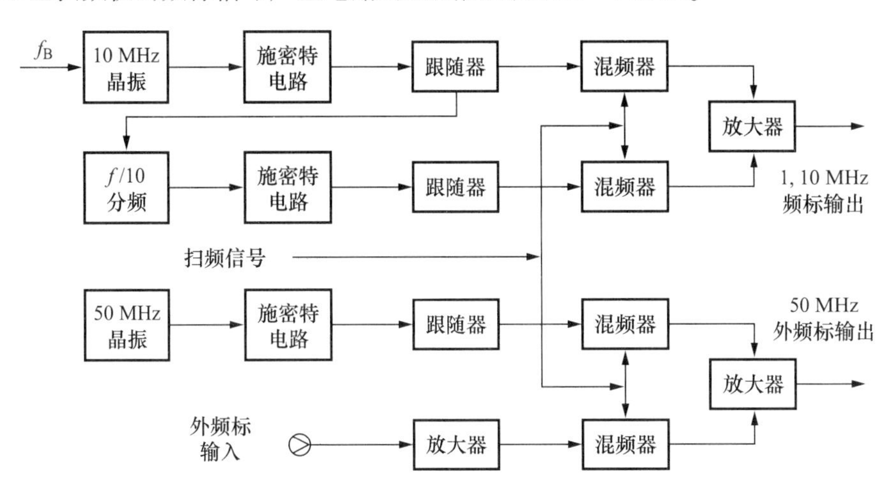

图 5－8　BT3C 型扫频仪频标产生电路的组成框图

在电路中有两个晶体振荡器，分别产生 10 MHz 和 50 MHz 的标准频率。其中 10 MHz 的频标又经 10 分频后得到 1 MHz 的标准频率。三个频标信号分别通过混频，得到菱形的频标信号再送至 Y 放大器，因而使频标叠加在幅频曲线上显示出来。

其中，1 MHz 和 10 MHz 的频标是同时显示的，但用不同的幅度（后者幅度大于前者）加以区别。外频标和 50 MHz 的频标，以及 1，10 MHz 的频标由频标选择开关控制。使用外频标时，可从外部加入自选的频标信号，要求输入电压大于 0.5 V。

2. 菱形频标的形成原理

菱形频标是用差频法获得的，其形成原理和主要工作波形如图 5－9 所示。

从图 5－8 中可以看到，晶振虽只产生一个频标信号（如图中 f_B = 10 MHz），但经谐波发生器后，频标数目将变为 10 MHz，20 MHz，30 MHz，…，300 MHz 30 个以上。在混频器之后接有一个低通滤波器，它只允许频率在 100 kHz 以下的信号通过。虽然 30 个频标都将与扫频信号混频，但混频后的各种频率成分，绝大部分都高于 100 kHz，不能通过低通滤波器。然而，当扫频信号频率接近某一频标时，会产生如下变化：图 5－9（b）中的波形①是频率从9.9 MHz变化到 10.1 MHz 时的扫频信号，该扫频信号与 10 MHz 频标的差频波如波形②，这个差频正好在 100 kHz 以下，可以通过低通滤波器。由于低通滤波器与其后的放大器的频率特性是一个窄带放大器，因此放大后的输出波信号如波形③所示。显见在波形③的中点处的频率正是10 MHz。因该图形的整体形状如菱形，故被称为菱形频标。

同理，当扫频信号 f = 9.9 ~ 40.1 MHz 时，扫频信号在频率从低端至高端变化的过程中，将依次与 10 MHz、20 MHz、30 MHz、40 MHz 这 4 个频标信号混频。因它们的差频在

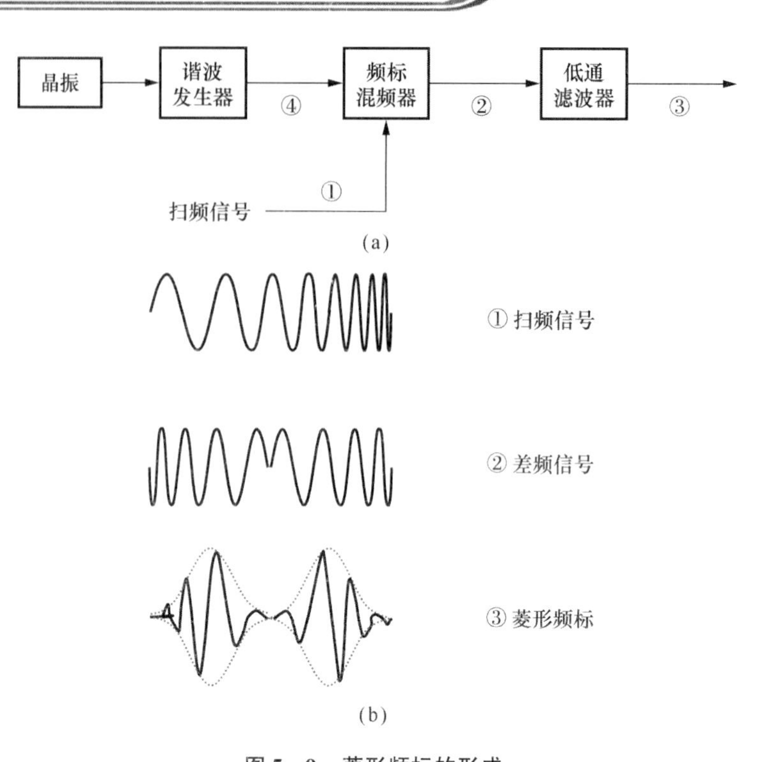

图5－9　菱形频标的形成

（a）菱形频标的产生；（b）菱形频标的形成

100 kHz以下，故而能通过低通滤波器，形成如图5－9所示的菱形频标。而这4个频标信号被送至Y放大器与曲线图形信号一同放大，并叠加在曲线图上显示出来。频标出现的位置是与4个频标一一对应的。

5.2.3　BT3C型扫频仪的控制键

BT3C－A型扫频仪的面板如图5－10所示。

1. 主要控制键

1）扫频信号源部分

中心频率：调节扫频信号的中心频率。调节原理：调节固频振荡器中变容二极管的直流偏压，使其振荡频率改变，从而使输出的扫频信号（差频信号）中心频率改变。

扫频宽度：调节一次扫频的频率范围。调节原理：调节扫频振荡器中调制电压（扫描电压）的幅度，从而改变频率变化的范围。

输出衰减：调节扫频信号的输出幅度。调节原理：在扫频信号源的输出端，接入两组步进的电阻分压器，使输出幅度衰减。其中，粗调从0至70 dB，按10 dB步进；细调从0至10 dB，按1 dB步进。衰减器有准确的衰减系数（分压比），可以保证在测量增益时得到准确的读数。

2）示波器部分

*Y*位移：调节曲线的垂直位置。调节原理：调整示波管*Y*偏转板的附加直流电压，从而改变电子束垂直偏转的角度，使曲线的垂直位置变化。

*Y*增幅：调节曲线的垂直幅度。调节原理：采用电位器作为连续可调分压器，调整电位

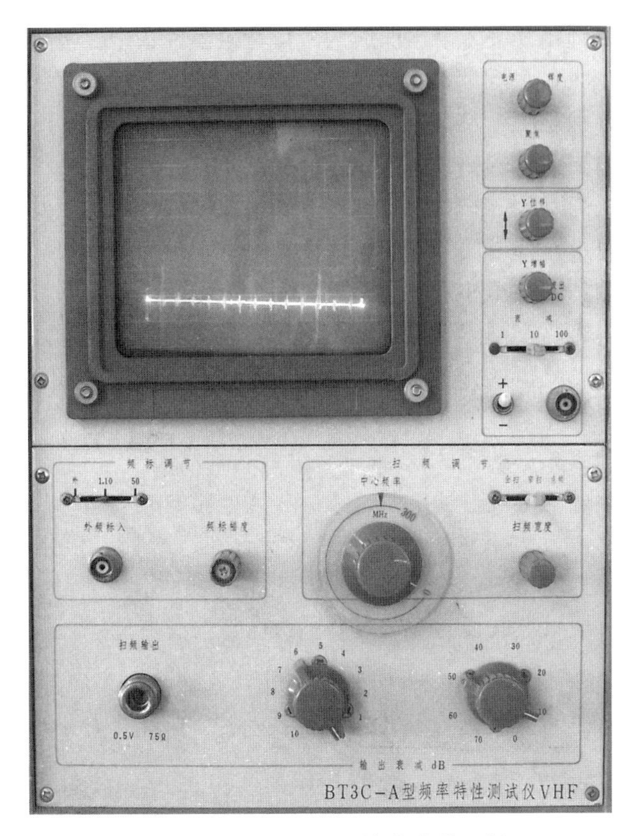

图 5-10　BT3C-A 型扫频仪的面板

器的位置，可改变输入图形信号的幅度大小，使显示的曲线幅度变化。

使用扫频仪时，必须调节的控制键是以上 5 个。其中，中心频率应由被测电路带宽的中点频率来选定；扫频宽度应根据被测电路的带宽来选择。特别应注意的是，输出衰减的挡位选择，应当让该挡输出的扫频信号幅度，与被测电路实际输入的信号幅度相近，以免因信号过强而造成曲线畸变，甚至损坏被测电路。至于 Y 位移和 Y 增幅，可根据显示的曲线以及测试的需要来调整。

2. 其他控制键

辉度：调节曲线图形的亮度。调整示波管中控制极的电位，以改变电子密度，从而改变光点迹线的亮度。在扫频仪中，该键可调至最亮位置。

聚焦：调节曲线图形的清晰度。调整示波管中聚焦极的电位，使电子束聚焦点落于荧光屏上。一般情况下，该键一次性调好后不必再动。

Y 衰减：衰减示波器的输入信号的幅度。该控制键是一个开关，有 1、10、100 三挡。实际电路是一组步进的电阻分压器，对 Y 增幅电位器送来的信号进行 1 倍、10 倍、100 倍衰减。应根据被测电路输出信号的幅度大小，选择合适的挡位。

耦合方式：选择图形信号与 Y 放大器的耦合方式。该控制键是一个推拉式开关，设有 AC、DC 两个挡位。拉出时为 DC 耦合，此时调节 Y 增幅，仅曲线位置变化而零线位置不变；按入时为 AC 耦合，此时调节 Y 增幅，曲线和零线的位置同时反方向变化。

影像极性：用来改变曲线在零线的上、下方位。该控制键是一个开关，有“+”“-”

两挡。实际电路是一个倒相开关。由于曲线的方位与检波探头中二极管接法相关，因此不一定是在“+”的挡位时曲线位于零线上方。在测试鉴频曲线时，因零线的上下方均有曲线，应通过转换此开关来分别观测。

扫频方式：选择输出信号的扫频方式。该控制键是一个开关，在BT3C型扫频仪中设有扫频、点频两挡。设置为点频方式时，扫频振荡器不加调制电压，因此扫频信号发生器只输出一个点频信号。此时可作普通信号发生器使用。

频标选择：选择频标的频率和来源。BT3C型扫频仪的频标选择有三个挡位：“1，10”挡有两种频标同时显示，以不同的频标幅度区别。小频标之间频率间隔为1 MHz，大频标之间频率间隔为10 MHz。测量时应置于此挡。“50”挡的频标之间的频率间隔为50 MHz，该挡用于寻找50～300 MHz之间的中心频率的位置。“外”是指频标信号由扫频仪外部输入，此时可根据需要选择适当频率的频标信号。

频标幅度：调节频标的幅度。通过调整频标放大电路的放大量，从而调节频标图形的幅度。菱形频标图形的宽度较大，对幅频曲线的形状有一定影响，频标幅度越大，其影响越大。因此使用中，频标幅度不要调得太大。

以上8个控制键一般只在必要时才进行调整，通常情况下选定好位置后无须再作调整。

5.3 扫频仪的使用

扫频仪的基本用途是显示电路的幅频特性。而增益和通频带是表征电路特性的最主要的参数指标。本节将讨论使用扫频仪测试电路的幅频特性、增益和通频带以及扫频仪使用之前的自检。

5.3.1 扫频仪的自检

1. 测试电缆

BT3C型扫频仪配有三根测试用的电缆。

（1）匹配输出电缆：是扫频信号源的输出电缆，在电缆的终端接有75 Ω的电阻，以获得与扫频信号源输出阻抗的匹配。

（2）检波输入电缆：是示波器的输入电缆，在电缆的前端（即探头中）装有包络检波器。当被测电路中不带有检波时，需使用此电缆作为输入电缆。

（3）输入电缆：也是示波器的输入电缆，但在电缆中没有检波器。当被测电路中带有检波输出时，应当使用此电缆作为输入电缆。例如，测鉴频器的鉴频曲线时，应使用它。另外，此电缆又可作为外频标的输入电缆。

使用时，两根输入电缆应根据上面的描述选择其中之一。

2. 自检的步骤

使用扫频仪测试之前，应对其进行自检。通过自检，可以判断扫频仪是否工作正常。自检的步骤如下。

首先，将匹配输出电缆接到扫频信号源的输出插座，将检波输入电缆接到示波器的输入插座。打开电源开关，并将辉度旋钮旋至最右（顺时针旋至极限）。约1 min后，调 Y 位移使屏幕上出现一条水平线，再调聚焦旋钮使水平线最清晰。然后进行以下操作。

（1）将扫频方式置于“扫频”挡位，扫频宽度置于中间，中心频率置于低频段。

（2）将 Y 衰减置于1的位置，输出衰减置于20 dB（粗调与细调之和）的位置。

（3）将两根电缆对接（地线接地线，探针接探针），屏幕上应出现一个矩形图形*。

（4）调 Y 位移，让矩形的下边线与屏幕坐标的下端水平线对齐。

（5）将耦合方式开关拉出，调 Y 增幅至矩形的上边线在屏幕坐标的上端水平线附近。

注：*号所指矩形图形是零电平线处在下边。若零线在上边，则应扳动影像极性开关使零线转至下边。

然后，可按下述自检项目进行检查。

3. 自检的项目

自检可以检查以下几个项目。

（1）扫频信号的幅度检查。按上述步骤操作，若将 Y 增幅旋钮旋至最大，矩形图形的垂直幅度可达8格以上（或将扫频方式置为点频，用超高频毫伏表测量输出电压，其有效值应大于0.5 V）。若小于8格，说明扫频信号源的输出幅度不正常，或某根电缆接触不良；若调节 Y 增幅旋钮，屏幕显示始终是一条水平线，则说明无扫频信号输出。

（2）频标图形的幅度检查。将频标选择旋钮置于“1，10”挡，将频标幅度旋钮旋至最右，在矩形图形的上边线上，有两种不同幅度的菱形频标，且幅度足够大。当调节频标幅度旋钮时，菱形的幅度随之变化。

若幅度旋钮旋至最右时，频标幅度仍很小，或根本无频标，说明频标电路不正常。

（3）扫频宽度的范围检查。中心频率在15 MHz附近，将扫频宽度旋钮旋至最右时，屏幕上显示的频标个数不少于30个。调节扫频宽度，频标个数随之变化。

（4）中心频率的范围检查。从0频开始，调节中心频率旋钮，让频标向左移动；通过屏幕中心（垂直中心线）的10 MHz频标的个数不少于30个。

频率值的读出：屏幕上的频标图形只是一个频率标尺的刻度，它仅表示出两个频标之间的频率差值，具体频率值须按以下方法读出。

首先调节中心频率旋钮，在频率低端附近找到如图5－11（a）所示的V形图形，该V形处即0频。在它右边的第一个小频标的频率值为1 MHz，第二个小频标的频率值为2 MHz，其余类推。由此可读出右边的第一个大频标频率值为10 MHz，第二个大频标频率值为20 MHz，依此类推。当需要找的中心频率很高时，可按下面的方法进行：例如，电视机中图像中频为38 MHz。调节中心频率旋钮，让频标向左移动，找到第四个通过屏幕中心的大频标，该频标左边第二个小频标的频率值即为38 MHz。

（5）寄生调幅系数的检查。扫频宽度调到额定的±15 MHz频偏，如图5－11（b）所示，读其最大值 A 和最小值 B，按式（5－4）计算调幅系数。

在整个频率范围内 $M \leqslant 10\%$。测试时，要求两根电缆的探针接线和地线尽量短且接触良好，最好用镀银线将两根电缆的探头绑在一起。否则测出的调幅系数会增大。

（6）扫频非线性系数的检查。将扫频宽度调到额定的±15 MHz频偏，如图5－11（c）所示，分别读出中间频标（即 f_o）与低端频标（即 f_n）、高端频标（即 f_m）之间的距离 A、B，按下式计算非线性系数：

$$K_r = \frac{A-B}{A+B} \times 100\% \tag{5-9}$$

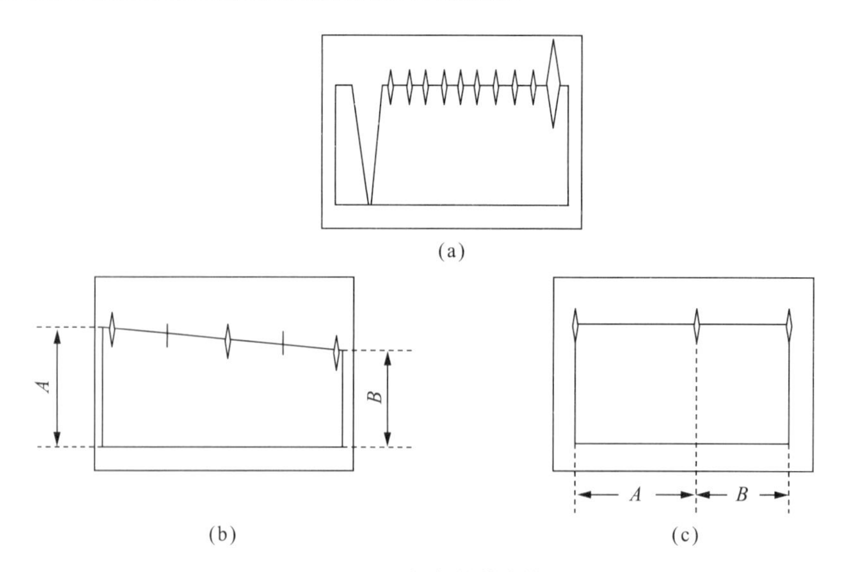

图5－11　扫频仪的自检

（a）频标值的读出；（b）调幅系数检查；（c）非线性系数检查

5.3.2　增益的测量

1. 增益测量原理

使用BT3C型扫频器测量增益需进行两次测量：第一次是直接将示波器的检波探头与扫频信号源的输出电缆相连，将输出衰减旋钮旋至适当部位（设衰减量为 $-K_1$），调节Y增幅使矩形框垂直高度为一定值（可选6～7格）；第二次接入被测电路，并增大输出衰减，在Y增幅不动的情况下，细调衰减使此时的曲线高度与第一次的相等。若第二次的总衰减量为 $-K_2$，被测电路的增益为 A，则因两次测量中只有衰减量的改变和被测电路的加入（如图5－12所示），所以两次测量中衰减量之总和是相等的，即 $-K_1=-K_2+A$。故有

$$A=K_2-K_1 \tag{5-10}$$

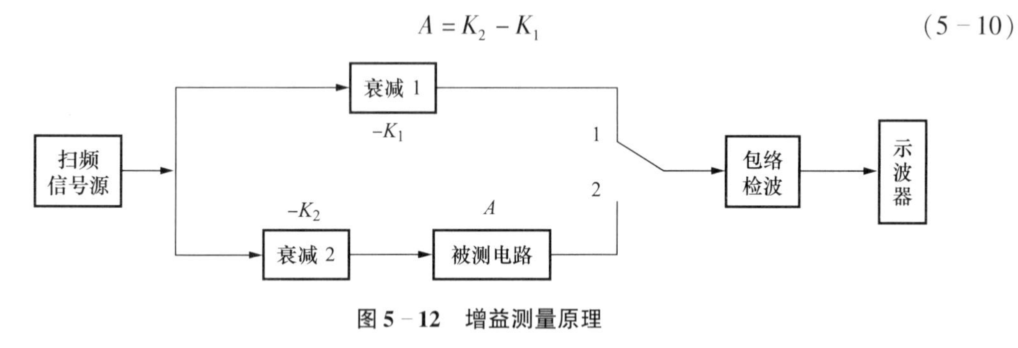

图5－12　增益测量原理

这里应说明，第二次测量的总衰减量 $-K_2$ 可以包括 Y 衰减的变化。但扫频仪上 Y 衰减是以倍数表示衰减量，应先换算成分贝数。

2. 增益测量实例

[例5－1]　测试调频收音机的中频放大器的增益。

例：操作步骤如下。

（1）将中心频率调至10.5 MHz，扫频宽度调在±5 MHz，输出衰减设置为20 dB，将 Y

衰减设置为 1。将检波输入电缆接在示波器的输入座上，并与输出电缆对接。调 Y 增幅旋钮使矩形框垂直高度为 7 格，并调 Y 位移旋钮使零线与坐标下端线对齐。

（2）将输出衰减的粗调设置为 40 dB，细调设置为 5 dB 左右。再将检波输入电缆接到中频放大器的输出端，输出电缆接到中频放大器的输入端，然后调整输出衰减的细调，使显示的曲线高度仍为 7 格。记下此时细调的读数（比如读数为 2）。

则增益 $A=(42-20)\,\text{dB}=22\ \text{dB}$。

5.3.3　通频带的测量

1. 通频带测量原理

通常用通频带来衡量一个电路的频率响应特性，一般所指通频带是 -3 dB 带宽，即上限截止频率 f_H 与下限截止频率 f_L 之差。

这里的 f_H 和 f_L 是指，增益下降为 $\frac{1}{\sqrt{2}}$ 时所对应的两个频率值。即通频带为

$$B_w=f_H-f_L \tag{5-11}$$

如图 5-13 所示，先选定好中心频率和适当的扫频宽度，并让屏幕上显示出被测的幅频曲线；再确定 f_H 和 f_L 的位置，并读出它们的频率值；然后按式（5-11）计算出 B_w。

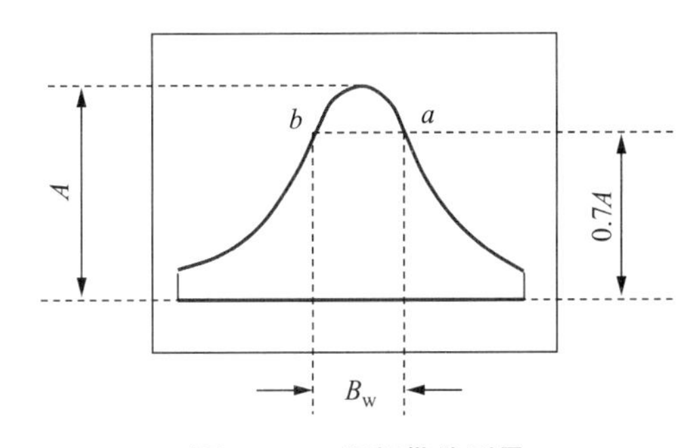

图 5-13　通频带的测量

这里应说明，根据通频带的定义 $B_w=f_H-f_L$，可以从屏幕上直接读出两个截止频率点之间（即 a、b 两点之间）的频率差，而不必读出 f_H 和 f_L 的具体频率值。

2. 通频带测量实例

［例 5-2］　测量调频收音机的中频放大器的通频带。

例：操作步骤如下。

（1）将中心频率调至 10.5 MHz，扫频宽度调为 ±2 MHz，输出衰减调为 45 dB 左右，Y 衰减置 1。再将检波输入电缆接到中频放大器的输出端，输出电缆接到中频放大器的输入端，调 Y 增幅使幅频曲线垂直高度为 7 格，并调 Y 位移使零线与坐标下端线对齐。

（2）微调扫频宽度，使 10 MHz 与 11 MHz 两个频标的水平距离正好为 5 格。

（3）找出幅频曲线上与零线垂直距离为 5 格的两点（见图 5-13 中 a、b 两点），读出它们的水平距离（比如读数为 3 格）。

则 $B_{ab}=3/5\ \text{MHz}=0.6\ \text{MHz}$。这里的 B_{ab} 即通频带 B_w，理由如下：

因曲线的垂直高度为 7 格，设增益为 100%；而 a、b 两点的垂直高度为 5 格，则增益为 5/7。即 a、b 两点就是 f_H 和 f_L 的对应点，因此两点间的频率差 B_{ab} 即通频带 B_w。

5.4　数字频率特性测试仪

5.4.1　数字频率特性测试仪的工作原理

1. 直接数字合成频率源

传统的模拟信号源，是直接采用振荡器来产生信号波形的。而直接数字合成（DDS）是以高精度频率源为基础，用数字合成的方法产生一连串带有波形信息的数据流，再经过数模转换器产生出一个预先设定的模拟信号。

如合成一个正弦波信号，首先将 $y=\sin x$ 进行数字量化，然后以 x 为地址，以 y 为量化数据，依次存入波形存储器。在每一个采样时钟周期中，都把一个相位增量累加到相位累加器的当前结果上，通过改变相位增量，即可以改变 DDS 的输出频率值。根据相位累加器输出的地址，由波形存储器取出波形量化数据，经过数/模转换器和运算放大器转换成模拟电压。再经过低通滤波器滤除高次谐波，即获得连续的正弦波输出。

DDS 使用相位累加技术来控制波形存储的地址，而由于波形数据是间断地取样数据，所以 DDS 发生器输出的是一个阶梯正弦波，需经过低通滤波器滤波，才能得到连续正弦波。数/模转换器内部带有高精度的基准电压源，因而输出波形具有很高的幅度精度和幅度稳定性。

2. SA1030 型数字频率特性测试仪的工作原理

SA1030 数字频率特性测试仪的原理如图 5－14 所示。

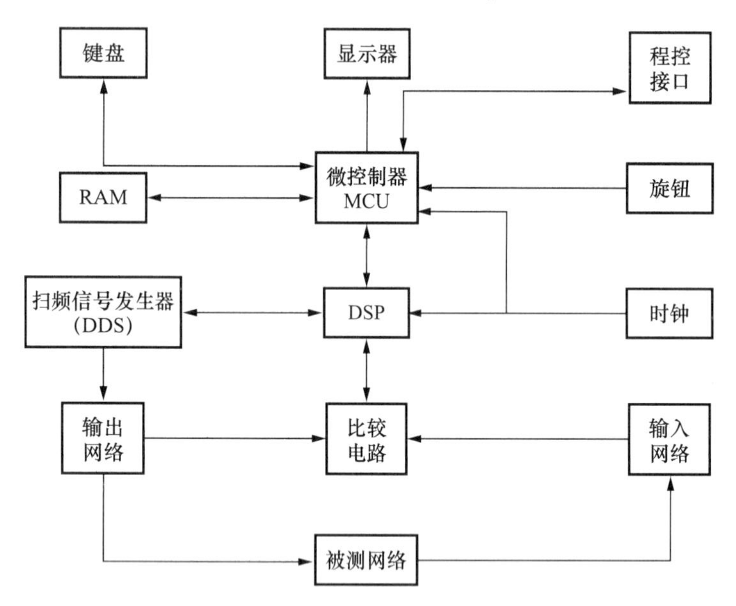

图 5－14　SA1030 型数字频率特性测试仪原理框图

电路主要分为以下两部分。

（1）以微控制器（MCU）为核心的接口电路。用于完成控制命令的接收，特性曲线的显示，测试数据的输出。

（2）以 DDS 为核心的测试电路。用于完成扫频信号的产生，扫频信号输出幅度的控制，输入信号幅度的控制，特性参数的产生。

MCU 将接收到的控制命令传递给 DSP，DDS 电路在 DSP 的控制下产生等幅的扫频信号，经输出网络输出到被测网络，被测网络的响应信号，通过输入网络处理后送至比较电路，DSP 将比较电路测得的数据处理后送到 MCU，显示电路再在 MCU 的控制下显示出特性曲线。

3. 操作控制工作原理

仪器是由微处理器通过接口电路去控制键盘及显示部分，当有按键被按下时，微处理器识别出被按键的编码，然后转去执行该键的命令程序。显示电路将仪器的工作状态、各种参数以及被测网络的特性曲线显示出来。

面板上的旋钮可以用来改变光标指示位的数字，每转 15°，可以产生一个触发脉冲，由微处理器判断出旋钮是左旋或是右旋，若左旋则光标指示位的数字减 1，若右旋则数字加 1，并且可连续进位或借位。因此仪器操作时，既可使用键盘，也可使用调节手轮。

5.4.2 SA1030 型数字频率特性测试仪的使用方法

1. 面板说明

SA1030 型数字频率特性测试仪面板如图 5－15 所示。由图可见，面板分为键盘区和显示区两大部分。

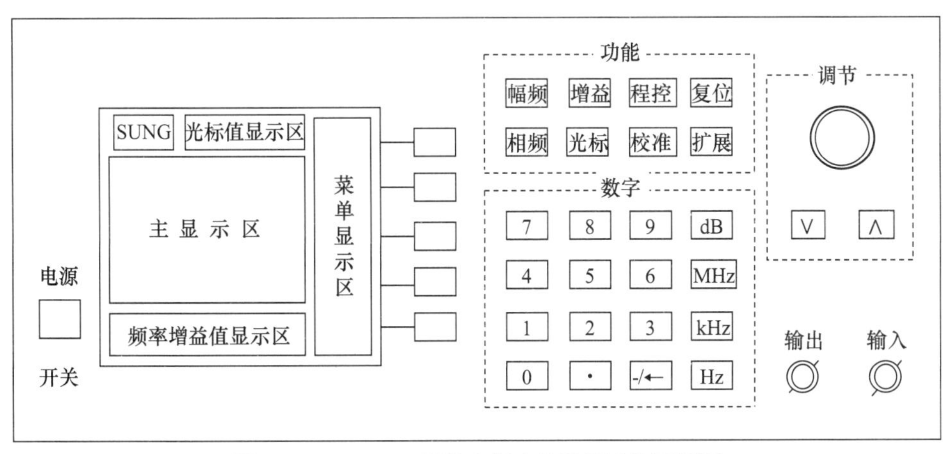

图 5－15 SA1030 型数字频率特性测试仪面板图

键盘区又分为以下 4 个区域。

1）功能区

功能区共有 8 个按键，分上下两行。但其中“相频”和“扩展”是空键。其余 6 个键的菜单及操作，在下面的操作方法中说明。

2）数字区

数字区共有 16 个键，排成 4×4 的方阵。除 0～9 十个数字外，另有小数点和负号两键，以及 dB、MHz、kHz 和 Hz 四个单位键。

3）调节区

调节区共设有∧和∨两个按键和一个调节手轮。

4）子菜单区

子菜单区设有5个按键，由菜单显示区指明其功能。

显示区亦分为4个区域。

（1）主显示区：显示幅频曲线和光标。

（2）菜单显示区：分别显示各个功能键的菜单，其菜单项目由各键而定。

（3）光标值显示区：显示光标的频率和增益值。

（4）频率增益值显示区：显示始点和终点的频率，大格代表分贝数。

2. 操作方法

本仪器主要操作的功能键是“幅频”“增益”“光标”三键。

（1）按下“幅频”键，显示子菜单：“幅频线性”“始点频率”“终点频率”“中心频率”“带宽频率”。

“幅频线性”：分为线性、对数、点频三挡，默认为线性。一般选“线性”。

其余四个频率表示显示的是具体频率值，选两个输入即可。

（2）按下“增益”键，显示子菜单：“增益对数”“输出衰减”“输入衰减”“增益基准”和“增益每格分贝”。

本仪器“增益每格分贝”为10 dB/div，不可调。“增益对数”也不可调。

“增益基准”：由主显示区中左上角光标指示，可用按键调节或手轮调节。

“输出衰减”：0～60 dB可调，以曲线顶部低于基准光标10 dB为宜。

“输入衰减”：0～30 dB可调，由曲线幅度选定。

（3）按下“光标”键，显示子菜单：“光标常态”和“光标差值”，是光标值为独立或差值的选择按键。

“选择”：即选择1、2、3、4、5共5个光标中的一个，可随意选择打开。

“光标开关”：选择某号光标的开或关。

以上是三个主要功能键的调节与选择。这里有一操作解释：反亮显示——正常显示时为蓝底白字，反亮显示时为白底蓝字。按某键能反亮显示时，表示该键可以调整，否则不能调整。

与普通扫频仪一样，测试项目主要是显示幅频曲线、测量增益、测量通频带。但本仪器显示的曲线的纵轴是对数刻度，这与BT3C型扫频仪线性刻度是不相同的。因此用两种仪器测量同一电路，显示的幅频曲线是不一样的。如图5－16所示是使用SA1030型数字频率特性仪测量调频收音机中放大电路显示的幅频曲线，其幅度没有用BT3C型扫频仪测量的幅频曲线高，而且也没有零电平线。

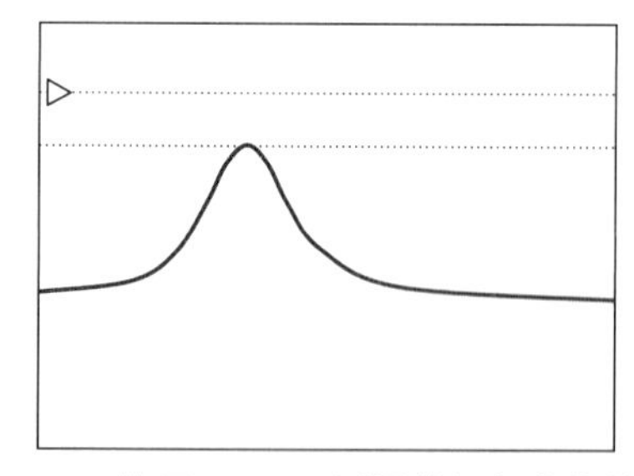

图5－16　使用*SA1030*测量的幅频曲线的显示

[**例5-3**]　测试低通滤波器。

解：操作步骤如下。

(1) 打开仪器电源开关，等待菜单显示区显示出相应数值（因本仪器带宽较窄，可以不改变仪器的默认设定值）。

(2) 将仪器的输入测试线接在低通滤波器的输出端，输出测试线接在低通滤波器的输入端（此时主显示区将显示出低通特性曲线）。

(3) 按下“增益”键，子菜单区显示出5个项目。

(4) 按下“输出衰减”键，调节手轮使特性曲线在零位基准光标值以下10 dB。

(5) 按下“光标”键，再按下“选择”键，选择光标1，此时光标1应处于打开状态。

(6) 调节手轮使光标位于曲线增益最高处（此时光标值显示区显示出光标处的频率值和增益值）。

至此，低通特性曲线和增益值已测出。若需测上截止频率，调光标至增益下降3 dB处即可从光标值显示区读出。

5.5　频谱分析仪的基本功能及使用

5.5.1　通用频谱分析仪的基本功能

频谱分析仪是测量在一定的频段范围内有多少信号，每一种信号的强度以及所占的带宽有多少，是可以进行全景显示的一种仪器，它是由简单的本振全景接收机发展而成的。目前在微波通信网络、雷达、导航、电子对抗、频率管理、信号监测等领域应用广泛。

频谱分析仪基本原理如图5-17所示。

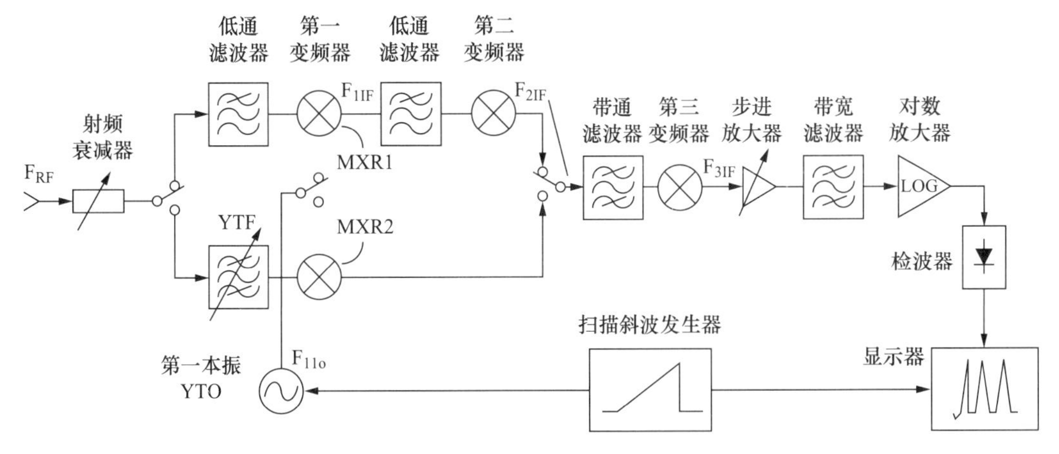

图5-17　频谱分析仪基本原理框图

下面以Advantest公司的R3131型频谱仪为例介绍频谱仪的基本功能与应用。

Advantest公司的R3131型频谱仪是高性能的低成本便携式频谱分析仪，采用Advantest公司新开发的直接数字合成技术，频率覆盖范围为9 kHz~3 GHz，是无线通信、射频分析、

EMC 测试的得力工具。

1. 特点

内置有数字无线通信测试所要求的高精度占用带宽（OBW）、邻道功率（ACP）、功率测量功能；采用合成方式的本机振荡器，频率稳定性高；采用直接数字合成方式，提高带宽精度；具有校正功能，提高电平精度；具有自动调谐功能，改善操作性能；具有自动校准功能，保证总电平的精度；标准接口：GP－IB、RS232C、软盘驱动器；计数、功率测量时，采用大文字显示其结果；丰富的 EMC 测量功能；系统高速化：GP－IB 轨迹传送速度极高。

2. 主要功能

（1）自动调谐功能：在 3 GHz 频带内，搜索最大电平信号并自动进行中心频率的设定。

（2）计数器功能：通过内置的频率计数器进行频率测量，测量分辨率可以在 1 Hz ~ 1 kHz之间选择。

（3）功率测量功能：能够测量扩频信号在规定带宽内的功率以及多载波信号的总功率，还可进行无线通信发信机特性测试中所必需的占有频率带宽（OBW）及邻信道泄漏功率（ACP）的测量。

（4）门扫描功能：利用 EXT TRIGIN（外部触发输入）端口，输入与脉冲信号同步的触发信号，通过门扫描功能对脉冲信号进行分析。

（5）存储/调用功能：可以存储/调用测试过的波形数据及测试条件。

（6）通过/失败功能：在显示屏上用窗口设置电平轴的门限范围，显示通过/失败判定结果。

（7）丰富的其他测量功能：标准配备了 X dB 衰减功能，为噪声测量、AM 调制度测量、2 次及 3 次谐波失真测量以及滤波器的截止频率测量等，提供了方便。

（8）EMC 测量：这是测量各种电子仪器发射的有害电磁波的功能，依据 CISPRPub. 16－1 标准，内置有 9 kHz/120 kHz RBW 和准峰值（QP）检波器，从 PHONE 插孔还可输出 AM/FM 检波信号，可用来识别被噪声干扰的广播信号。

3. 技术指标

（1）频率范围：9 kHz ~ 3 GHz，50 Ω。

（2）频率基准精度：±2 ~ ±5 ppm/使用温度范围内。

（3）分辨率带宽（3 dB）：1 kHz ~ 1 MHz，1 ~ 3 STEP。

（4）视频带宽：10 Hz ~ 1 MHz，1 ~ 10 STEP。

（5）振幅测量范围：20 dBm－平均显示噪声电平。

（6）显示范围（对数）：10 dB/div，8 div，1 dB/div，2 dB/div，5 dB/div，10 div。

（7）平均噪声电平：-113 dBm $+2f$（GHz）dB。

（8）2 次高频失真：$\leqslant -70$ dB。

（9）2 信号 3 次失真：$\leqslant -70$ dB。

5.5.2 通用频谱分析仪的基本应用

Advantest 公司的 R3131 型频谱仪实物如图 5－18 所示。

前面板部分包括前面控制板详细的视图、按键解释和显示在那些图片上的连接器，共分

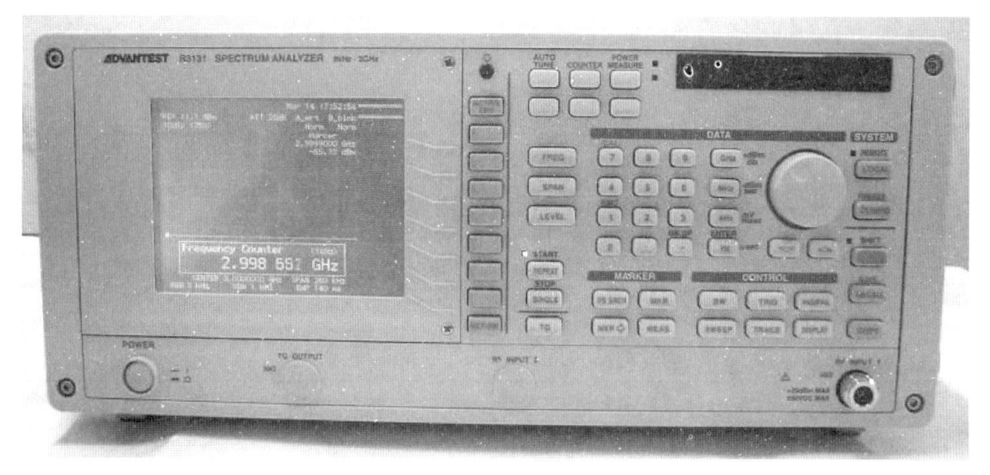

图 5-18 *R*3131 型频谱仪实物

为 9 个部分，如下所述。

（1）显示部分，如图 5-19 和表 5-1 所示。

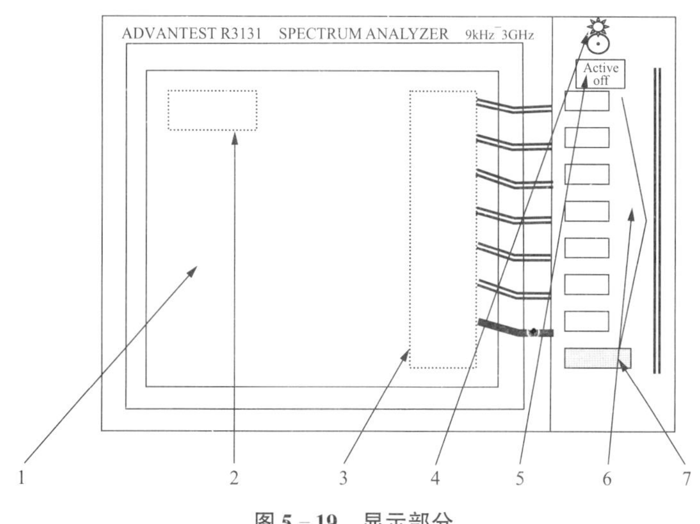

图 5-19 显示部分

表 5-1 显示部分

控　制		描　述
1	液晶显示（LCD）	显示轨迹和测试数据
2	活动区域	显示输入数据和测试数据
3	软菜单显示	显示每个软按键的功能（同时一直到 7）
4	对比度控制	校准显示亮度
5	Active OFF 键	关掉活动区域移开任何显示的信息
6	软按键	7 个键相对于显示在左边的软菜单；按一个软按键选择相应的菜单项目
7	RETURN 键	用于返回屏幕显示到分级软菜单结构的上一级菜单

（2）电源开关/连接器部分：如图5－20和表5－2所示。

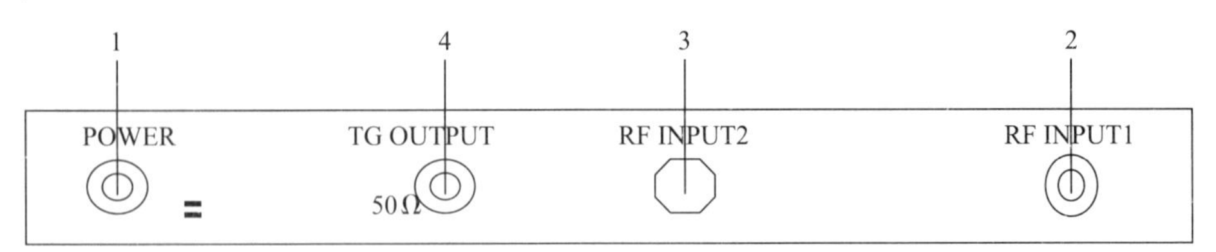

图5－20　电源开关/连接器部分

表5－2　电源开关/连接器部分

控制		描述
1	POWER开关	转动电源的开或关
2	RF INPUT1连接器	N－型输入连接器50 Ω 分析器输入连接器：频率范围是9 kHz～3 GHz 最大输入电平是＋20 dBm（INPUT ATT≥20 dB）或±50 VDC最大（R3131型） 最大输入电平是＋30 dBm（INPUT ATT≥30 dB）或±50 VDC最大（R3131A型）
3	RF INPUT2连接器	（未使用）
4	TG OUTPUT连接器	TG输出连接器 频率范围是100 kHz～3 GHz 仅当选项74被装备时才有效

（3）软盘驱动部分，如图5－21和表5－3所示。

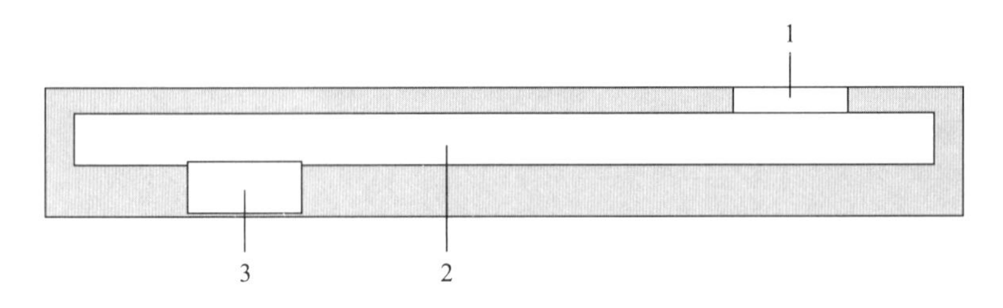

图5－21　软盘驱动部分

表5－3　软盘驱动部分

控制		描述
1	驱出按钮	用于从驱动器中弹出软盘
2	软盘驱动门	在这里插入软盘
3	通路灯	当软盘正进入驱动器中开启

（4）MEASUREMENT部分，如图5－22和表5－4所示。

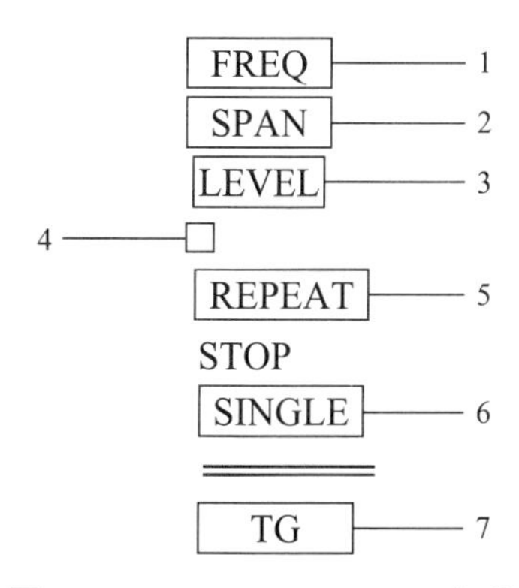

图 5－22　MEASUREMENT 部分

表 5－4　MEASUREMENT 部分

控　　制		描　　述
1	FREQ 键	设置中心频率
2	SPAN 键	设置频率跨距
3	LEVEL 键	设置参考电平
4	SWEEP 灯	当扫描正在运行时开启
5	REPEAT（START/STOP）键	执行连续扫描或重新扫描
6	SINGLE 键	执行单一扫描或重新扫描
7	TG 键	设置 TG 功能 仅当选项 74 被装备时才有效

（5）DATA 部分，如图 5－23 和表 5－5、表 5－6 所示。

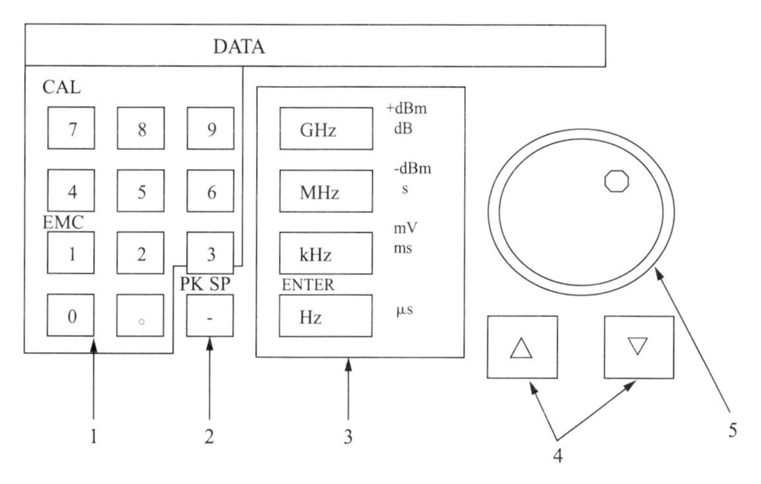

图 5－23　DATA 部分

表 5-5　DATA 部分

控　　制		描　　述
1	数字键 (附加功能键) EMC CAL	有 10 个数字键（0 到 9）和小数点键。通过按 SHIFT 键能进入附加功能 为 EMC 测试设置条件 为频谱分析仪执行校准
2	PK SP（-）键	消除输入的数字或输入减号（-）
3	单位键 GHz 键 MHz 键 kHz 键 Hz（ENTER）键	这些用于选择一个单位或输入一个值 (见表 5-1)
4	步进键	在步进中输入数据
5	数字钮	精确调节输入的数据

表 5-6　单位键设置

键类型	频率	时间	电　　平				
			dBm	dBμV	dBmV	Watts	Volts
GHz 键	GHz	—	+ dBm	+ dBμV	+ dBmV	—	—
MHz 键	MHz	s	- dBm	- dBμV	- dBmV	W	V
kHz 键	kHz	ms	—	—	—	mW	mV
Hz（ENTER）键	Hz	μs	—	—	—	μW	μV

(6) MARKER 部分，如图 5-24 和表 5-7 所示。

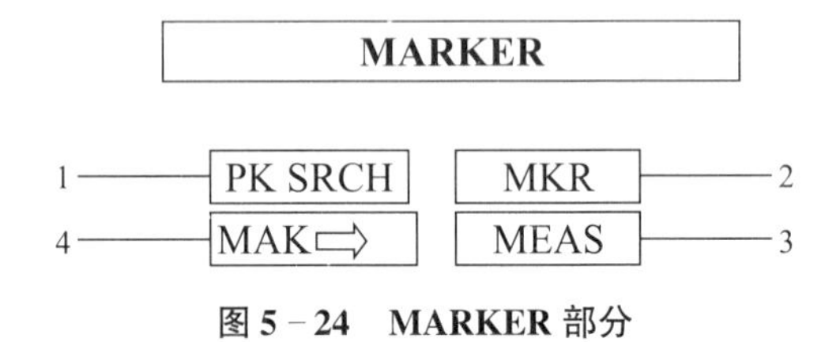

图 5-24　MARKER 部分

表 5-7　MARKER 部分

控　　制		描　　述
1	PK SRCH 键	搜索轨迹的峰值点
2	MKR 键	显示标记
3	MEAS 键	设置测试方式
4	MAK→键	获得标记值，以便使用这数据作为其他功能

（7）CONTROL 部分，如图 5－25 和表 5－8 所示。

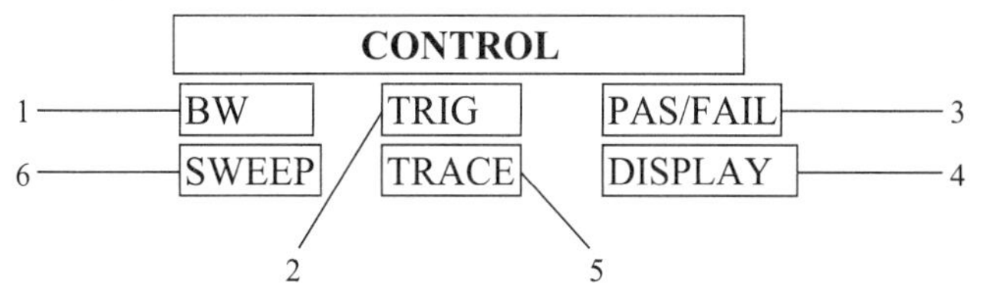

图 5－25　CONTROL 部分

表 5－8　CONTROL 部分

控　　制		描　　述
1	BW 键	用于设置分析带宽（RBW）和视频带宽（VBW）
2	TRIG 键	用于设置触发状态
3	PAS/FAIL 键	用于设置电平窗口的状态和检测遇到的情况
4	DISPLAY 键	用于设置显示线、参考线等
5	TRACE 键	用于设置轨迹功能
6	SWEEP 键	用于设置扫描时间

（8）SYSTEM 部分，如图 5－26 和表 5－9 所示。

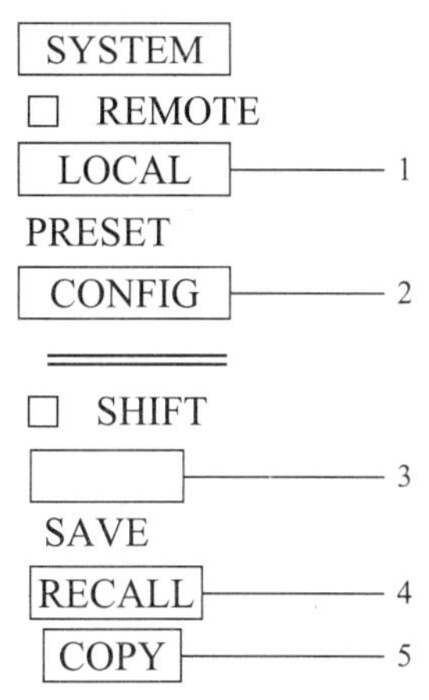

图 5－26　SYSTEM 部分

表 5－9　SYSTEM 部分

控　　制		描　　述
1	LOCAL 键 REMOTE 灯	脱离 GPIB 远程控制 灯亮时，表示频谱分析仪处于远程方式中
2	CONFIG 键 PRESET 键（SHIFT，CONFIG）	设置界面的操作状态等 使频谱分析仪复位到厂商默认的设置
3	SHIFT 键	作为确定键，允许进入附加功能（该键上有蓝色标贴）。当按 SHIFT 键时，LED 亮，切换到下一个键
4	RECALL 键 SAVE 键（SHIFT，RECALL）	回忆前面的数据 存储数据
5	COPY 键	获得屏幕数据的硬拷贝

（9）混杂的部分，如图5－27和表5－10所示。

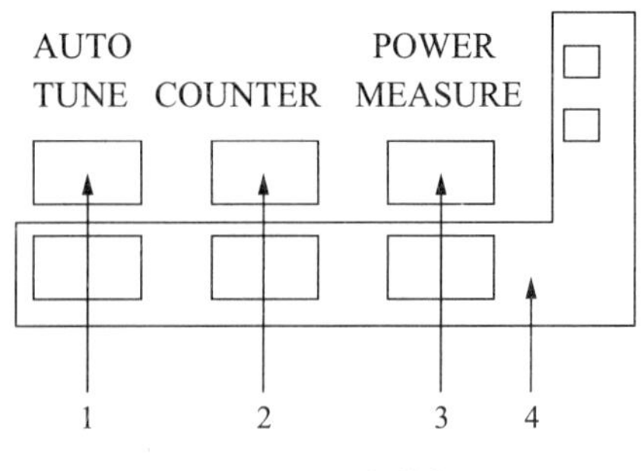

图5－27　混杂的部分

表5－10　混杂的部分

控　制		描　述
1	AUTO TUNE 键	自动显示最大峰值
2	COUNTER 键	作为计数器，用于测试频率
3	POWER MEASURE 键	进行功率测试
4		（未使用）

（10）屏幕注释，如图5－28和表5－11所示。

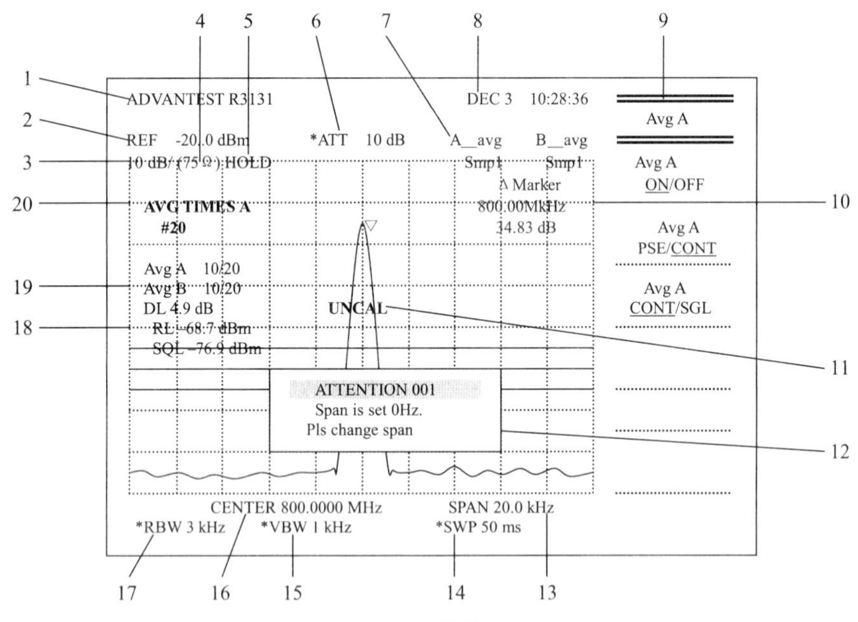

图5－28　屏幕注释

表 5－11 屏幕注释

注释		描述
1	标题	显示（与其他数据区别）当前数据标题
2	参考电平	当前参考电平
3	振幅比例	当前振幅比例刻度
4	75 Ω 模式指示器	指示输入阻抗是 75 Ω（如果输入阻抗是 50 Ω 没有指示）
5	HOLD 模式指示器	指示面板键被设置成 HOLD 方式
6	RF 衰减	在人工的模态中设置时，在当前衰减电平 ATT 前加了一个星号（*）
7	轨迹	当前选择的轨迹方式和搜索方式
8	日期	当前日期和时间
9	软菜单	菜单项目对应的功能键
10	标记区域	标记频率和标记电平
11	UNCAL 信息	指示测试没被校准
12	信息窗口	显示出现的错误信息
13	频率跨度或停止频率	当前显示的频率跨距（显示可能不同于当前的活动作用）
14	扫描时间	单一扫描的时间（在人工模态中设置时，SWP 前部增加一个星号（*））
15	视频带宽（VBW）	频率被选择为视频带宽滤波器（在人工模态中设置时，VBW 值前加了一个星号（*））
16	中心频率或开始频率	指示当前显示的中心频率（当在人工模态中设置时在显示的 RBW 值前加了一个星号（*））
17	分辨率带宽（RBW）	显示当前的分辨率带宽（当在人工模态中设置时在 RBW 前加了一个星号（*））
18	线路设置显示	指示了显示线、参考线和噪声抑制线的值
19	平均数显示	显示平均数
20	活动区域	显示当前的活动功能和它们的相关值

5.5.3 其他类型的频谱分析仪

1. VM700A 型视频测试仪

VM700A 型视频测试仪的外形如图 5－29 所示，它有以下主要特性。

图 5－29 VM700A 型视频测试仪的外形

（1）自动视频测量系统。

（2）测量的图形显示。

（3）数字波形监视器/矢量示波器。

（4）图像模式。

（5）用户可编程的功能。

（6）屏幕复制。

2. MS2711A 型便携式袖珍频谱仪

MS2711A 型便携式袖珍频谱仪的外形如图 5－30 所示。

图 5－30　MS2711A 型便携式袖珍频谱分析仪的外形

MS2711A 型便携式袖珍频谱仪是为满足移动的现场环境和应用的需要而设计的，MS2711A 型便携式袖珍频谱仪的特性为使用方便，测量准确，质量小（1.8 kg）。它是以电池操作的单元，覆盖 100 kHz～3 000 MHz 范围的频率，MS2711A 型便携式袖珍频谱仪能满足蜂巢式 DCS/PCS、传呼信息传递、WLAN/WPBX 和许多其他通信系统的应用。

MS2711A 型便携式袖珍频谱仪使用高级“合成器为基本”的设计，可进行可靠和可重复的测量。它的功能范围广阔，10 kHz～1 MHz 范围的解析度频宽，简化了识别现代无线电系统的干扰信号。

MS2711A 型便携式袖珍频谱仪简化了频谱分析测量和结果的解释。因此它简化了现场工程师和技术员地点识别、记录和解答问题的工作，无须牺牲测量的准确性。用户可以储存 10 个测试的设定和在单元的“非易失性记忆体”内部 200 个测量踪迹。所储存的数据很容易下载到个人计算机（PC）内或经由 RS－232 接口串接到打印机，做进一步分析之用。利用便携式计算机上的 RS－232 接口，可用于自动化控制和进行现场数据收集。

MS2711A 型便携式袖珍频谱仪主要应用于以下几个方面。

（1）发射机频谱分析。

（2）接收信号分析。

（3）调制识别，调制深度，偏差和频谱屏蔽。

（4）信号强度辐射。

本章小结

（1）扫频信号是频率按一定规律、在一定范围内连续变化的正弦信号。利用扫频信号作为测试信号而进行的测量，称为扫频测量。扫频仪和频谱仪都是扫频测量仪器。

（2）频率特性测试仪又称扫频仪，是一种能直接观测被测电路动态幅频特性曲线的仪器。动态幅频曲线的显示方法是：将被测电路的输出电压经检波后得到的包络波形，送至示波管的 Y 偏转板；另将扫描电压（即扫频振荡器的调制电压），送至示波管的 X 偏转板；这样屏幕上显示的就是幅频曲线。扫频仪可用来测量放大电路的增益、带宽等。

（3）扫频仪主要由扫频信号源、频标电路和示波器等组成。扫频信号的产生方法有几种，目前广泛采用变容二极管扫频，再利用差频法获得足够宽的频率覆盖。菱形频标是利用差频电路产生的，用于频率标度，一般适用于高频测量。

（4）数字频率特性测试仪采用直接数字合成频率源，由微处理器控制特性曲线的显示和测试数据的输出。在测增益和带宽时，直接用字符显示测量结果。

（5）频谱仪用于信号的频谱分析，及分析放大器的谐波失真、信号发生器的频谱纯度以及系统的频率特性。按工作原理分为数字式、模拟式。常用扫频外差式模拟频谱仪。

（6）频谱分析仪是测量在一定的频段范围内有多少信号，每一种信号的强度以及所占的带宽有多少，可以进行全景显示的一种仪器。本章以 Advantest 公司的 R3131 型频谱仪为例介绍了频谱仪的基本功能与应用。

思考与练习

5-1　说明扫频仪中幅频特性曲线的显示原理。

5-2　说明动态幅频曲线与静态幅频曲线的区别，扫频仪所测是哪种曲线？

5-3　画出变容管调频电路，说明其调频原理。

5-4　频标起什么作用？菱形频标是如何产生的？

5-5　扫频仪主要由哪几部分组成？简述各部分的功能。

5-6　扫频信号源的主要工作特性有哪些？

5-7　对扫频信号的基本要求是什么？为什么扫频信号的振幅应当恒定不变？

5-8　利用扫频仪可以测量哪些参数？

5-9　BT3C 型扫频仪测量增益的原理是什么？

5-10　设一个调谐放大器的 3 dB 带宽为 B_1，下降到 40 dB 带宽为 B_2，当扫频宽度 B_w 调在 $B_w = B_1$ 和 $B_w = B_2$ 两种情况下，画出扫频仪显示的曲线图形。

5-11　扫频仪的 X 轴为什么可以用来表示频率轴？

5-12　示波器与频谱仪的区别是什么？各有什么用途？

5-13　画出扫频仪与频谱仪的原理组成框图，比较二者在电路组成上的区别与联系。

5-14　Advantest 公司生产的 R3131 型频谱仪有哪些基本功能？

第6章 电子计数器

学习要求

通过学习电子计数器的组成、技术指标，理解它的工作原理，掌握其使用方法。

学习要点

计数器的技术指标，计数器测量频率和测量周期的原理，计数器的误差分析，计数器的应用。

测量周期和频率的方法有很多，按照其工作原理分为无源测频法、比较法、示波器法和计数法等。无源测频法是利用电路的频率响应特性来测量频率；比较法是利用已知的参考频率同被测频率进行比较而测得被测频率的；计数法在实质上属于比较法，其中的电子计数器法是最常用的方法。电子计数器是一种最常见、最基本的数字化测量仪器。

6.1 电子计数器概述

6.1.1 电子计数器的分类

按其测试功能的不同，电子计数器分为以下几类。

(1) 通用电子计数器，即多功能电子计数器。它可以测量频率、频率比、周期、时间间隔及累加计数等，通常还具有自检功能。

(2) 频率计数器指的是专门用于测量高频和微波频率的电子计数器，它具有较宽的频率范围。

(3) 计算计数器指的是一种带有微处理器，能够进行数学运算，求解较复杂方程式等功能的电子计数器。

(4) 特种计数器是指具有特殊功能的电子计数器，如可逆计数器、预置计数器、程序计数器和差值计数器等。它们主要用于工业生产自动化，尤其是应用在自动控制和自动测量方面。

6.1.2 电子计数器的基本组成

图6-1为通用电子计数器组成框图。它主要由输入通道、计数显示电路、标准时间产

生电路和逻辑控制电路组成。

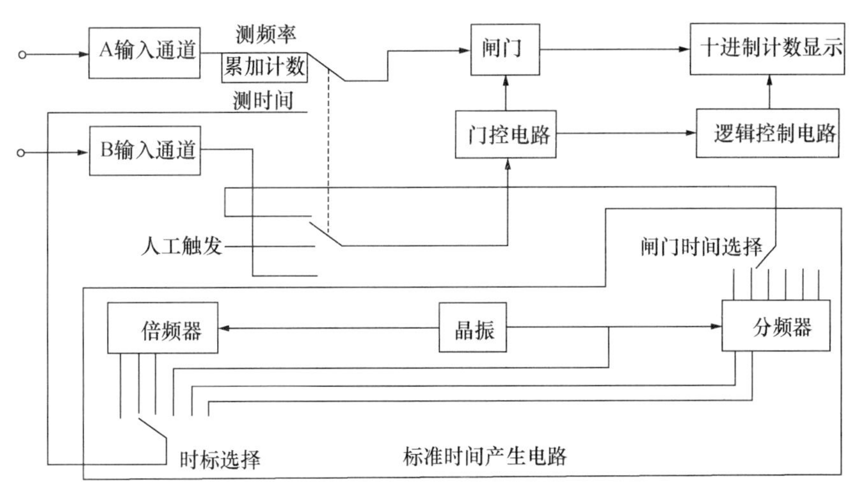

图6-1 通用电子计数器组成框图

（1）输入通道：即输入电路，其作用是接收被测信号，并对被测信号进行放大整形，然后送入闸门（即主门或信号门）。输入通道通常包括A、B两个独立的单元电路。

A通道是计数脉冲信号的通道。它对输入信号进行放大整形、变换、输出计数脉冲信号。计数脉冲信号经过闸门进入十进制计数器，是十进制计数器的触发脉冲源。

B通道是闸门时间信号的通道，用于控制闸门的开启和关闭。输入信号经整形后用来触发门控电路（双稳态触发器），使其状态翻转。以一个脉冲开启闸门，而以随后的一个脉冲关闭闸门，两脉冲的时间间隔为闸门时间。在此期间，十进制计数器对经过A通道的计数脉冲进行计数。为保证信号能够在一定的电平时触发，输入端可以对输入信号的电平进行连续调节，并且可以任意选择所需的触发脉冲极性。

有的通用计数器闸门信号通道有B、C两个通道。B通道用作门控电路的启动通道，使门控电路状态翻转；C通道用作门控电路停止通道，使其复原。

（2）计数显示电路：它是一个十进制计数显示电路，用于对通过闸门的脉冲（即计数脉冲）进行计数，并以十进制方式显示计数结果。

（3）标准时间产生电路：标准时间信号由石英晶体振荡器提供，作为电子计数器的内部时间基准。测周期时，标准时间信号经过放大整形和倍频，用作测周期时的计数脉冲，称为时标信号；测频率时，标准时间信号经过放大整形和一系列分频，用作控制门控电路的时基信号，时基信号经过门控电路形成门控信号。

（4）逻辑控制电路：产生各种控制信号，用于控制电子计数器各单元电路的协调工作。一般每一次测量的工作程序是：准备→计数→显示→复零→准备下次测量等。

6.1.3 电子计数器的主要技术指标

1. 测试功能

电子计数器具备的测试功能，如测频率、测周期等。

2. 测量范围

电子计数器的有效测量范围，如测频率时的频率上限和下限，测周期时的周期最大值和最小值。

3. 输入特性

(1) 输入耦合方式有 AC 和 DC 两种方式，AC 耦合指的是选择输入端交流成分加到电子计数器；DC 耦合即直接耦合，输入端信号直接加到电子计数器上。

(2) 触发电平及其可调范围：B、C 通道用于控制门控电路的工作状态，只有被测信号达到一定的触发电平时，门控电路的状态才能翻转，闸门才能适时地开启和关闭，从而测出时间间隔等参量。因此，触发电平必须连续可调，要具备一定的可调范围。

(3) 输入灵敏度：指在仪器正常工作时输入的最小电压。

(4) 最高输入电压：即允许输入的最大电压，超过该电压，仪器将不能正常工作，甚至损坏。

(5) 输入阻抗：包括输入电阻和输入电容。

4. 测量准确度

测量准确度常用测量误差来表示。测频率时，主要由量化误差决定；测周期时，主要由量化误差和触发误差决定。这将在 6.3 节介绍。

5. 闸门时间和时标

闸门时间和时标由标准时间电路产生的信号决定。可提供的闸门时间和时标信号有多种。

6. 显示及工作方式

(1) 显示位数：可以显示的数字位数。

(2) 显示时间：两次测量之间显示结果的时间，一般可调。

(3) 显示器件：显示测量结果或测量状态的器件，如数码管、发光管、液晶显示器等。

(4) 显示方式：有记忆显示和非记忆显示两种方式。记忆显示只显示最终结果，不显示正在计数的过程，实际显示的数字是刚结束的一次测量结果，显示的数字保留至下一次计数过程结束时再刷新。非记忆显示方式时，还可显示正在计数的过程。

7. 输出

输出包括仪器可输出的时标信号种类、输出数码的编码方式及输出电平。

6.2 通用电子计数器

6.2.1 测量频率

所谓频率就是周期性信号在单位时间内重复的次数，即

$$f=\frac{N}{T} \tag{6-1}$$

式中，T 为时间（单位为 s）；N 为在时间 T 内周期性现象重复的次数。

电子计数器测频率原理如图 6－2 所示。被测信号经过放大整形、倍频，形成重复频率为 mf_X 的计数脉冲，作为闸门的输入信号。门控电路的输出信号称为门控信号，控制着闸门的启闭，闸门开启时间等于分频器输出信号周期 K_fT_s。只有当闸门开启（图中假设门控信号为高电平）时，计数脉冲才能通过闸门进入十进制计数器去计数。设计数结果为 N，则存在关系：

$$N\frac{T_X}{m}=\frac{N}{mf_X}=K_fT_s \tag{6-2}$$

$$f_X=\frac{N}{mK_fT_s} \tag{6-3}$$

$$N=mK_fT_sf_X \tag{6-4}$$

式中，N 为闸门开启期间十进制计数器计出的计数脉冲个数；f_X 为被测信号频率，其倒数为周期 T_X；T_s 为晶振信号周期；m 为倍频次数；K_f 为分频次数，调节 K_f 的旋钮称为“闸门时间选择”开关，其与 T_s 的乘积等于闸门时间。

为了使 N 值能够直接表示 f_X，常取 $mK_fT_s=1$ ms、10 ms、0.1 s、1 s、10 s 几种闸门时间。即当闸门时间为 1×10^ns（n 为整数），并且使闸门开启时间的改变与计数器显示屏上小数点位置的移动同步进行时，无需对计数结果进行换算，就可直接读出测量结果。

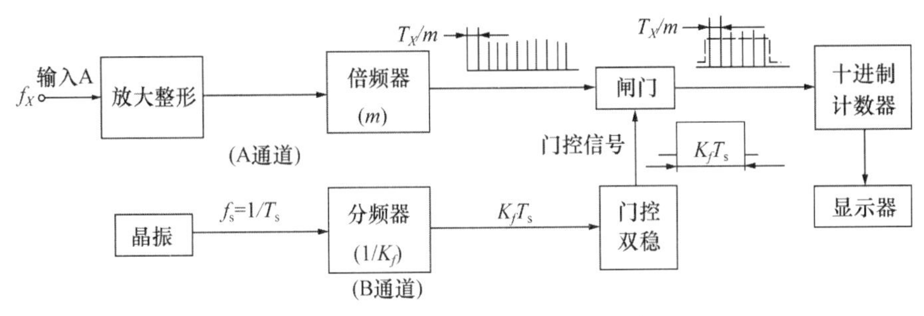

图 6-2　通用电子计数器测频率原理框图

6.2.2　测量周期

频率的倒数就是周期，电子计数器测量周期的原理与测频率的原理相似，其原理如图 6-3所示。

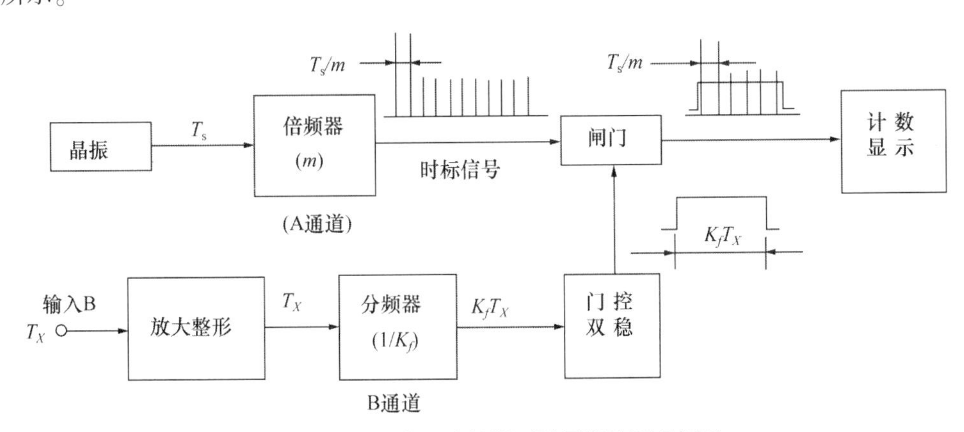

图 6-3　通用电子计数器测量周期的原理框图

门控电路改由经放大整形、分频后的被测信号控制，计数脉冲则是晶振信号经倍频后的时间标准信号（即时标信号）。存在关系：

$$K_fT_X=N\frac{T_s}{m}=N\frac{1}{mf_s} \tag{6-5}$$

$$T_X = N\frac{1}{mK_f f_s} = \frac{NT_s}{mK_f} \tag{6-6}$$

$$N = \frac{mK_f T_X}{T_s} \tag{6-7}$$

式中，T_X 与 K_f的乘积等于闸门时间；K_f为分频器分频次数，调节 K_f的旋钮称为“周期倍乘率”，通常选用 10^n，如 ×1、×10、$\times 10^2$、$\times 10^3$ 等，该方法称为多周期测量法；T_s 为晶振信号周期，T_s 的倒数为晶振信号频率f_s；T_s/m 通常选用 1 ms、1 μs、0.1 μs、10 ns 等，改变 T_s/m 大小的旋钮称为“时标选择”开关。

由上述分析得知，通用电子计数器无论是测频率还是测周期，其测量依据都是闸门时间等于计数脉冲周期和闸门开启时通过的计数脉冲个数之积，然后根据被测量的定义进行推导计算而得出被测量来的。同样道理，也可以据此来测量频率比、时间间隔、累加计数等。

6.2.3 测量频率比

频率比即两个信号的频率之比。电子计数器测量频率比的原理如图 6-4 所示，其测量原理与测量频率的原理相似。不过此时有两个输入信号加到电子计数器输入端，如果$f_A > f_B$就将频率为 f_B 的信号经 B 通道输入，去控制闸门的启闭，假设该信号未经分频器分频，则闸门开启时间等于 T_B（$1/f_B$）；而把频率为 f_A 的信号从 A 通道输入，假设该信号未经过倍频，设十进制计数器计数值为 N，则存在关系：

$$T_B = NT_A$$

$$N = \frac{T_B}{T_A} = \frac{f_A}{f_B} \tag{6-8}$$

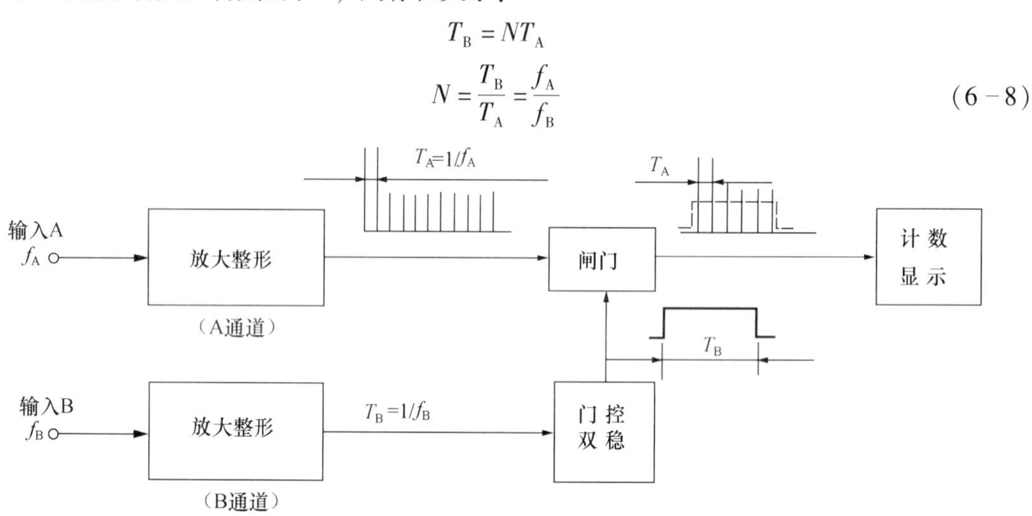

图6-4　通用电子计数器测量频率比的原理框图

为了提高测量准确度，可以采用类似多周期测量的方法，在 B 通道增加分频器，对 f_B 进行 K_f次分频，使闸门开启时间扩展 K_f倍，则有

$$K_f T_B = NT_A \tag{6-9}$$

$$\frac{f_A}{f_B} = \frac{T_B}{T_A} = \frac{N}{K_f} \tag{6-10}$$

当对 f_A 进行 m 次倍频，用 mf_A 作为时标信号时，存在关系：

$$K_f T_B = N\frac{T_A}{m}$$

$$\frac{f_A}{f_B}=\frac{N}{mK_f} \tag{6-11}$$

6.2.4 累加计数

累加计数指的是在限定时间内，对输入的计数脉冲进行累加。其测量原理与测量频率是相似的，不过此时门控电路改由人工控制。其电路原理如图6-5所示，当开关S打在“启动”位置时，闸门开启，计数脉冲进入计数器计数；当开关S打在“终止”位置时，闸门关闭，终止计数，累加计数结果由显示电路显示。

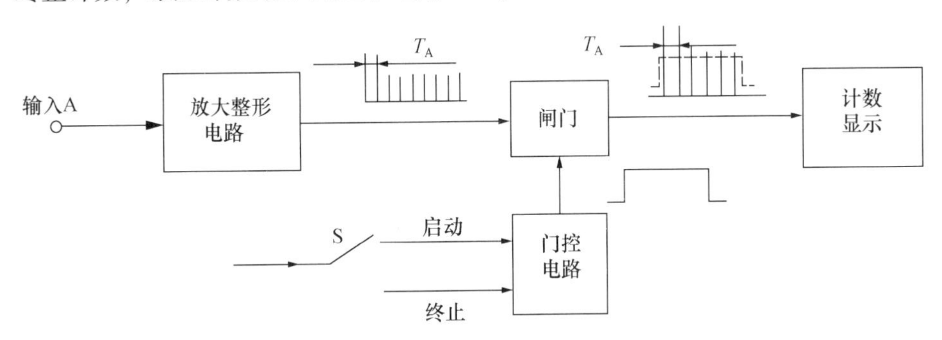

图6-5 通用电子计数器累加计数原理框图

6.2.5 测量时间间隔

图6-6所示为测量时间间隔的原理框图，其测量原理与测量周期原理相似，不过控制闸门启闭的是两个（或单个）输入信号在不同点产生的触发脉冲。触发脉冲的产生由触发器的触发电平与触发极性选择开关来决定。

当测量两个信号的时间间隔时，开关S_1处于“单独”位置，测量示意如图6-7所示。B输入（设时间超前）产生起始触发脉冲用于开启闸门，使十进制计数器开始对时标信号进行计数；C输入（设时间滞后）则产生终止触发脉冲以关闭闸门，停止计数。假设起始脉冲和终止脉冲分别选择输入B、C正极性（即开关S_2、S_3置于“+”处），50%电平处产生，计数值为N，则时间间隔T_{BC}存在以下关系：

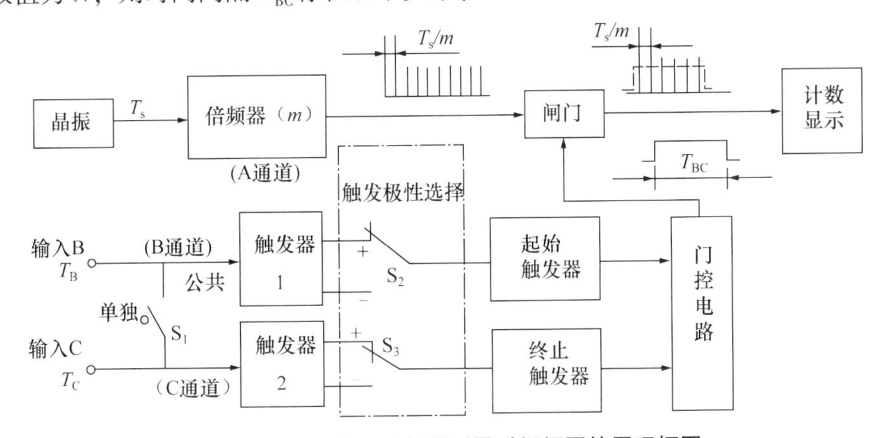

图6-6 通用电子计数器测量时间间隔的原理框图

$$T_{\mathrm{BC}}=N\frac{T_{\mathrm{s}}}{m} \tag{6-12}$$

当测量脉冲信号的时间间隔参数脉冲前沿为 t_r、脉宽 τ 时，将开关 S_1 置于“公共”位置，调节触发器 1、2 的触发电平和触发极性，选择合适的时标信号，即可测量。

如测量脉宽 τ，根据脉宽定义，调节触发器 1、2 的触发电平均为 50%，分别调节触发极性选择 S_2、S_3 为“+”“-”。闸门开启期间计数结果为 N，则有

$$\tau=\frac{NT_{\mathrm{s}}}{m} \tag{6-13}$$

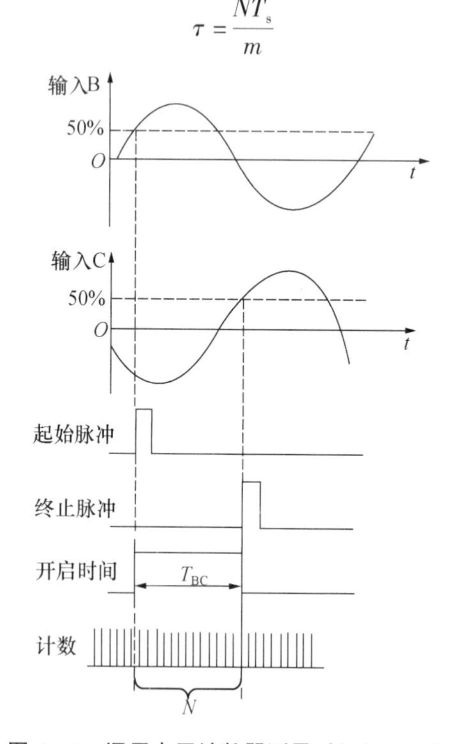

图 6-7　通用电子计数器测量时间间隔测量

6.2.6　自检

大多数电子计数器都具有自检（即自校）功能，它可以检查仪器自身的逻辑功能以及电路的工作是否正常，其原理如图 6-8 所示。

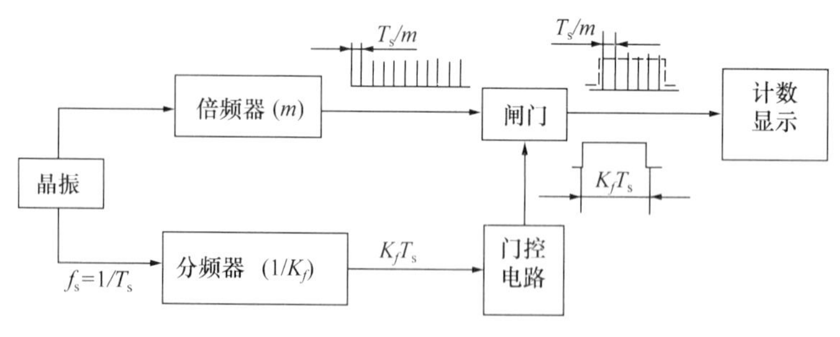

图 6-8　通用电子计数器自检原理框图

由图6-8可见，其自检过程与测量频率的原理相似，不过自检时的计数脉冲不再是被测信号，而是晶振信号经倍频后产生的时标信号。显然，只要满足关系

$$N\frac{T_s}{m}=K_fT_s$$

即

$$N=mK_f \tag{6-14}$$

或满足关系

$$N=mK_f\pm1 \tag{6-15}$$

则说明电子计数器及其电路工作正常，出现±1是因为计数器中存在量化误差。

6.3　电子计数器的测量误差

6.3.1　测量误差的来源

电子计数器的测量误差来源主要包括量化误差、触发误差和标准频率误差。

1. 量化误差

量化误差是在将模拟量转换为数字量的量化过程中产生的误差，是数字化仪器所特有的误差，是不可能消除的误差。它是由于电子计数器闸门的开启与计数脉冲的输入在时间上的不确定性，即相位随机性而产生的误差。如图6-9所示，虽然闸门开启时间都为T，但因为闸门开启时刻不一样，计数值一个为9，另一个却为8，两个计数值相差1个字。

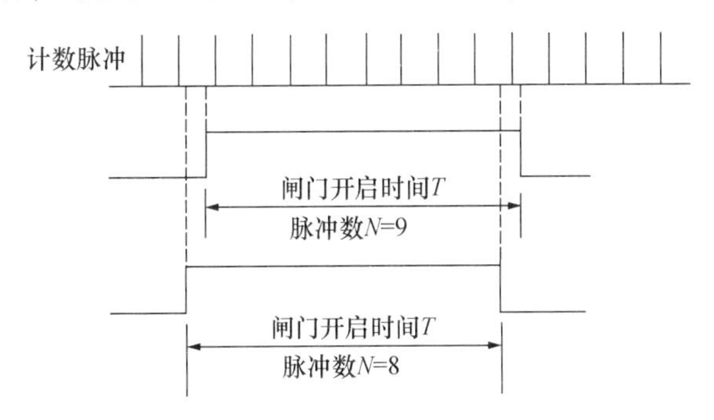

图6-9　量化误差产生示意图

量化误差的特点是，无论计数值N为多少，每次的计数值总是相差±1，即$\Delta N=\pm1$，因此量化误差又称为±1误差或±1字误差。又因为量化误差是在十进制计数器的计数过程中产生的，故又称为计数误差。

量化误差的相对误差为

$$\gamma_N=\frac{\Delta N}{N}\times100\%=\pm\frac{1}{N}\times100\% \tag{6-16}$$

2. 触发误差

触发误差又称为转换误差。被测信号在整形过程中，由于整形电路（通常为施密特电路）本身触发电平的抖动或者被测信号叠加有噪声和各种干扰信号等原因，使得整形后的

脉冲周期不等于被测信号的周期，由此而产生的误差称为触发误差。

图6－10所示，电子计数器测量周期时，被测信号控制门控电路的工作状态而产生门控信号。门控电路一般采用施密特电路，当被测信号达到施密特电路触发电平 U_B 时（即 A_1 点），门控信号控制闸门打开，当被测信号经过一个周期（设被测信号未被分频）再次达到施密特电路触发电平 U_B 时（即 A_2 点），门控信号控制闸门关闭。显然，当无噪声和干扰信号的理想情况下，闸门开启时间就等于被测信号的周期 T_X。但叠加有噪声或干扰信号时，如图6－10所示，闸门开启时间为 $T_X+\Delta T_1+\Delta T_2$，显然不等于被测信号的周期，即产生了触发误差。

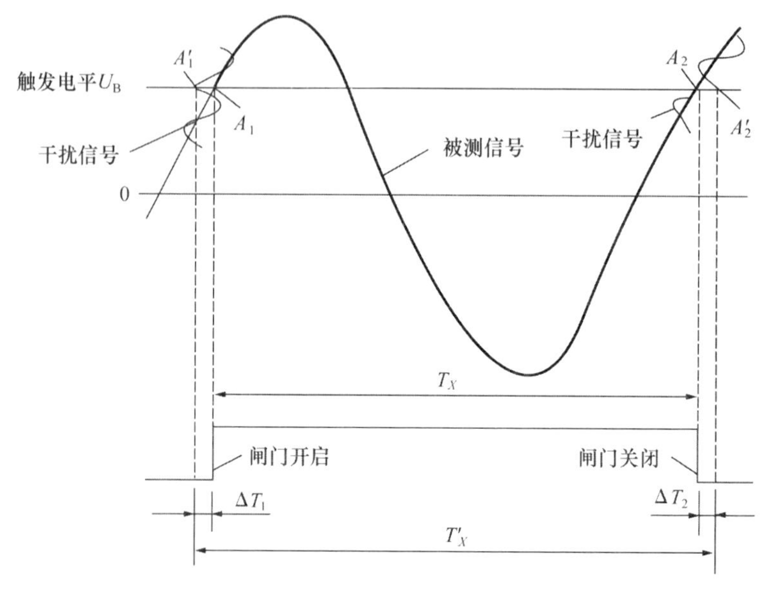

图6－10　触发误差产生示意图

经推导得知，触发误差的相对误差等于：

$$\frac{\Delta T_X}{T_X}=\pm\frac{U_n}{\sqrt{2}\pi K_f U_m} \tag{6-17}$$

式中，U_n 为噪声或干扰信号的最大幅度，包括因触发电平抖动的影响，一般情况下，可以不考虑触发电平抖动或漂移的影响；U_m 为被测信号电压幅度；K_f 为B通道分频器分频次数。

触发误差对测量周期的影响较大，而对测量频率的影响较小，所以测频率时一般不考虑触发误差的影响。为了减小测量周期时触发误差的影响，除了尽量提高被测信号的信噪比外，还可以采用多周期测量法测量周期，即增大B通道分频器分频次数。

3. 标准频率误差 $\Delta f_s/f_s$

标准频率误差指的是由于晶振信号不稳定等原因而产生的误差。测频率时，晶振信号用来产生门控信号（即时基信号），标准频率误差称为时基误差；测周期时，晶振信号用来产生时标信号，标准频率误差称为时标误差。一般情况下，由于标准频率误差较小，可以不予考虑。

6.3.2　测量误差的分析

上述测量误差中，对频率测量影响最大的是量化误差，其他误差一般不予考虑。周期测量则主要受量化误差和触发误差的影响。下面对测频率和测周期误差进行分析。

1. 测频率误差

经过推导得知，测频率量化误差等于：

$$\frac{\Delta f_X}{f_X}=\pm\frac{1}{N}=\pm\frac{1}{mK_fT_sf_X} \tag{6-18}$$

由此可见，要减小量化误差对测频率的影响，应设法增大计数值 N。即在 A 通道中选用倍频次数较大的倍频器，也即选用短时标信号；在 B 通道中增大分频次数 K_f，也即延长闸门时间，可以直接测量高频信号的频率；否则，测出周期后再进行换算。该方法属于间接测量法，这是由测周期误差的特性所决定的。

2. 测周期误差

（1）测周期量化误差经过推导得知为：

$$\frac{\Delta T_X}{T_X}=\frac{\Delta N}{N}=\pm\frac{1}{mK_ff_sT_X} \tag{6-19}$$

由此可见，要减小测周期量化误差应设法增大计数值 N。即在 A 通道中选用倍频次数 m 较大的倍频器，也即选用短时标信号；在 B 通道中增大分频次数 K_f，也即延长闸门时间，该方法称为多周期测量法。可以直接测量低频信号的周期，否则，测出频率后再进行换算，该方法属于间接测量法。除此之外，人们还常采用游标法、内插法等方法来减小测量误差。

所谓的高频或低频，是相对于电子计数器的中界频率而言的。中界频率指的是采用测频率和测周期两种方法进行测量，产生大小相等的量化误差时的被测信号的频率，有时会在计数器技术说明书中给出。

（2）测周期触发误差：减小测周期触发误差的方法如式（6-17）后的结论所述，此处不再赘述。

综上所述，多周期测量法以及提高信噪比、选用短时标信号等方法，可以减小测量周期的误差。

6.3.3　频率扩展技术

由于受十进制计数器处理速度等因素的限制，上述组成类型的电子计数器比较适合频率低于 700 MHz 左右的信号，在 A、B 通道分别采用倍频器或分频器时，频率范围就更窄了。通常采用外差降频变换法、预定标法、转移振荡器法、谐波外差变换法等方法来扩展计数器测量频率范围，这样的计数器往往适合用来测量高频信号频率，一般称为数字频率计。

1. 外差降频变换法

图 6-11 所示为手动外差降频变换法扩频原理。它的输入信号同调谐滤波器的输出混频后产生一差频，该差频刚好落在计数电路频率范围内，从而获得读数。调谐滤波器将谐波倍频器输出的每一谐波选出后作为混频的本振信号、确定输入频率，使用者只需将计数器的读

数加上调谐滤波器的读盘指示值即可。现代计数器通常采用自动外差降频变换法。

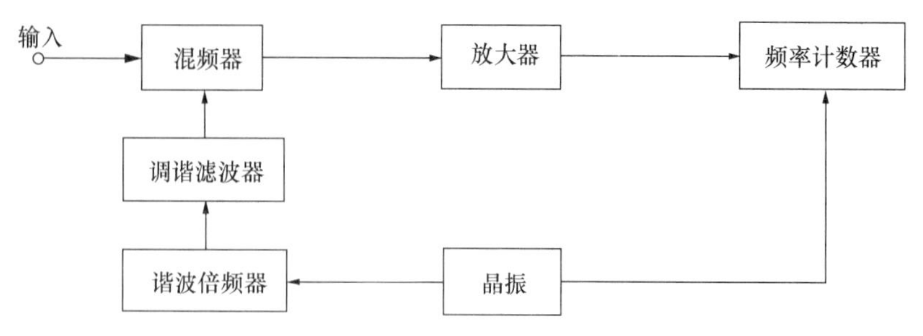

图 6－11　手动外差降频变换法扩频原理框图

2. 预定标法

图 6－12 所示，预定标法数字频率计与通用计数器的区别就是对被测信号进行 N 分频，即预定标。预定标法的缺点是降低了单位时间内的分辨力，为了提高测量分辨力，通常对晶振也进行 N 分频。

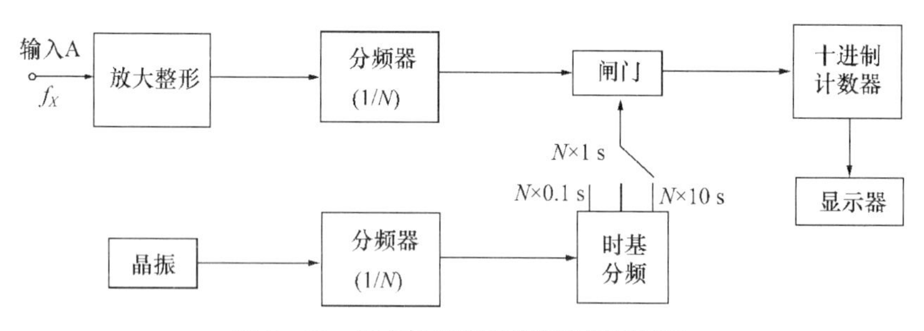

图 6－12　预定标法数字频率计原理框图

6.4　通用计数器实例

6.4.1　NFC－100 型多功能电子计数器

NFC－100 型多功能电子计数器是一种采用大规模集成电路的通用电子计数器（图 6－13），能够在适当的逻辑控制下，使本仪器在预定的标准时间内累计待测输入信号，或在待测时间内累计标准时间信号的个数，从而进行频率和时间等的测量。

1. 技术指标

（1）测试功能：测频、测周、累加计数、自检。

（2）测量范围：测频为 0.1 Hz ～100 MHz；测周为 0.4 μs ～10 s；累加计数为 $1\sim10^8$。

（3）输入特性：①输入耦合方式为 AC；②输入电压范围：30 mV～10 V，但不同量程的范围不同；③输入阻抗：$R_i \geqslant 1$ mΩ；输入电容 $C_i \leqslant 30$ pF。

（4）闸门时间：10 ms、0.1 s、1 s、10 s。

（5）时标（晶振）：0.1 μs。

（6）显示位数及显示器件：8 位 LED。

（7）输出：频率为 10 MHz；电压大于或等于 $1V_{P-P}$；波形为正弦波。

图 6－13　NFC－100 型多功能电子计数器实物

2. 工作原理

本仪器组成如图 6－14 所示，主要由输入通道、预定标分频器、主机测量单元、晶振和电源等部分组成。

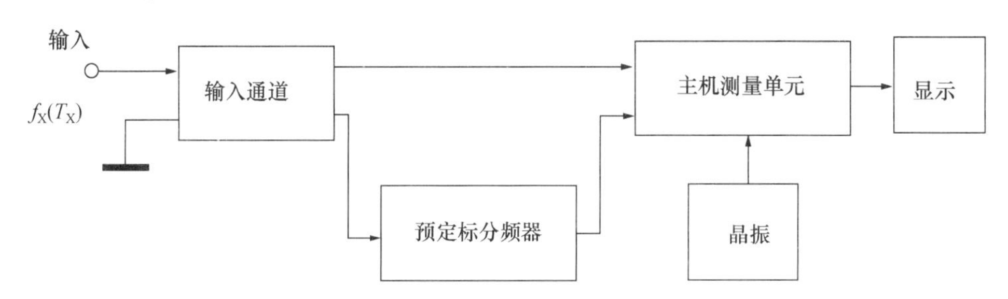

图 6－14　NFC－100 型多功能电子计数器组成框图

主机测量单元直接计数频率为 10 MHz，在输入高于 10 MHz 频率的信号时，需要经过预定标分频器除以 10 后，送入主机测量。

周期测量、累加计数测量时，输入信号经输入电路放大整形后，直接进入主机测量单元，预定标分频器不起作用。

主机测量单元如图 6－15 所示，它由一块大规模集成电路 ICM7226B 等组成。ICM7226B 内包含多位计数器、寄存器电路、时基电路、逻辑控制电路以及显示译码驱动电路、溢出和消隐电路，并可直接驱动外接的共阴极 LED 显示数码管，以扫描方式显示测量结果。

当 ICM7226B 功能输入端和闸门时间输入端分别接入不同的扫描位脉冲信号时，其测量逻辑功能发生变化。分别完成“频率”“周期”“计数”“自检”等功能，闸门时间在时标为 10 MHz 时为 10 ms、0.1 s、1 s、10 s，在其他时标时，闸门时间将随之作相应变化。

3. 电子计数器的使用及注意事项

NFG－100 型电子计数器前面板如图 6－16 所示。

“FUNCTION（功能键）”包括“TOT（累加计数）”“PER（周期）”“FREQ（频率）”“CHK（自检）”4 个按键，每个按键对应一种测量功能。功能键右边的 4 个按键在测量频率、周期时，分别称为“FREQ MEASURE TIME（频率测量时间）”“PERIOD AVERAGE（周期倍乘率）”选择开关，用于选择频率测量时间和周期倍乘率，它们与被测量的范围配合使用。

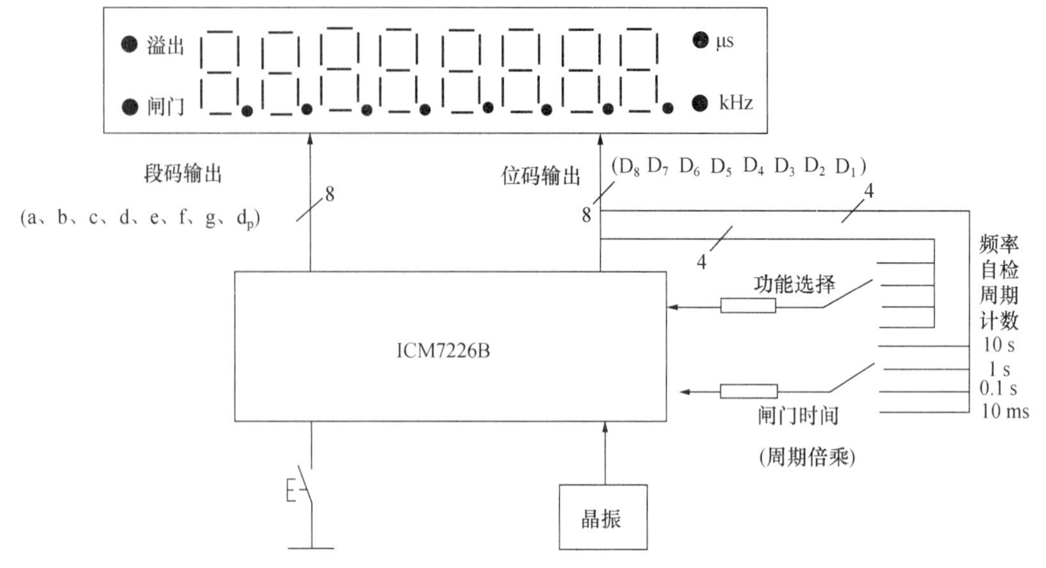

图 6－15　NFC－100 型电子计数器主机测量单元逻辑框图

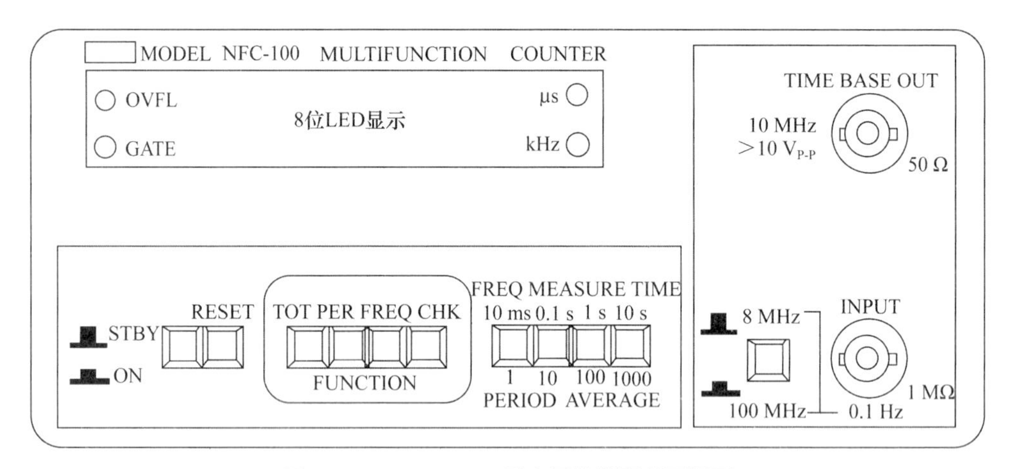

图 6－16　NFG－100 型电子计数器前面板图

使用注意事项如下。

（1）按照要求接入正确的电源。

（2）在使用电子计数器进行测量之前，应对仪器进行“自检”，以初步判断仪器工作是否正常。

（3）被测信号的大小必须在电子计数器允许的范围内，否则，输入信号太小则测不出，输入信号太大则有可能损坏仪器。

（4）当“OVFL（溢出）”指示灯亮时，表明测量结果显示有溢出，有可能漏计数字。

（5）在允许的情况下，尽可能使显示结果精确些，即所选闸门时间应长一些。

（6）在测量频率时，如果选用闸门时间为 10 s 时，“GATE（采样）”指示灯熄灭前显示的数值是前次的测量结果，并非本次测量结果，记录数据时务必等采样指示灯变暗后进行。

6.4.2 其他常用型多功能电子计数器

1. EE3386A/B 型系列通用计数器

EE3386A/B 型系列通用计数器的外形如图 6-17 所示。

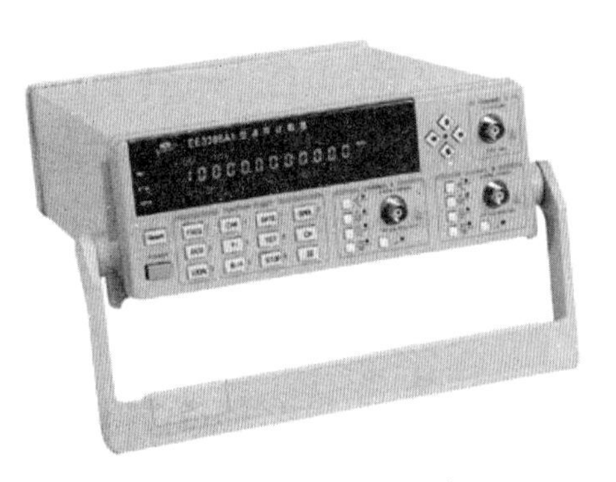

图 6-17 EE3386A/B 型系列通用计数器的外形

1）特点

（1）微机控制，模块化设计。

（2）100 MHz 以下为同步等精度测量方式。

（3）12 位 VFD 全功能显示。

（4）开放型自诊断模式。

（5）SMT 贴装工艺，小型化结构设计。

（6）数据统计运算功能（仅限 B 系列）。

（7）配有 RS-232C 接口，并可选配 GPIB 接口。

（8）高性价比，高可靠性。

2）主要技术指标

（1）功能：测频率、测周期、测时间、计数、频率比、自校、统计运算（仅限 B 系列）。

（2）测频范围：0.025 Hz ~ 100 MHz（基本型主机）。

（3）扩频 C 通道：100 ~ 500 MHz（05 型）、100 ~ 1 000 MHz（10 型）、100 ~ 2 500 MHz（25 型）。

（4）周期测量范围：20 ns ~ 40 s。

（5）时间测量范围：20 ns ~ 40 s。

（6）测量精度：10 ns。

（7）动态范围：正弦波为 50 mV ~ 5 V；脉冲波为 50 mV_{P-P} ~ 4.5 V_{P-P}。

（8）触发电平：±1.5 V 可调。

（9）测量误差：±时基准确度±触发误差，±10 ns/闸门时间（A 通道）。

（10）时基稳定度：$\frac{1\times10^{-8}}{d}$，也可选配（1 ~ 5）$\frac{1\times10^{-9}}{d}$的晶振。

（11）体积和质量：310 mm×260 mm×90 mm，32.6 kg。

2. PM6685 型高性能频率计数器

PM6685 型高性能频率计数器的外形如图 6-18 所示。

图 6-18 PM6685 型高性能频率计数器的外形

PM6685 型高性能频率计数器有以下主要性能和特点。

（1）优化的前端设计可达到最高的抗扰度并符合精确频率测量的要求。

（2）300 MHz 带宽，可选 4.5 GHz。

（3）高稳定时基，高达 $5\times\frac{10^{-10}}{24}$ h。

（4）用于信号强度指标和输入灵敏度设定的模拟条图形。

（5）可选 GPIB 接口及电池通用频率计数器，现场测量达到实验室精度。

（6）用于信号强度指标和输入灵敏度设定的模拟条图形。

（7）可选 GPIB 接口及电池。

3. Fluke 164 系列多功能计时/计频器

Fluke 164 系列多功能计时/计频器的外形如图 6-19 所示。

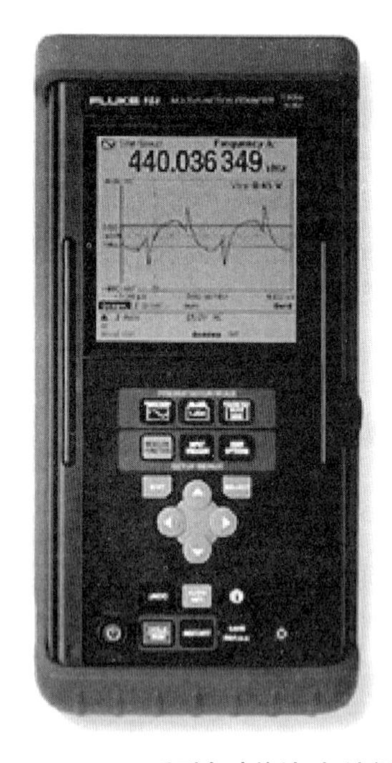

图 6-19　Fluke 164 系列多功能计时/计频器的外形

Fluke 164 系列是一种紧固的手持式多功能计时/计频器，它具有 50 MHz 输入信号的波形显示能力，可以同屏显示多达 10 个测量参数，并具有统计功能。波形显示主要功能是显示计数器的触发条件，消除使用者不知道自己在测量什么的顾虑，避免由于噪声和信号复杂引起的假象计数。同屏的多测量值功能在大而明亮的带背景光的 CCFL 显示屏上同时显示 10 个测量参数和信号的电压值，这样不必做任何重新设置，就可以得到大量测量结果，并看到一个参数的变化对另一个参数的影响。统计功能可以计算如标准差、均值等指标，揭示信号更深一层的内涵和潜在的趋势，用户可以改变统计样本数，2～100 000 个读数。除此之外，该仪器还配置 RS-232 接口和 Fluke View 164 软件，可完成测试结果（包括图形）的传送和存档。

本章小结

本章介绍了时间和频率的测量方法、电子计数器的组成、通用电子计数器的功能、测量原理和测量误差等。

电子计数器分为通用电子计数器、频率计数器（即数字频率计）和计算计数器。通用电子计数器具有测量频率、频率比、周期、时间间隔、累加计数以及自检等功能。电子计数器由输入通道、计数显示电路、标准时间产生电路和逻辑控制电路等部分组成。它的测量原理是闸门开启时间等于计数脉冲周期与计数脉冲计数值之积。

思考与练习

6-1　通用电子计数器的测试功能有哪些？概括地说明它的测量原理。

6-2　画出通用电子计数器测频率、周期的原理框图，简述其基本原理，并说明两者的区别。

6-3　通用电子计数器基本组成是怎样的？各组成部分的作用是什么？

6-4　通用电子计数器测量频率、周期时存在哪些主要误差？如何减小这些误差？

6-5　用7位电子计数器测量 $f_X = 10$ MHz的信号频率。当闸门时间置于1 s、0.1 s、10 ms时，试分别计算电子计数器测频量化误差是多少。

6-6　数字频率计与通用电子计数器之间有什么联系与区别？怎样扩展电子计数器的频率范围？

6-7　用电子计数器多周期法测量周期。已知被测信号重复周期为50 μs，计数值为100 000，内部时标信号频率为1 MHz。保持电子计数器状态不变，测量另一未知信号，已知计数值为15 000，求未知信号的周期是多少？

6-8　要用电子计数器测量一个 $f_X = 1$ kHz的信号频率，采用测频（选闸门时间为1 s）和测周（选时标为0.1 ms）两种方法，试比较两种方法由±1误差所引起的测量误差。

学习要求

理解电子元件的测试方法及原理，了解测量仪器的组成及使用方法。

学习要点

参数元件的等效，集中参数元件的测量方法，工作原理及电桥，Q 表的组成及使用。

元件参数的测量一般是指电阻、电容、电感以及与它们相关的 Q 值、损耗角、电导等参数的测量。电路元件按其在电路中的作用和使用条件的不同，应采取不同的测量方法和使用不同的测量仪器。但不管测试方法如何变化，电路元件的测量必须保证测试条件与规定的标准工作条件相符合，即测量时所加电压、电流、频率及环境条件等必须符合测量要求，否则测量结果不能代表实际的参数。

7.1　电桥法测量电阻、电感、电容

7.1.1　交、直流电桥

电桥是一种利用电位比较法进行测量的仪器。它在电子测量技术中应用极为广泛，用它能测量很多电学量，如电阻、电容、互感、频率、电介质和磁介质的特性等。配合其他的变换器，还能用来测量某些非电量（如温度、湿度、微小位移）。另外，在自动控制测量中，电桥也是常用的仪器之一。电桥的应用之所以这样广泛，其原因在于它具有很高的灵敏度和准确性。

电桥可分为直流电桥与交流电桥。直流电桥是用来测量电阻或与电阻有关的物理量的仪器，交流电桥主要用来测量电容、电感等物理量。直流电桥又分直流单电桥和直流双电桥。直流单电桥（惠斯通电桥）适于测量 $10 \sim 10^6\ \Omega$ 范围的中阻值电阻。直流双电桥（开尔文电桥）适于测量 $10^{-5} \sim 10\ \Omega$ 范围的低阻值电阻。

1. 电桥的平衡条件

电桥法又称指零法，它利用指零电路作为测量的指示器，工作频率很宽。其优点是能在

很大程度上消除或削弱系统误差的影响，精度很高，可达到10^{-4}。

图7－1所示是一个交流电桥。它由Z_x、Z_2、Z_3、Z_4 4个桥臂组成，G为信号源，P为检流计。桥臂接入被测电阻（或电感、电容），调节桥臂中的可调元件使检流计指示为零，电桥处于平衡状态。电桥平衡条件为

$$Z_x Z_4 = Z_2 Z_3 \tag{7-1}$$

根据式（7－1），可以计算出被测元件Z_x的量值。电桥平衡时，有

$$|Z_x||Z_4| = |Z_2||Z_3| \tag{7-2}$$

和

$$\varphi_x + \varphi_4 = \varphi_2 + \varphi_3 \tag{7-3}$$

式中，$|Z_x|\sim|Z_4|$为复数阻抗Z_x、Z_2、Z_3、Z_4的模；$\varphi_x\sim\varphi_4$为复数阻抗Z_x、Z_2、Z_3、Z_4的阻抗角。

式（7－2）和式（7－3）的物理意义是：交流电桥达到平衡时，电桥的4个臂中对臂阻抗的模的乘积相等，对臂阻抗角之和也相等。

当被测元件为电阻元件时，取$Z_x=R_x$，$Z_2=R_2$，$Z_3=R_3$，$Z_4=R_4$，则图7－1为一个直流单臂电桥，当直流单臂电桥平衡时，有

$$R_x = \frac{R_2 R_3}{R_4} \tag{7-4}$$

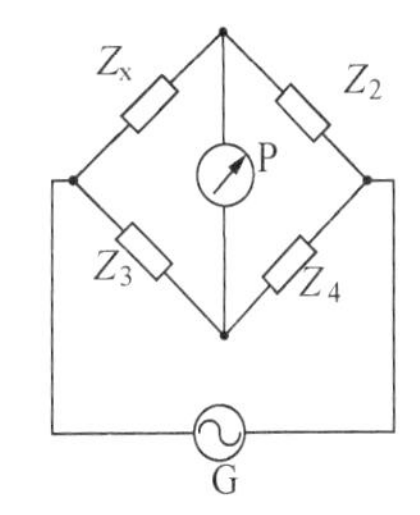

图7－1　交流电桥

电桥法的测量误差，主要取决于各桥臂阻抗的误差以及各部分之间的屏蔽效果。另外，为保证电桥的平衡，要求信号源的电压和频率稳定，特别是波形失真要小。

2. 直流电桥

直流双臂电桥又称为开尔文电桥，它是测量小电阻（一般在$10^{-5}\sim10\ \Omega$）的常用仪器。它的测量准确度高，最突出的优点是能消除单臂电桥测量时无法消除的由接线电阻和接触电阻造成的测量误差。而且，这种误差往往与被测量的小电阻的数值具有同一数量级。

测量电路如图7－2所示，其中R_0为标准低阻，R_x为待测低阻。4个比例臂电阻R_1、R_2、R_3、R_4（具有双比例臂，这便是“双臂电桥”名称的由来）一般都有意做成几十欧姆以上的阻值，因此它们所在桥臂中接线电阻和接触电阻的影响便可忽略。两个低阻相邻电压接头间的电阻设为r，常称为跨桥电阻。当检流计G指零时，电桥达到平衡，于是由基尔霍夫定律可写出下面3个回路方程：

$$I_1 R_1 = I_0 R_0 + I_2 R_2 \tag{7-5}$$

$$I_1 R_3 = I_0 R_x + I_2 R_4 \tag{7-6}$$

$$(I_0 - I_2) r = I_2 (R_2 + R_4) \tag{7-7}$$

式中，I_1、I_0分别为电桥平衡时通过电阻R_1、R_0的电流。将方程组整理，有

$$R_1 R_x = R_3 R_0 + (R_3 R_2 - R_1 R_4)\frac{r}{r + R_2 + R_4}$$

如果电桥的平衡是在保证$R_3R_2-R_1R_4=0$，即$\dfrac{R_3}{R_1}=\dfrac{R_4}{R_2}$的条件下调得的，那么式（7－6）则简化为

$$R_x = \frac{R_3}{R_1} R_0 \tag{7-8}$$

3. 交流电桥

交流电桥是一种比较仪器，它广泛地用来测量交流等效电阻、电容、自感和互感，测量的结果比较准确。

常用的交流电桥电路虽然和直流单电桥电路具有同样的结构形式，但因为它的 4 个臂是阻抗，所以它的平衡条件、电路的组成及实现平衡的调整过程都比直流电桥复杂。

图 7 -3 所示是交流电桥的原理电路。它与直流单电桥原理电路相似。在交流电桥中，4 个桥臂一般是由交流电路元件，如电阻、电感、电容组成；电桥的电源通常是正弦交流电源；交流平衡指示器的种类很多，适用于不同频率范围。频率为 200 Hz 以下时可采用谐振式检流计；音频可采用耳机作为平衡指示器；音频或更高的频率时也可采用电子指零仪器，也有用电子示波器作为平衡指示器的。平衡指示器要有足够的灵敏度。指示器指零时，电桥达到平衡。

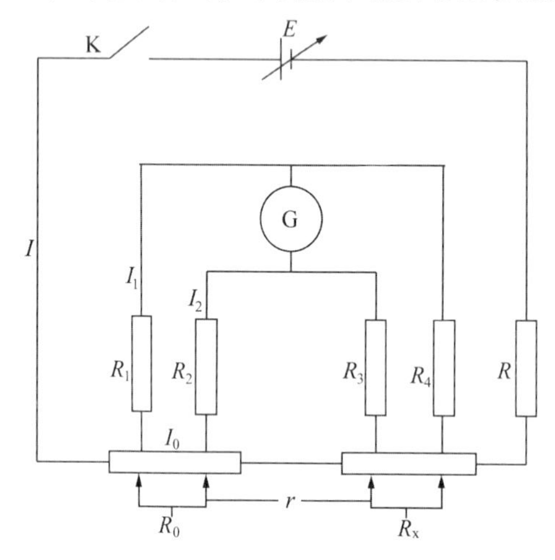

图 7 -2　直流电桥电路

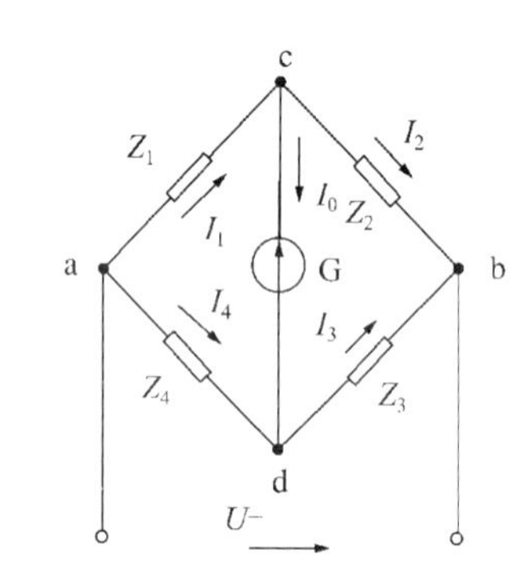

图 7 -3　交流电桥原理电路

QS18A 型万能电桥就是一种交流电桥，可测量电阻、电感、电容、线圈的 Q 值及电容器的损耗等，是一种多用途、宽量程便携式仪器。

QS18A 型万能电桥原理如图 7 -4 所示。它由桥体、信号源（1 000 Hz 振荡器）和晶体管指示器 3 部分组成。桥体是电桥的核心部分，由标准电阻、标准电容及转换开关组成，通过转换开关切换，可以构成不同的电桥电路，对电阻、电容、电感进行测量。

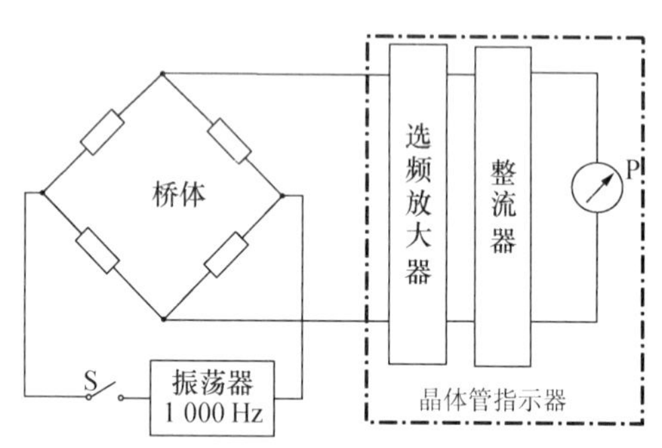

图 7 -4　QS18A 型万能电桥原理框图

4. QS18A 型万能电桥的使用

QS18A 型万能电桥的面板和实物如图 7 -5 所示。

1）面板功能键

①外接：当使用外部电源时，将外部电源接到此插孔。

②拨动开关：分为“外”和“内 1 kHz”两挡。使用外部电源时此开关拨至“外”；当拨至“内 1 kHz”挡时，仪器使用内部电源，其频率为 1 kHz。

③测量选择开关：分为“关”“C”“L”“$R \leqslant 10$”“$R > 10$”5 挡。

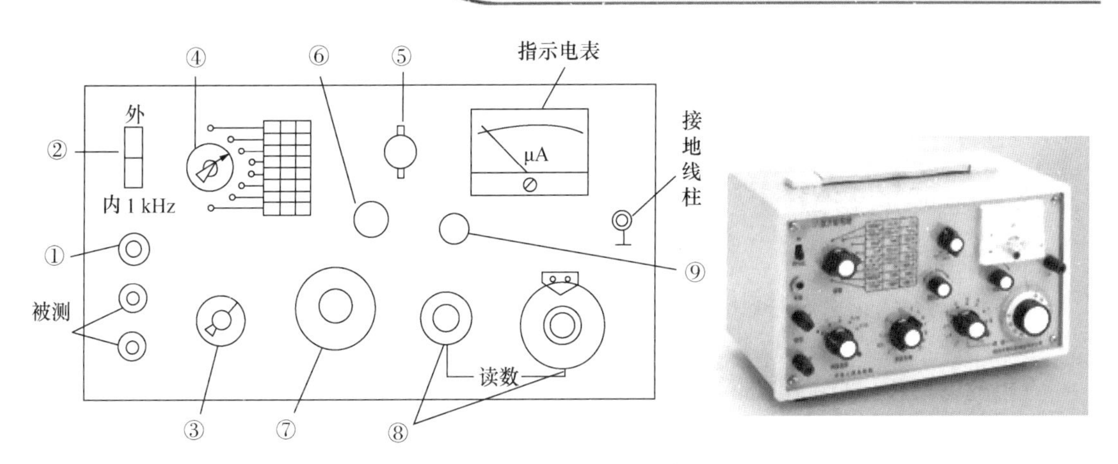

图 7-5 QS18A 型万能电桥面板和实物

④测量开关：量程开关各挡的标示值是指电桥读数在满刻度时的最大值。

⑤损耗倍率开关：分为 $Q\times1$、$D\times0.1$、$D\times1$ 三挡。根据被测元件损耗大小，选择不同挡，见表 7-1。

⑥损耗微调：作用同上。

⑦损耗平衡：测量电感和电容时与读数盘配合使用。

⑧读数旋钮：由一个步进式连续可调的测量盘组成。

⑨灵敏度调节：使用时先使指示电表读数小些，然后根据电桥平衡情况，逐渐增大其灵敏度。

2）测量步骤

（1）将被测元件接到“被测”端钮上，拨动开关②至“内 1 kHz”位置，如果用外部电源，则将外部电源接到“外接”插孔①上，拨动开关至“外”的位置。

（2）根据被测量，将测量选择开关旋至“C”“L”“$R\leqslant10$”或“$R>10$”处。

（3）估计被测参量的大小，选择量程开关④的位置。

（4）按表 7-1 不同情况选择损耗倍率开关⑤的位置（电阻测量除外）。

表 7-1 倍率开关的位置

测量元件	位置
空心电感线圈	$Q\times1$
高值线圈和小损耗电容	$D\times0.1$
带铁心线圈和大电解电容	$D\times1$

（5）根据电桥平衡情况，调整灵敏度调节器⑨使指示电表读数由小逐步增大。

（6）反复调节电桥的读数盘⑧和损耗平衡盘⑦，并在调整过程中逐步提高指示电表的灵敏度，直至电桥平衡，被测电感、电容或电阻等于量程开关指示值乘以电桥读数值，被测定品质因数或损耗因数等于损耗倍率乘以损耗平衡盘的示值。

例如，按上述步骤测量线圈的电感量及 Q 值，当电桥平衡时，左边读数盘示值为 0.9，右边读数盘示值为 0.098，量程开关在 100 mH 挡上，损耗倍率开关在 $Q\times1$ 挡，损耗平衡盘上读数为 2.5，则被测电感为：

$$L = 100\ \text{mH} \times (0.9 + 0.098) = 99.8\ \text{mH}$$

被测品质因数为

$$Q = 1 \times 2.5 = 2.5$$

7.1.2　电阻的测量

1. 电阻的参数

电阻在电路中多用来进行限流、分压、分流以及阻抗匹配等，是电路中应用最多的元件之一。

电阻的参数包括标称阻值、额定功率、精度、最高工作温度、最高工作电压、噪声系数及高频特性等，主要参数为标称阻值和额定功率。其中，标称阻值是指电阻上标注的电阻值；额定功率是指电阻在一定条件下长期连续工作所允许承受的最大功率。

2. 电阻的频率特性

电路工作于低频时，电阻分量起主要作用，电抗部分可以忽略不计，即忽略 L_0 和 C_0 的影响，只需测出 R 值就可以了。

工作频率升高时，电抗分量就不能忽略了，等效电路如图 7－6 所示。此时，工作于交流电路的电阻的阻值，由于集肤效应、涡流损耗、绝缘损耗等原因，其等效电阻随频率的不同而不同。实验证明，当频率在 1 kHz 以下时，电阻的交流与直流阻值相差不超过 $1 \times 10^{-4}\ \Omega$，随着频率的升高，其差值也随之增大。

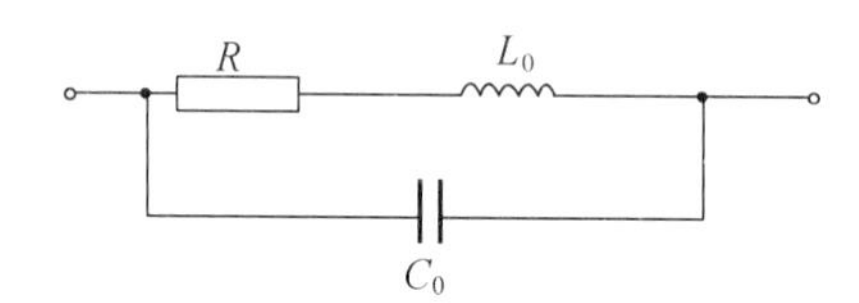

图 7－6　电阻的等效电路

3. 固定电阻的测量

1）用万用表测量电阻

模拟式和数字式万用表都有电阻测量挡，都可以用来测量电阻。

采用模拟万用表测量时，应先选择万用表电阻挡的倍率或量程范围，最后将两输入端表笔短接调零，最后将万用表表笔并接在被测电阻的两端，测量电阻值。

由于模拟式万用表电阻挡刻度的非线性，使得刻度误差较大，测量误差也较大，因而模拟式万用表只能作一般性的粗略测量。数字式万用表测量电阻的误差比模拟式万用表的误差小，但用它测量阻值较小的电阻时，相对误差仍然比较大。

2）用电桥法测量电阻

当对电阻值的测量精度要求很高时，可用直流电桥法进行测量。测量时，可以利用电桥，接上被测电阻 R_x，再接通电源，通过调节 R_n，使电桥平衡，即检流计指示为 0，此时，读出 R_n 的值，即可求出 R_x：

$$R_x = \frac{R_1}{R_2} \cdot R_n \tag{7-9}$$

3）用伏安法测量电阻

伏安法是一种间接测量方法，先直接测量被测电阻两端的电压和流过它的电流，然后根据欧姆定律算出被测电阻的阻值。伏安法原理简单，测量方便，尤其适用于测量非线性电阻的伏安特性。伏安法测量原理如图7－7所示，有电流表内接和电流表外接两种测量电路。由于电流表接入的方法不同，测量值与实际值有差异，此差异为系统误差。为了尽可能减小系统误差，一是采用加修正值的方法，二是根据被测电阻值的阻值范围合理选择电路。一般地，当电阻值介于千欧和兆欧之间时，可采用电流表内接电路；当电阻值介于几欧姆到几百欧姆之间时，可采用电流表外接电路；若被测电阻介于这两者之间，可根据误差的大小，选用误差小的电路。

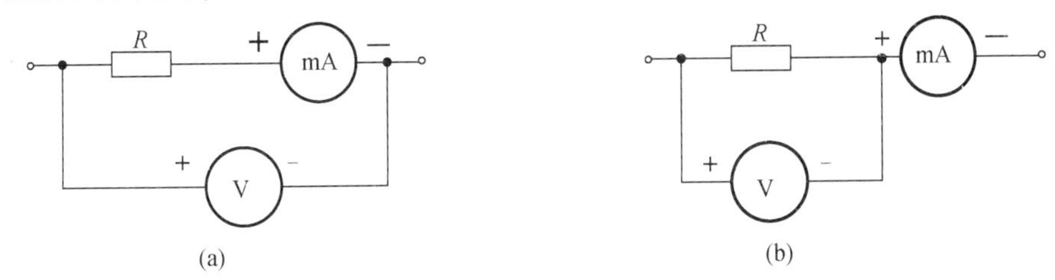

图7－7　伏安法测电阻原理

（a）电流表内接法；（b）电流表外接法

4）非线性电阻的测量

非线性电阻如热敏电阻、二极管的内阻等，它们的阻值与工作环境以及外加电压和电流的大小有关。可采用前面介绍的伏安法，即测量一定直流电压下的直流电流值。逐点改变电压的大小，然后测量相应的电流，最后作出伏安特性曲线。

4. 电位器的测量

1）用万用表测量电位器

用万用表测量电位器的方法与测量固定电阻的方法相同。先测量电位器两固定端之间的总固定电阻，然后测量滑动端对任意一端之间的电阻值。进行测量时，缓慢调节滑动端的位置，观察阻值的变化情况，阻值指示应平稳变换，没有跳变现象；而且滑动端从开始调到另一端时，应滑动灵活，松紧适度，听不到杂声，否则，说明滑动端接触不良，或滑动端的引出机构内部存在故障。

2）用示波器测量电位器的噪声

示波器可以用来测量电位器的噪声，如图7－8所示，给电位器两端加一适当的直流电源，电源电压的大小应不致造成电位器超功耗。最好用电池，因为电池的纹波电压小，噪声也小。让一恒定电流流过电位器，缓慢调节电位器的滑动端，随着电位器滑动端的调节，水平亮线在垂直方向上移动。当电位器接触良好，无噪声时，屏幕上显示为一条平滑直线；当电位器接触不好且有噪声时，屏幕上将显示噪声电压的波形。

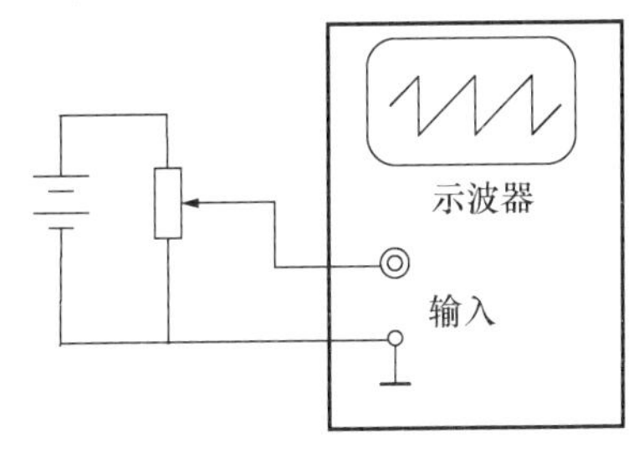

图7－8　用电位器噪声测量的接线

7.1.3 电容的测量

电容器在电路中多用来滤波、隔直、耦合交流、旁路交流及与电感元件构成振荡电路等，也是电路中应用最多的元件之一。

电解电容是目前用得较多的电容器。它体积小、耐压值高，正极是金属片表面上形成的一层氧化膜，负极是液体、半液体或胶状的电解液。引脚有正、负极之分，故只能工作在直流状态下，如果极性用反，将使漏电流剧增。在此情况下，电解电容将会急剧变热而使电容损坏，甚至引起爆炸。一般厂家会在电容器的表面上标出正极或负极，新买来的电容器引脚长的一端为正极。

1. 电容的参数

电容器的参数主要有以下几项。

（1）标称电容量 C_R 和允许误差 δ：标注在电容器上的电容量，称作标称电容量 C_R；电容器的实际电容量与标称电容量的允许最大偏差，称为允许误差 δ。

（2）额定工作电压：这个电压是指在规定的温度范围内，电容器能够长期可靠工作的最高电压，可分为直流工作电压和交流工作电压。

（3）漏电电阻和漏电电流：电容器中的介质并不是绝对的绝缘体，或多或少总有些漏电。除电解电容以外，一般电容器的漏电电流是很小的。显然，电容器的漏电电流越大，绝缘电阻越小。当漏电电流较大时，电容器会发热，发热严重时，会损坏电容器。

（4）损耗因素 D：电容器的损耗因素定义为损耗功率与存储功率之比。D 值越小，损耗越小，电容的质量越好。

2. 电容的等效电路

由于绝缘电阻和引线电感的存在，电容的实际等效电路如图 7－9（a）所示，在工作频率较低时，可以忽略引线电感的影响，简化为图 7－9（b）所示电路。因此，电容的测量主要是电容量与电容器损耗的测量。

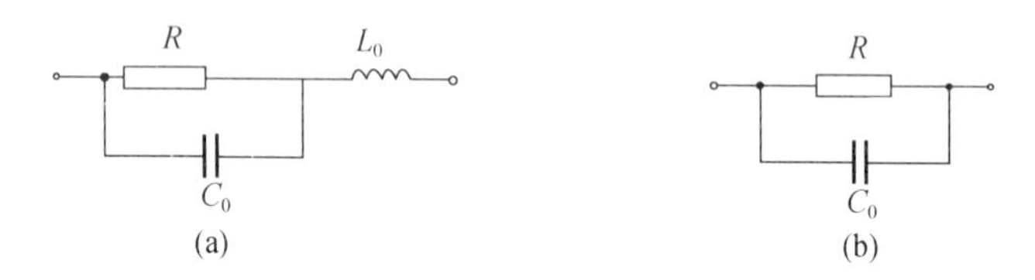

图 7－9　电容的等效电路

（a）电容的实际等效电路；（b）电容的简化等效电路

3. 用万用表估测电容

用模拟式万用表的电阻挡测量电容器，不能测出其容量和漏电阻的确切数值，更不能知道电容器所能承受的耐压，但对电容器的好坏程度能进行粗略地判断，在实际工作中经常使用。

1）估测电容的漏电流

估测电容的漏电流可按万用表电阻挡测量电阻的方法来估测。黑表笔接电容器的“＋”极，红表笔接电容器的“－”极，在电容与表笔相接的瞬间，表针会迅速向右偏转很大的角度，然后慢慢返回。待指针不动时，指示的电阻值越大，表示漏电流越小。若指针向右偏转后不再摆回，说明电容器已被击穿；若指针根本不向右摆动，说明电容器内部断路或电解质已干涸失去容量。指针的偏转范围可参考表7-2。

表7-2 测量各种电容器的指针摆动范围

测量挡	容量/μF			
	<10	20~25	30~50	>100
$R\times100$	略有摆动	1/10以下	2/10以下	3/10以下
$R\times1\text{k}$	2/10以下	3/10以下	6/10以下	7/10以下

2）判断电容的极性

上述测量电容器漏电的方法，还可以用来鉴别电容器的正、负极。对已失掉正、负极标志的电解电容，可先假定某极为“+”极，让其与万用表的黑表笔相接，另一个电极与红表笔相接，同时观察并记录表针向右摆动的幅度；将电容放电后，两只表笔对调，重新进行测量。哪次表针最后停留的摆动幅度小，说明该次测量中对电容的正、负极的假设是对的。

3）估测电容量

一般来说，电解电容的实际容量与标称容量差别较大，特别是放置时间较久或使用时间较长的电容器。利用万用表准确测量出电容量是很难的，只能比较出电容量的相对大小。方法是测量电容器的充电电流，接线方法与测漏电流相同，表针向右摆动的幅度越大，表示电容量越大。指针的偏转范围和容量的关系可参考表7-2。

4. 交流电桥法测量电容和损耗因素

1）串联电桥的测量

在图7-10（a）所示的串联电桥中，由电桥的平衡条件可得

$$C_x=\frac{R_4}{R_3}\times C_n \tag{7-10}$$

式中，C_x 为被测电容的容量；C_n 为可调标准电容；R_3、R_4 为固定电阻。

$$R_x=\frac{R_3}{R_4}\times R_n \tag{7-11}$$

式中，R_x 为被测电容的等效串联损耗电阻；R_n 为可调标准电阻。

$$D_x=\frac{1}{Q}=\tan\delta=2\pi fR_nC_n \tag{7-12}$$

测量时，先根据被测电容的范围，通过改变 R_3 来选取一定的量程，然后反复调节 R_4 和 R_n 使电桥平衡，即检流计读数最小，从 R_4、R_n 的刻度读出 C_x 和 D_x 的值。

2）并联电桥的测量

在图7-10（b）所示的并联电桥中，调节 R_n 和 C_n 使电桥平衡，有

$$\begin{cases}C_x=\dfrac{R_4}{R_3}\times C_n\\[2ex] R_x=\dfrac{R_3}{R_4}\times R_n\\[2ex] D_x=\tan\delta=\dfrac{1}{2\pi fR_nC_n}\end{cases} \tag{7-13}$$

这种电桥适用于测量损耗较大的电容器。

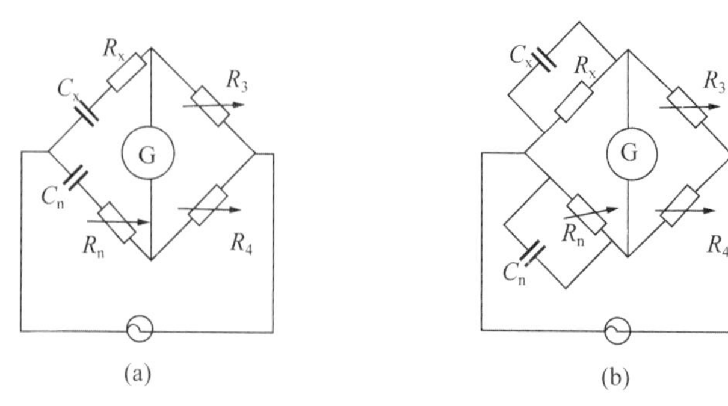

图7-10　交流电桥法测量电容的原理图

（a）串联电桥；（b）并联电桥

7.1.4　电感的测量

电感线圈在电路中多与电容一起组成滤波电路、谐振电路等。

1. 电感的参数

电感器的主要参数有电感量及其误差、额定电流、温度系数、品质因数等，实际运用中需要测量的主要参数是电感量和品质因数。

1）电感量 L

线圈的电感量 L 也叫作自感系数或自感，是表示线圈产生自感能力的一个物理量。当线圈中及其周围不存在铁磁物质时，通过线圈的磁通量与其中流过的电流成正比，其比值称为线圈的电感量。电感量的单位为亨利（H），常用单位有毫亨（mH）和微亨（μH）。

2）品质因数 Q

线圈的品质因数 Q 也叫作 Q 值，是表示线圈品质质量的一个物理量。它是指线圈在某一频率的交流电压下工作时，所呈现的感抗与其等效损耗电阻之比，即

$$Q=\frac{\omega L}{R}=\frac{2\pi fL}{R} \tag{7-14}$$

式中，R 为被测电感在频率 f 时的等效损耗电阻。

在谐振电路中，线圈的 Q 值越高，损耗越小，因而电路的效率越高。线圈 Q 值的提高往往受一些因素的限制，如导线的直流电阻、线圈骨架的介质损耗、屏蔽罩或铁心引起的损耗、高频集肤效应的影响等。线圈的 Q 值通常为几十至几百。

3）分布电容

线圈的匝与匝间、线圈与屏蔽罩间、线圈与磁心和底板间存在的电容，均称为分布电容。分布电容的存在使线圈的 Q 值减小，稳定性差，因此线圈的分布电容越小越好。

2. 电感的等效电路

电感一般是用金属导线绕制而成的，所以存在绕线电阻（对于磁性电感还应包括磁性材料插入的损耗电阻）和线圈的匝与匝之间的分布电容。故其等效电路如图7-11（a）所示。采用一些特殊的制作工艺，可减小分布电容 C_0，当 C_0 较小，工作频率也较低时，分布电容可忽略不计，等效电路简化为如图7-11（b）所示的电路。因此，电感的测量主要是电感量和损耗的测量。

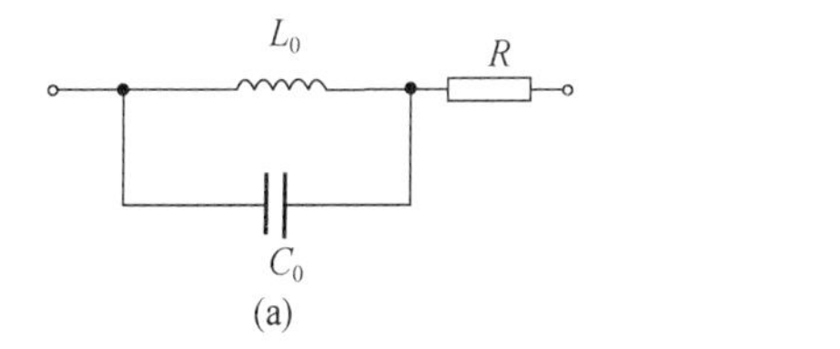

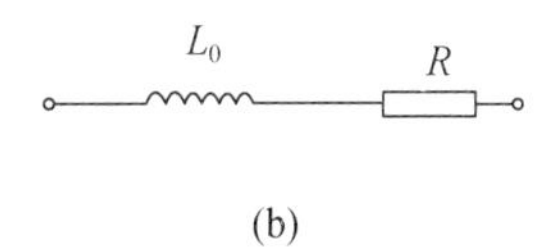

图 7－11　电感的等效电路

（a）电感的实际等效电路；（b）电感的简化等效电路

3. 用交流电桥法测量电感

测量电感的交流电桥有麦克斯韦电桥和海氏电桥，分别适用于测量品质因素不同的电感。

（1）麦克斯韦电桥。如图 7－12（a）所示。由电桥的平衡条件可得

$$\begin{cases} L_x = \dfrac{R_2 R_3 C_n}{1 + \dfrac{1}{Q_n^2}} \\ R_x = \dfrac{R_2 R_3}{R_n}\left(\dfrac{1}{1 + Q_n^2}\right) \\ Q_x = \dfrac{1}{\omega R_n C_n} = Q_n \end{cases} \tag{7-15}$$

式中，L_x 为被测电感；R_x 为被测电感的损耗电阻。

一般在麦克斯韦电桥中，R_3 用开关连接，可进行量程选择，R_2 和 R_n 为可调标准元件，从 R_2 的刻度可直接读出 L_x 的值，由 R_n 的刻度可直接读出 Q_x 的值。麦克斯韦电桥适用于测量 $Q<10$ 的电感。

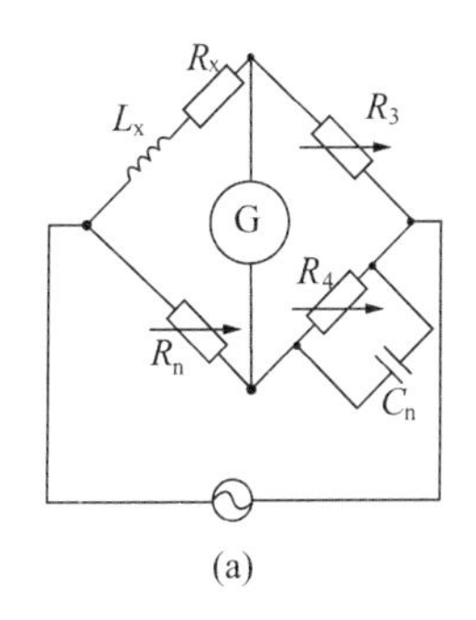

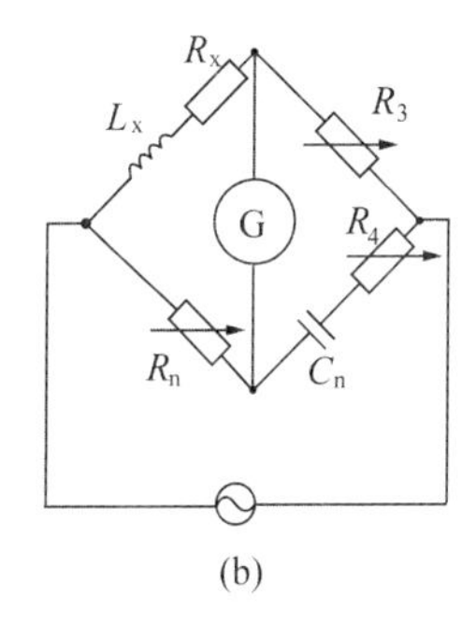

图 7－12　交流电桥测量电感

（a）麦克斯韦电桥；（b）海氏电桥

（2）海氏电桥。如图 7－12（b）所示，同样由电桥平衡条件可得

$$\begin{cases} L_x = \dfrac{R_2 R_3 C_n}{1 + \dfrac{1}{Q_n^2}} \\ R_x = \dfrac{R_2 R_3}{R_n}\left(\dfrac{1}{1 + Q_n^2}\right) \\ Q_x = \dfrac{1}{\omega R_n C_n} = Q_n \end{cases} \tag{7-16}$$

海氏电桥与麦克斯韦电桥一样，由 R_3 选择量程，从 R_2 的刻度可直接读出 L_x 的值，由 R_n 的刻度可直接读出 Q_x 值。海氏电桥是用于测量 $Q>10$ 的电感。

用电桥测量电感时，首先应估计被测电感的 Q 值以确定电桥的类型；再根据被测电感量的范围选择量程，然后反复调节 R_2 和 R_n，使检流计 G 的读数最小，这时即可从 R_2 和 R_n 的刻度读出被测电感的 L_x 值和 Q_x 值。

电桥法测量电感一般适用于测量低频用电感，尤其适用于有铁心的大电感。

7.2　谐振法测量元件参数

谐振测试法是根据谐振回路的谐振特性建立起来的测量元件参数的方法，其基本电路如图 7-13 所示。它是由 LC 谐振回路、高频振荡电路和谐振指示电路 3 部分组成。振荡电路提供高频信号，它与谐振回路之间的耦合程度应足够弱，使反映到谐振回路中的阻抗小到可以忽略不计。谐振指示器用来判别回路是否处于谐振状态，它可以用并联在回路两端的电压表或串联在回路中的电流表担任。同样要求谐振指示器的内阻对回路的影响小到可以忽略不计。

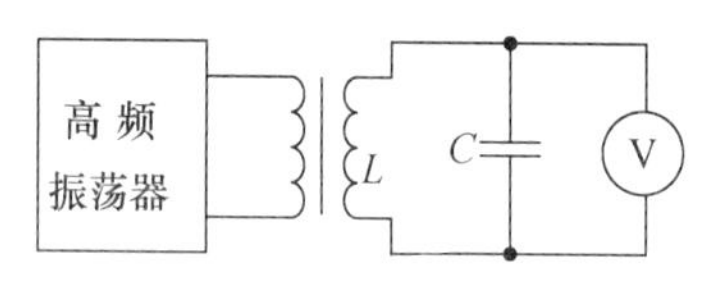

图 7-13　谐振法的基本电路

7.2.1　电容量的测量

谐振法测电容量有直接法和替代法两种。

1. *直接法*

用直接法测试电容量的电路与图 7-13 所示的电路基本相同。选用一适当的标准电感 L 与被测电容 C_x 组成谐振电路，调节高频振荡电路的频率，当电压表的读数达最大时，谐振回路达到串联谐振状态。这时振荡电路输出信号的频率 f 将等于测量回路的固有频率 f_0，即

$$f=f_0=\frac{1}{2\pi\sqrt{LC_x}} \tag{7-17}$$

由此可求得电容 C_x 值为

$$C_x=\frac{1}{4\pi^2 f_0^2 L} \tag{7-18}$$

式中，电容的单位是 F；频率的单位是 Hz；电感的单位是 H。若上述各量的单位分别用 pF、MHz、μH，则 C_x 式可写为

$$C_x=\frac{2.53\times10^4}{f_0^2 L} \tag{7-19}$$

由于谐振频率 f_0 可由振荡电路的刻度盘读得，电感线圈的电感量是已知的，即可由式(7-19)计算被测电容量 C_x。

由直接法测得的电容量是有误差的，因为它的测试结果中包括了线圈的分布电容和引线电容，为了消除这些误差，宜改用替代法。

2. 替代法

用替代法测试电容量有并联替代法和串联替代法两种。串联替代法和并联替代法采用替代原理，进行两次测试。被测元件接入前使电路谐振，被测元件接入已调谐好的电路后会使电路失谐，然后重新调整电路中的标准元件，以补偿（替代）被测元件造成的失谐。测量结果需计算后方能得到，这是一种间接测量的方法。

1）并联替代法

用并联替代法测试电容量的电路如图7－14所示。进行测试时，首先将标准可变电容器放在电容量很大的刻度位置 C_{S1} 上，调节振荡电路的频率使串联谐振回路谐振。然后将被测电容器接在 C_x 接线柱上，与标准可变电容器并联，振荡电路保持原来的频率不变，减小标准可变电容器的电容量到 C_{S2}，使串联谐振回路恢复谐振。在这种情况下，有：

$$C_{S1}=C_{S2}+C_x \tag{7-20}$$

即可求得被测电容 C_x 的值为

$$C_x=C_{S1}-C_{S2} \tag{7-21}$$

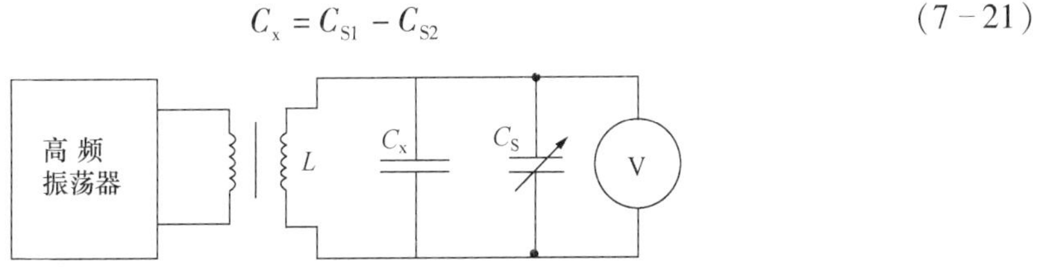

图7－14 并联替代法测量电容量

显然，并联替代法只能测电容量小于标准可变电容器变化范围内的电容器。由于通常标准可变电容器的电容量变化范围有限，例如，一个能从500 pF变化到40 pF的电容器的电容量变化范围为0～460 pF。按照上述测试方法，只能测试电容量小于460 pF的电容。当被测电容量大于标准可变电容器的电容量变化范围时，则可根据被测电容量的估算数值选择一个适当容量的电容器作为辅助元件，再用上述方法进行测试。选择辅助电容器时，必须使已知辅助电容器的电容量与标准可变电容器的变化范围之和大于被测电容器的电容量。例如，用电容量变化范围为460 pF的标准可变电容器来测被测电容量约为680 pF的电容时，必须选择一个电容量大于220 pF的已知电容作为辅助元件。

测试时，首先把已知电容接在 C_x 接线柱上，标准可变电容器放在电容量所在的刻度位置 C_{S1} 上，调节振荡电路的频率使串联谐振回路谐振。然后拆去 C_x 接线柱上的已知电容，接上被测电容。振荡电路保持原来的频率不变。减小标准可变电容器的电容量到 C_{S2}，使串联谐振回路恢复谐振。在这种情况下有

$$C_{S1}+C_{已知}=C_{S2}+C_x \tag{7-22}$$

即可求得被测电容 C_x 的值为

$$C_x=C_{S1}-C_{S2}+C_{已知} \tag{7-23}$$

2）串联替代法

被测电容量大于标准可变电容器容量变化范围的另一种方法是串联替代法。使用串联替代法测电容的电路如图7－15所示。进行测试时，首先将标准可变电容放在电容量甚小的刻

度位置 C_{S1} 上，调节振荡电路的频率使串联谐振回路谐振。然后将被测电容串联在谐振回路中，振荡电路保持原来的频率不变，增加标准可变电容量到 C_{S2}，使串联谐振回路恢复谐振。在这种情况下，有

$$C_{S1}=\frac{1}{\dfrac{1}{C_{S2}}+\dfrac{1}{C_x}} \tag{7-24}$$

即可测得被测电容 C_x 的值为

$$C_x=(C_{S1}\cdot C_{S2})(C_{S2}-C_{S1}) \tag{7-25}$$

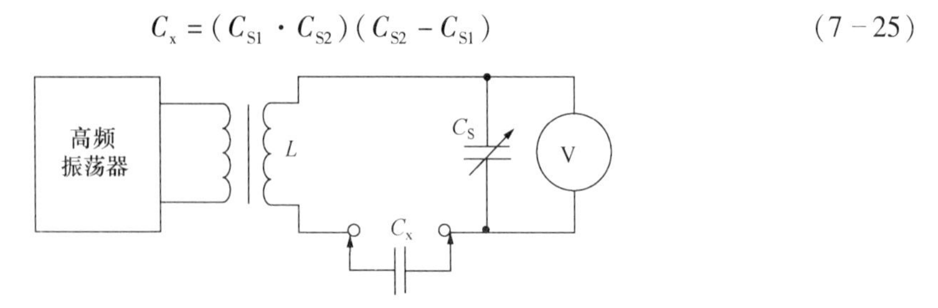

图 7-15　串联替代法测量电容量的电路

7.2.2　电感量的测量

1. 直接法

在图 7-13 中若选用已知标准电容 C_S 和被测电感 L_x 组成谐振回路，按测试电容的同样方法，调节振荡电路的输出频率，使谐振回路达到谐振状态，由式 $f=f_0=1/(2\pi\sqrt{LC_x})$ 可得被测电感 L_x 的值为

$$L_x=\frac{1}{4\pi^2 f_0^2 C_S} \tag{7-26}$$

式中，电容的单位是 F，频率的单位是 Hz，电感的单位是 H。若上述各量的单位分别用 pF、MHz、μH，则式（7-26）可写为 $L_x=(2.53\times10^4)/(f_0^2C_S)$。式中 f_0 可由振荡电路的刻度盘读得，C_S 可由标准可变电容器的刻度盘读得，由式（7-26）即可计算出被测电感量 L_x。

实际上按谐振法设置的测试仪器，测电感时为了能直接读数，通常是在某些指定的频率点上进行测试。由式 $L_x=(2.53\times10^4)/(f_0^2C_S)$ 可知，当 f_0 为定值时，L_x 与 C_S 成反比例关系，所以，在标准可变电容器 C_S 的刻度盘上附加直读电感的刻度，就可以直接读出被测电感 L_x 值，而无须计算。

用直接法测得的电感量是有误差的，因为实际上，公式 $L_x=(2.53\times10^4)/(f_0^2C_x)$ 中的电容值还包括线圈的分布电容和引线电容，而标准可变电容的刻度中不包括这两项电容值，测试结果为正误差，即测试值大于实际值。若要消除误差，应采用替代法。

2. 替代法

与测电容一样，也有并联替代法和串联替代法两种。测小电感时用如图 7-16（a）所示的串联替代法，测大电感时用如图 7-16（b）所示的并联替代法。由于具体的测试方法与测电容的替代法相仿，不再赘述。

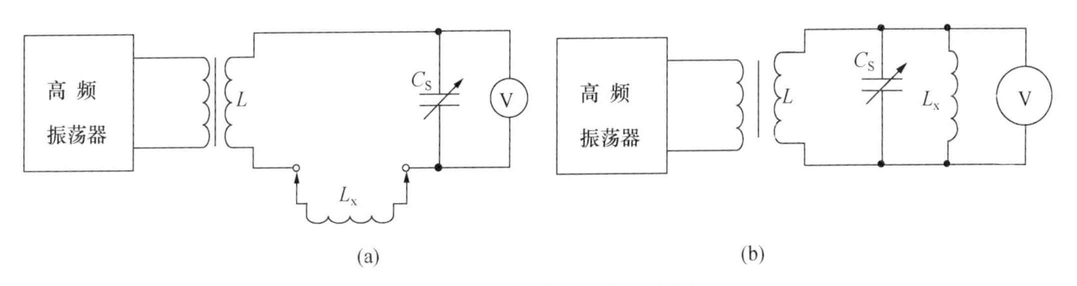

图7－16　用替代法测量电感量

（a）用串联替代法测量电容量；（b）用并联替代法测量电容量

7.2.3　品质因数（Q值）的测量

利用谐振法测回路的品质因数（Q值），可采用电容变化法或频率变化法，两种测试方法均采用如图7－13所示的电路。

电容变化法是变化调谐回路中的电容量，使回路发生一定程度的失谐，从而求得回路的品质因数。根据回路谐振时可变电容器C_S的读数C_{S0}和回路两次失谐（谐振指示器指示下降到70.7%）时可变电容器C_S的读数为C_1、C_2，即可按下式计算品质因数为

$$Q=\frac{2C_{S0}}{C_2-C_1} \tag{7-27}$$

频率变化法是改变高频振荡电路的振荡频率，使回路发生一定程度的失谐，从而求得回路的品质因数。根据回路谐振时振荡电路的频率数f_0和回路两次失谐（谐振指示器的指示下降到70.7%）时振荡电路的频率读数f_1和f_2，可计算品质因数为

$$Q=\frac{f_0}{f_2-f_1} \tag{7-28}$$

用电容变化法和频率变化法测回路的品质因数Q值，须经过几步操作和计算。

7.2.4　Q表及其使用

1. Q表的组成

根据谐振原理制成的一种能直接读出线圈Q值的测试仪器称为Q表。它是测高频电路元件参数的重要仪器。Q表除测线圈Q值这一基本用途以外，因为其中包含有谐振测试法所需用的各种设备，所以还可以用来进行其他项目的谐振法测试。如图7－17所示为WY2853型Q表。该表是测试频率为0.7～100 MHz的高频阻抗测试仪器。特别适合对微电感的电感器和其他元件、部件的分布参数的高频特性测试。

Q表的基本原理如图7－18所示，被测线圈（视在参量为L_x与R_x）与Q表内部的一只标准可变电容器C_S组成一个串联谐振回路；在标准可变电容器的两端跨接一只标准可变电容器C_S组成一个串联谐振回路；并在标准可变电容器的两端跨接一只输入阻抗很高的电子电压表，作为谐振指示器；加在标准电阻R_1及R_2上的高频电压，由一个作为监视器的电子电压表测试，用以监视引入串联谐振回路的高频电压U_1的大小。

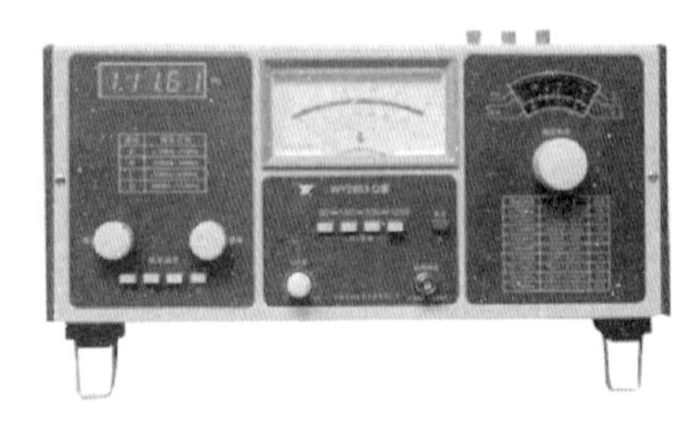

图 7-17 WY2853 型 Q 表

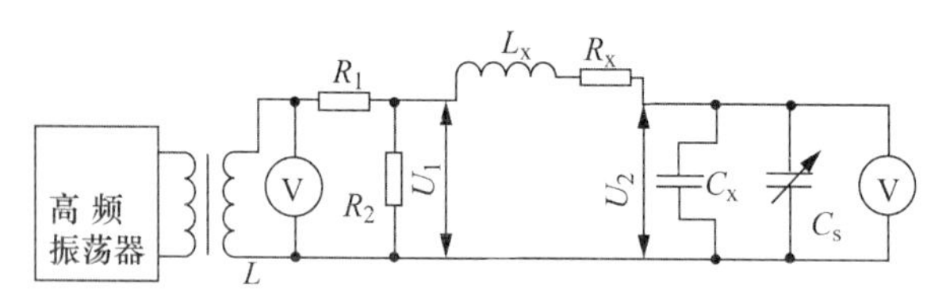

图 7-18 Q 表的基本电路

调节可变高频振荡电路的频率或标准可变电容器的电容，使串联谐振回路谐振，此时并联在标准可变电容器上的电子电压表的指示最大。按照谐振回路的原理，最大电压 U_2 和输入回路的电压 U_1 之间关系 $U_2=QU_1$，可得

$$Q=\frac{U_2}{U_1} \tag{7-29}$$

由此测得的 Q 值是串联谐振回路总的品质因数。但由于在一般情况下标准可变电容器 C_S 的损耗与线圈的损耗相比可以忽略，电子电压表的输入电阻极大，由其所引入回路中的损耗可以忽略，输入电压 U_1 的内部电阻与线圈的有效串联电阻 R_x 相比也可以忽略，所以串联谐振回路的品质因数 Q 可以认为是被测线圈的品质因数 Q_x。

若将 U_1 的大小保持一定，则 U_2 正比于被测线圈的 Q 值，因此如将电子电压表的刻度盘直接按 Q 值刻度，在测试时便可以直接读出 Q 值。

由 $U_2=QU_1$ 这一基本关系式可见，因为 U_2 和 Q 之间的比例常数为 U_1，改变 U_1 的大小可以改变 Q 表量程。U_1 越小，则同一 U_2 值所代表的 Q 值越大。所以 Q 表的量程能借助 U_1 的减小而扩大。某些 Q 表产品就是通过减小 U_1 值来扩展 Q 值读数倍率的。

为了使 Q 表除测试线圈 Q 值之外能进行其他谐振法测试，通常将其内部的高频振荡电路和可变标准电容均加以正确的定度。这样便可由振荡电路的频率刻度盘和频段开关所示的读数，知道测试所用振荡频率的准确数值；由可变标准电容器刻度盘所示出的读数，知道测试时标准电容器的准确数值。为了微调和读出微小电容变化值的需要，一般 Q 表内部的标准电容器除一只容量较大（如 500 pF）的可调电容器外，还包括一个与之并联的、刻度盘直接按微小电容量（如 ±3 pF）刻度的较小的电容器。

Q 表按其应用的频率范围不同，有低频 Q 表、高频 Q 表和超高频 Q 表等不同类型。不同频率的 Q 表的基本原理都同上所述。

2. 高频 Q 表的组成

Q 表可以用来测量高频电感或谐振回路的 Q 值、电感器的电感量及其分布电容量、电容器的电容量及其损耗角、电工材料的高频介质损耗、高频回路的有效并联电阻及串联电阻、传输线特性阻抗等。图 7-19 为一个高频 Q 表的实物图。

高频 Q 表的原理电路如图 7-20 所示。由图可见，Q 表包括高频振荡电路、定位指示电路、谐振指示电路、测试回路和电源供给电路 5 个部分。现分别介绍如下。

1）高频振荡电路

通常是一个电感三点式振荡电路。一般产生频率为 50 kHz～50 MHz 的高频振荡信号。分为若干个频段，由筒形波段开关（仪器面板的频段开关）控制变换，每个频段的频率由

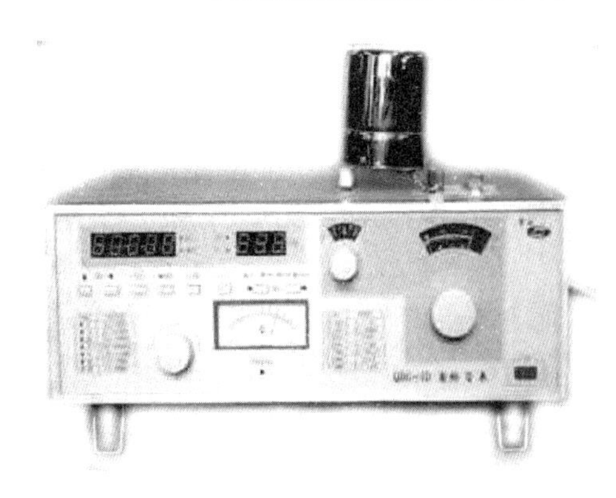

图 7-19　高频 Q 表的实物图

双联可变电容器（仪器面板的频率刻度盘）连续调节。高频振荡电路的输出信号通过电感耦合线圈馈送到宽带低阻分压器（由 1.96 Ω、0.04 Ω 组成）。借助调节电位器（仪器面板上的定位粗调和定位细调旋钮）改变高频振荡管的相关直流电压，可以控制一定大小的高频信号电压，加到宽频带低阻分压器上，此高频信号通过电阻分压后加入串联谐振回路。

2）定位指示电路

加在宽频带低阻分压器上的高频信号电压由作定位指示用的电子电压表测量，用以监视引入串联谐振回路的高频电压的大小。当调节高频振荡电路的输出信号电压，使定位指示器的指示在定位线"$Q\times1$"上时，宽带低阻分压器的输入电压为 500 mV，通过分压，从 0.04 Ω电阻上取出的 10 mV 的高频信号电压，加到测试回路（串联谐振回路）上。分压电阻是一个 0.04 Ω 的小电阻，以实现低阻抗的高频信号源，减小电源内阻对测量电路的影响。作为定位指示用的电子电压表的零点调节（即起始电流补偿），由一只电位器（仪器面板上的定位校正旋钮）担当。

3）测试回路

测试回路中有两个标准可变电容器，一个是主调电容器（2×250 pF），另一个是微调电容器（5～13 pF）；有两对接线柱：L_x 和 C_x，L_x 接被测线圈或辅助线圈（测量电容时），C_x 接被测电容等。由被测线圈（或辅助线圈）与标准电容器（或包括被测电容器）组成一个串联谐振回路。当调节标准可变电容器的电容量或振荡电路的频率，使串联谐振回路谐振时，作为谐振指示器的电子电压表指示最大。

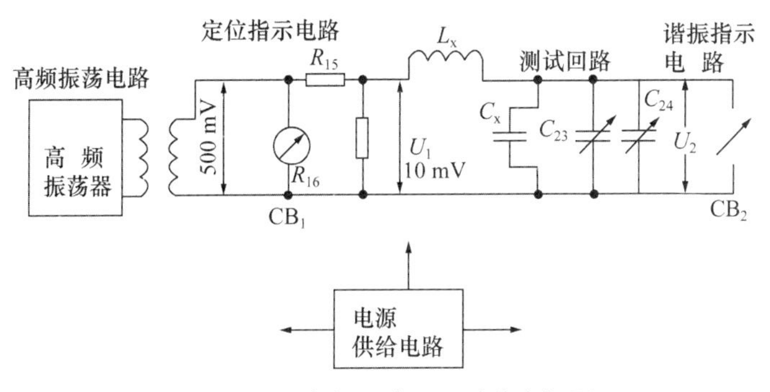

图 7-20　高频 Q 表原理功能方框图

4）谐振指示电路

谐振指示电路是一个作谐振指示和 Q 值读数的电子电压表，它并接在串联谐振回路中的可变电容器的两端。当串联谐振回路达到谐振状态时，电容器两端的电压达到最大值，电子电压表指示达到最大。由于回路谐振时标准可变电容器两端的电压是测试电路的输入电压值 U_1 的 Q 倍，即 $U_2=QU_1$，$Q=U_2/U_1$，这里的 Q 值是串联谐振回路的品质因数，但可以认为是串联谐振回路线圈的品质因数。在 U_1 为定值时（当定位指示器指示在“$Q\times1$”位置时），测试电路输入电压 U_1 等于10 mV，所以 Q 值正比于 U_2 值（假使 U_2 为0.1 V，则 Q 为10；假使 U_2 为0.5 V，则 Q 为50；假使 U_2 为1 V，则 Q 为100；……），因此可将作为谐振指示器用的电子电压表的刻度盘直接按 Q 值刻度。这样刻度以后，在测量时便可以直接读出 Q 值。一般测量 Q 值的量程分三挡：10~100、20~300、50~600，由电子电压表的灵敏度转换开关（仪器面板上的 Q 值范围开关）选择。作为谐振指示器的电子电压表的零点调节（即起始零点补偿），由一只电位器（仪器面板上的 Q 值零位校正旋钮）担当。

5）电源供给电路

电源供给电路通常采用磁饱和稳压器和稳压管双重稳压，保证仪器在电源电压变化较大的情况下正常工作。

3. 使用方法

Q 表虽然型号不少。但是它们除频率范围、测量范围、测量精度等不完全一样外，基本使用方法是相同的。现以 QBG-3 型高频 Q 表为例加以介绍。

1）面板装置

QBG-3 型高频 Q 表面板上所具有的控制装置有频段选择开关、振荡频率度盘、定位指示表头、定位零点校正旋钮、定位粗调和定位细调旋钮、Q 表指示表头、Q 值零位校正旋钮、Q 值范围开关、主调电容刻度盘、微调电容刻度盘、测量接线柱、电源开关和指示灯。如图7-21所示为 QBG-3 型高频 Q 表面板，现分别介绍如下。

①振荡频率刻度盘：作为每个指示频段内的频率连续调节用。刻度盘上有与频段选择开关配合使用的若干条频率刻度，以选择所需频率。

②频段选择开关：是高频振荡电路中的波段开关，分成7个频段。

③铭牌：仪器名称、生产厂商、型号等。

④Q 值指示表头：是谐振指示电路中的直流微安计 CB_2，作为谐振指示和 Q 值读数用。

⑤定位指示表头：是定位指示电路中的直流微安计 CB_1，用作监视引入测试电路的高频电压的大小。

⑥定位零位校正钮：当定位粗调旋钮置于起始位置（逆时针旋到底）时，调节定位零位校正旋钮，使定位指示表的指针在零位。

⑦Q 值零位校正旋钮：是谐振指示电路中的电位器。在测试回路远离谐振点的情况下，调节 Q 值零位校正旋钮，使 Q 值指示表的指针在零位。

⑧定位细调旋钮和⑨定位粗调旋钮：定位粗调和定位细调旋钮是高频振荡电路中的两个电位器。调节定位粗调和定位细调旋钮，可改变高频振荡电路输出电压大小，使定位指示表指在刻度 $Q\times1$ 上，才能从 Q 值指示表上直接读 Q 值。

⑩Q 值范围开关：是谐振指示电路中的波段开关，作为谐振指示时的灵敏度变换和 Q 值指示的量程变换用。有三挡位置：10~100，20~300，50~600，进行测量时，应根据被

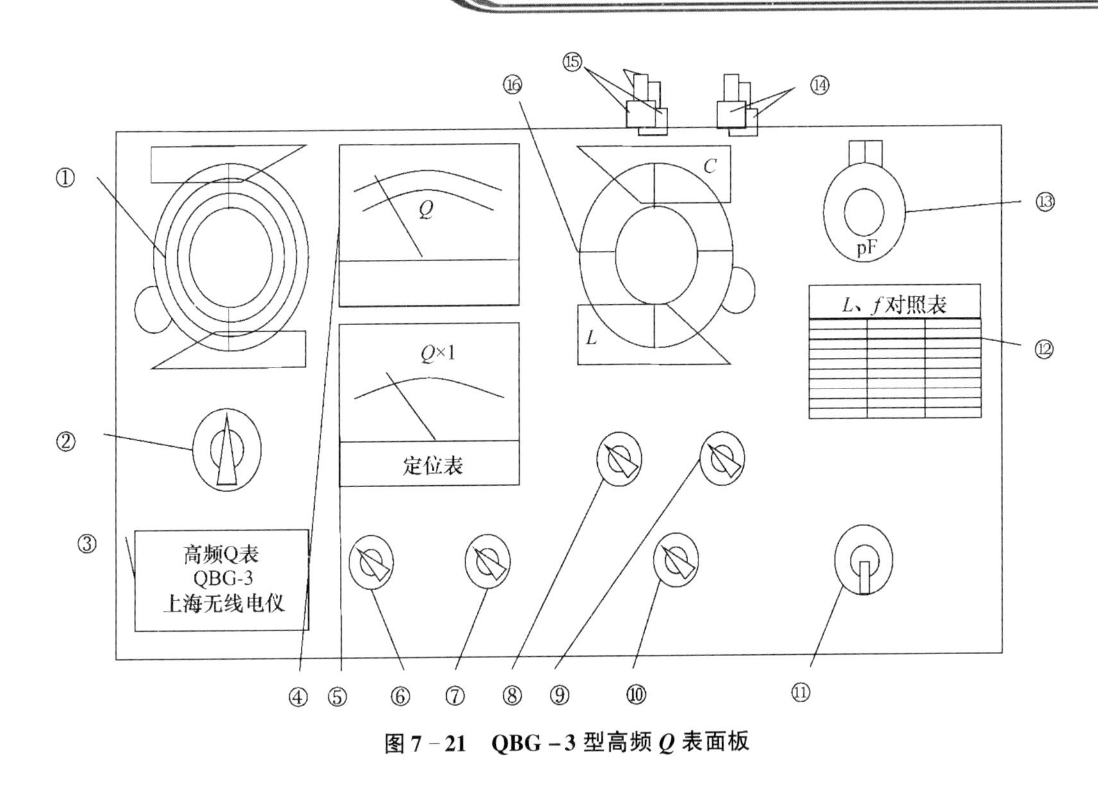

图7-21 QBG-3型高频Q表面板

测元件Q值的大小选择适宜挡级。

⑪电源开关和指示灯。

⑫L、f对照表。

⑬微调电容度盘：是测试回路中的标准可变电容器，有 -3 pF ~ 0 ~ $+3$ pF 刻度，作为微调之用，通常将该刻度盘置于零位，否则测试时须将微调电容器刻度盘的读数加到主调电容刻度盘的读数上去。

⑭C_x接线柱和⑮L_x接线柱：两个测量接线柱：是测试回路中L_x与C_x的接线柱，位于仪器的顶部。

⑯主调电容度盘：是测试回路中标准可变电容器。度盘上有C和L两种刻度。

2）测试步骤与技巧

（1）测试准备：进行各项测试时均应做好本项使用工作。

①将仪器安装在水平的工作台上，校正定位指示电表的机械零点。

②将定位粗调旋钮向逆时针方向旋到底，定位零位校正和Q值零位校正旋钮置于中间附近位置，微调电容刻度盘调到零。

③接通电源（指示灯亮），预热30 min以上，待仪器稳定后进行测试。

（2）高频线圈Q值测量（基本测量法）。将被测线圈接在仪器顶部的L_x接线柱上（接触必须良好）；调节频段选择开关和频率刻度盘，使之到达规定的测量频率点上；估计被测件的Q值，将Q值范围开关置于适当的挡级上；将定位粗调旋钮向逆时针方向旋到底（定位微调旋钮位置任意）。调节定位零位校正旋钮，使定位表指示为零；调节定位粗调、定位细调旋钮，使定位表指示在$Q\times1$上（在回路调谐后，若定位表指示偏离定位点，则应重新调节定位粗调和定位细调旋钮，使指针仍在定位点上）；调节主调电容刻度盘，使之远离谐振点（使 Q 值表指示最小）；调节 Q 值零位校正旋钮，使 Q 表指示为零（100、300、600 三挡零位在同一点上）；再调节主调电容和微调电容刻度盘，使测试回路谐振，即 Q 值表指示最大，此时 Q 值表头指示值便为测量回路的 Q 值。因为测量回路中标准电容器的损耗极小，所以测量回路的 Q 值就近似等于被测电感的 Q 值。

注意：当工作频率高于 10 MHz时，若回路谐振，定位表可能有微小偏转，此时应调节定位细调旋钮使定位表仍指示在 $Q\times1$ 上，并以调节后的 Q 值表的读数为准。

由于被测线圈本身分布电容的影响，以上所测得的 Q 值和实际值略有相差，如果所进行的测量作为 Q 值的大概测量，那就不需加以修正。当需获得较精确的 Q 值时，则应按后面所述的方法测出线圈的分布电容量 C_0，然后按下式修正：

$$Q = Q_m \frac{C_1 + C_2}{C_1} \tag{7-30}$$

式中，Q_m 为测量值；C_1 为回路谐振时主调电容刻度盘与微调电容的读数之和。如回路谐振时 C_1 读数很大，C_0 只占很小比例，则测得值和修正后的实际值相差很小。

（3）高频线圈电感量的测量。Q 表在测量高频线圈的 Q 值时，能够知道与被测高频线圈相谐振时的电容量 C 值和频率 f_0 值。按照公式 $f_0=1/(2\pi\sqrt{LC})$ 可计算出被测高频线圈的电感量。实际上测量高频线圈电感值时，为了能够直读，通常是在某些指定频率上进行电感测量的。在频率已经指定的情况下，L_x 与 C 成反比的关系，所以在标准可变电容器的刻度盘上可附加直读电感的刻度，以免除计算的麻烦。

①将被测线圈接在仪器顶部 L_x 接线柱上（接触必须良好）。

②根据被测线圈的大约电感值，在面板上的“电感、倍率、频率”对照表中选择一标准频率。然后通过频段选择开关和频率刻度盘，将高频信号调到这一标准频率上。

③使被测电感在此标准频率上谐振。

④微调电容刻度盘置于“0”上，调节主调电容刻度盘，使测试回路谐振。则主调电容刻度盘对应的电感数乘以对照表上所指示的倍率就是被测线圈电感的近似值。

“电感、倍率、频率”对照表如表 7－3 所示。对照表的使用方法举例如下：如被测的高频线圈的大约电感值为 50 μH，根据表 7－3 查得被测电感量在 10～100 μH 范围内，测试频率为 2.52 MHz，电感量按主调电容刻度盘上的 L 读数乘以倍率 10。

⑤要测得准确的电感数，必须先测得电感的分布电容量 C_0（分布电容的具体测法见后面所述）。然后照上述步骤读得电感值后，再将主调电容刻度盘的刻度调在 C_1+C_0 的位置上，这时刻度盘的电感读数乘以对照表上所指示的倍率即为线圈的较精确的电感量。

⑥在被测电感小于 10 μH 时，按上述方法测得的电感值，还应减去仪器中测试回路本身的剩余电感 L_0（L_0 近似等于 0.07 μH）。

表 7－3 “电感、倍率、频率”对照表

电感	倍率	频率
0.1～1.0 μH	×0.1	25.2 MHz
1.0～10 μH	×1	7.95 MHz
10～100 μH	×10	2.52 MHz

续表

电 感	倍 率	频 率
0.1～1.0 mH	×0.1	795 kHz
1.0～10 mH	×1	252 kHz
10～100 mH	×10	79.5 kHz

实例：已知被测线圈的分布电容值 $C_0=4$ pF，仪器剩余电感值 $L_0=0.07$ μH，按“电感、倍率、频率”对照表选择的标准频率 $f=7.95$ MHz。将微调电容刻度盘置于“0”上，调节主调电容刻度盘，使测试回路谐振，测得 $C_1=196$ pF。随后再调整主调电容刻度盘到 $C_1+C_0=(196+4)$ pF $=200$ pF 处。从对边 L 刻度线上读得 L 值为 4 μH。被测线圈的实际电感值为 $L-L_0=(4-0.07)$ μH $=3.93$ μH。

（4）电容器容量的测量。通常采用并联替代法测量电容量小于460 pF 的电容器，具体测量步骤如下。

① 取一个电感量大于 1 mH 的辅助线圈，接在 L_x 接线柱上，与标准可变电容器组成串联谐振回路。

②将微调电容刻度盘调到“0”位，主调电容刻度盘调到较大电容量 C_1 上。

③将定位粗调旋钮置于起始零位时，调节定位零位校正旋钮，使定位表示于零。调节定位粗调和定位细调旋钮，使定位表指示在 $Q\times1$ 位置附近。

④调节高频振荡频率，使远离谐振点（即 Q 值表头指示最小），调节 Q 值零位校正旋钮，使 Q 值表指示于零。

⑤调节频段选择开关和频率度盘，使测试回路谐振。

⑥将被测电容器接在 C_x 接线柱上，与标准可变电容器并联，保持高频振荡频率不变，调节（减小）主调电容刻度盘，使测试回路恢复谐振。若此时主调电容器刻度盘的读数为 C_2，则 $C_1=C_2+C_x$。所以被测电容器的电容量为 $C_x=C_1-C_2$。

大于460 pF 电容量的测量。通常标准可变电容器的电容变化范围有限，一般 Q 表的主调电容刻度盘的电容变化范围为460 pF（从500 pF 变化到40 pF）。故按上述的并联替代法只能测量电容量小于460 pF 的电容，若要测量大于460 pF 的电容时，可借助一只已知电容量的电容器作为辅助元件，再用并联替代法进行测量或采用串联替代法进行测量。具体测量在测试原理中已介绍。

（5）电容器损耗因数的测量。下面介绍电容量不超过460 pF 的电容器损耗因数的测量方法。

①调节频段选择开关和频率度盘到规定的测量频率点。

②选择本身 Q 值较高、电感量适当的辅助电感，接在 L_x 接线柱上，与标准可变电容器组成串联谐振回路。

③将定位粗调旋钮置于起始零位时，调节定位零位校正旋钮，使定位表指示于零位，调节定位粗调和定位细调旋钮，使定位表指在 $Q\times1$ 上。

④调节主调电容刻度盘到远离谐振点处（使 Q 值表指示最小），再调节 Q 值零位校正旋钮使 Q 表示于零位。

⑤调节主调电容刻度盘，使测试回路谐振。Q 值读数为 Q_1，电容读数为 C_1。

⑥将被测电容器接在 C_x 接线柱上，与标准可变电容器并联。调节电容刻度盘使测试回路恢复谐振。Q 值读数为 Q_2，电容读数为 C_2。根据下式便可算得电容器损耗正切角 δ 为

$$\tan\delta = \frac{1}{Q} = \frac{Q_1 - Q_2}{Q_1 \times Q_2}\frac{C_1 + C_0}{C_1 - C_0} \tag{7-31}$$

式中，C_0 为辅助电感的分布电容量。

电容器的有效并联电阻为 R_p：

$$R_p = \frac{Q_1 \cdot Q_2}{Q_1 - Q_2} \cdot \frac{C_1 + C_0}{2\pi f} \tag{7-32}$$

式中，R_p 是有效并联电阻，单位为 Ω；f 是谐振频率，单位为 Hz；C_1 和 C_0 单位为 pF。如果 f 以 kHz 作为单位，C_1 和 C_0 以 pF 为单位，则式（7－32）写成：

$$R_p = \frac{Q_1 \cdot Q_2}{Q_1 - Q_2} \times 1.59 \times 10^{-4}\frac{C_1 + C_0}{f} \tag{7-33}$$

（6）大电阻的测量（在规定频率下的有效电阻）。

①按第（5）项①～⑤操作，其中 C_1 值要尽量小些（即选用适当的电容器），以提高测量灵敏度。

②将被测元件接在 C_x 接线柱，再调节电容刻度盘，使测试回路恢复谐振，此时 Q 值读数为 Q_2，电容读数为 C_2，有效电阻值即为

$$R_p = \frac{Q_1 \cdot Q_2}{Q_1 - Q_2}\frac{1}{2\pi f(C_1 + C_0)} \tag{7-34}$$

此时的分布电容 $C_p = C_1 - C_2$。如 C_1 小于 C_0，则此电阻在这个测试频率上具有电感性，它的电感量为 $L_p = 1/[(2\pi f)^2(C_2 - C_1)]$，此处 L_p 单位为 μH；C_1、C_2 单位为 pF；f 单位为 kHz。

（7）低阻抗的测量。低阻值电阻、大容量的电容和小电感等低阻抗都可以用串联法来进行测量。

①按第（5）项①～⑤操作进行。

②将被测件和标准电感串联后再接入 L_x 接线柱，保持高频振荡频率不变。并重调电容刻度盘，使测试回路恢复谐振。读出 C_2 和 Q_2 值，就可以按式（7－35）算得有效电阻值为

$$R_S = \frac{1}{2\pi f}\left(\frac{1}{C_2Q_2} - \frac{1}{C_1Q_1}\right) \times 10^6 \tag{7-35}$$

式中，R_S 单位 Ω；C_1、C_2 单位为 pF；f 单位为 kHz。

4. 使用注意事项

（1）被测件和测量回路的接线柱间的接线应尽量短和足够粗，并且要接触良好可靠，以减少因接线的电阻和分布参数所带来的测量误差。

（2）被测件不要直接搁在仪器顶部，必要时可用低损耗的绝缘材料如聚苯乙烯做成的衬垫物衬垫。

（3）不要把手靠近被测件，以免人体感应影响而造成测量误差。有屏蔽的被测件，屏蔽罩应连接在低电位端的接线柱上。

（4）估计被测件的 Q 值，并将 Q 值范围开关置于适当的挡级上。在不了解被测件的 Q 值时，Q 值范围开关应置于高挡。定位粗调旋钮应保持适当位置，特别在变换高频振荡频率

挡级时，要避免定位表超过满度，从而引起损坏。

（5）仪器应保持清洁干燥，特别是测试回路部分。

7.3　阻抗的数字化测量方法

阻抗的数字化测量方法，首先是利用正弦信号在被测阻抗的两端产生交流电压，然后连通后将实部和虚部分离，最后利用电压的数字化测量来实现的。下面以双积分式数字电压表为基础介绍阻抗的数字化测量。

7.3.1　电感－电压变换器

电感－电压（$L-U$）变换器的原理如图7－22所示。图中A为阻抗－电压转换部分，两个同步检波器实现虚、实部分离，完成交－直流电压转换，并提供基准电压。

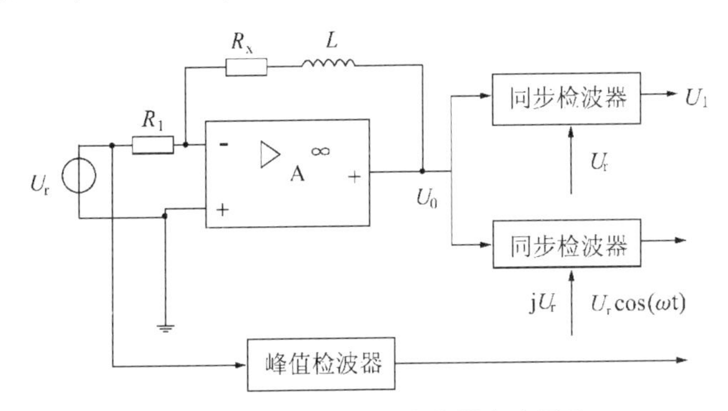

图7－22　电感－电压变换器电路原理

设标准正弦信号为 $u_r=U_r\sin\omega t$。则 u_0 为

$$U_0=-\frac{U_rR_x}{R_1}\sin\omega t-\mathrm{j}\frac{U_r\omega L_x}{R_1}\sin\omega t \tag{7-36}$$

经同步检波后输出实、虚部幅度为

$$U_1=-\frac{U_r}{R_1}R_x \tag{7-37}$$

$$U_2=-\frac{U_r}{R_1}\omega L_x \tag{7-38}$$

利用双积分式数字电压表（$U_x=U_rN_2/N_1$），可实现 R_x、L_x、Q_x 的测量。

1. R_x 的测量

将 U_1 作为被测电压。U_r 作为基准电压接入双积分式数字电压表中，则有：

$$\frac{U_r}{R_1}R_x=\frac{U_r}{N_1}N_2 \tag{7-39}$$

即

$$R_x=\frac{R_1}{N_1}N_2 \tag{7-40}$$

利用式（7－40）选择合适的 R_1，可直接读出 R_x。

2. L_x 的测量

将 U_2 作为被测电压，U_r 作为基准电压接入数字电压表中，则有

$$\frac{U_r \omega L_x}{R_1} = \frac{U_r}{N_1} N_2 \tag{7-41}$$

即

$$L_x = \frac{R_1}{N_1 \omega} N_2 \tag{7-42}$$

选择适当的 R_1 和 ω 即可直接读出 L_x 的值。

3. Q 值的测量

将 U_2 作为被测电压，$-U_1$（进行极性转换）作为基准电压接入数字电压表，则有

$$\frac{U_r}{R_1} \omega L_x = \frac{U_r}{R_1} R_x \cdot \frac{N_2}{N_1} \tag{7-43}$$

即

$$Q_x = \frac{\omega L_x}{R_x} = \frac{1}{N_1} N_2 \tag{7-44}$$

即可直接读出 Q 值。

7.3.2 电容－电压变换器

考虑到电容器常用的等效电路形式，电容－电压（$C-U$）转换时，电容采取并联形式。图 7－23 所示是它的阻抗－交流电压变化部分。

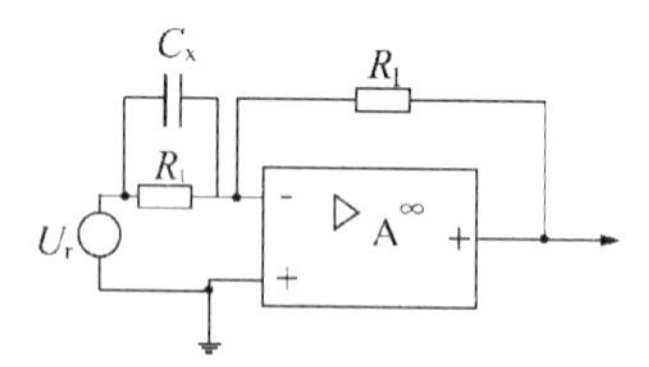

图 7－23　电容－电压变换器

利用上述方法，可得 $U_1 = G_x R_1 U_r$，$U_1 = -\omega C_x R_1 U_r$，再利用双积分式数字电压表，可得

$$\begin{cases} C_x = \dfrac{1}{\omega R_1 N_1} N_2 \\ G_x = \dfrac{1}{R_1 N_1} N_2 \\ D_x = \tan\delta = \dfrac{G_x}{\omega C_x} = \dfrac{1}{N_1} N_2 \end{cases} \tag{7-45}$$

式（7－45）表明，选取适当的参数，电容的电容量、并联导纳及损耗角均可直接用数字显示。

本章小结

(1) 阻抗元件按其工作的频率范围不同，可分为电桥法、谐振法和数字化法测量。

(2) 电桥又分直流电桥和交流电桥。直流电桥主要用于测量电阻，根据被测电阻的测量精度和误差要求分为单臂电桥和双臂电桥；交流电桥不仅可用于电阻的测量，而且还用于低频条件下电容、电感的测量。

(3) 对于工作在高频情况下的电容或电感更多的是采用谐振法即高频表进行测量，其测量结果更符合这些元件的实际工作情况，所以得到广泛应用。

(4) 利用参数变换器及阻抗虚、实部分离法，借助于数字电压表可以直接用数字显示元件的参数。避免了电桥法、谐振法测量操作烦琐、速度慢以及仪器内部需要精密的可调元件的缺点，因而得到了广泛应用。

思考与练习

7-1 测量电阻、电容、电感的主要方法有哪些？它们各有什么特点？对应于每一种方法举出一种测量仪器。

7-2 用 QS18A 型万能电桥测电容，当电桥平衡时，第一读数盘示值为 0.5，第二读数盘示值为 0.038，量程开关在 1 000 pF 挡，损耗倍率开关在 $D\times0.1$ 挡，损耗平衡盘读数为 1.2，求被测电容 C_x 及损耗因数各为多少？

7-3 利用串联替代法测量某电感线圈，已知 $\omega=10^8$ rad/s。当 L_x 短路时测得谐振时 $C_1=30$ pF；接入后保持不变，重新调谐，测得 $C_2=20$ pF，$Q_2=100$，求被测电感的电感量 L_x 及 Q 值。

7-4 并联替代法可以测量小电容。那么，能否利用这个道理测量电感线圈的分布电容？若可以，试给出测量的过程。

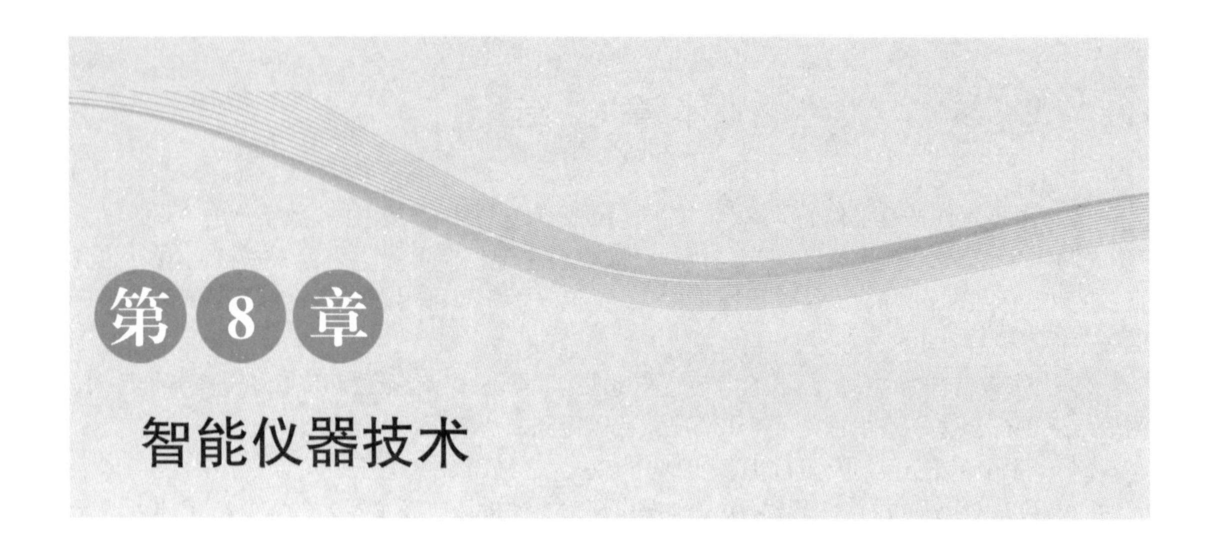

第8章 智能仪器技术

学习要求

明确智能仪器、自动测试系统、虚拟仪器的区别与联系，了解智能仪器的组成及各部分的原理与特点，了解智能仪器的典型处理功能。

学习要点

自动测试系统的组成及总线。智能 DVM 组成、功能特点及应用。虚拟仪器的概念、架构、应用软件平台及虚拟仪器的设计。

随着生产和科学技术的发展，自动化程度越来越高，这就对测量速度和测量准确度提出了更高的要求。比如，大规模集成电路，每个芯片上有十几万个组成元器件，电路复杂，测试数据多。用人工测量，从有限的引脚上测量为数甚多的元器件，实现极其复杂的功能，几乎是不可能的。并且，测量速度和测量精度的要求在不断提高，为了满足这些要求，电子测量仪器不得不越来越复杂，对测试人员的要求也越来越严格。即使如此，有些复杂的测试项目只靠人工仍然是难以完成的。因此，测量系统的自动化和测量仪器的智能化势在必行。

电子测量仪器的发展过程与新器件、新技术的出现是密切相关的。电子计算机技术的发展，特别是微处理器的出现使电子测量仪器产生了飞跃。尽管“自动测试”和“智能”的概念早已形成，但真正的自动测试系统和智能化仪器是在应用了计算机技术以后才出现的。

目前，与计算机技术紧密结合，实现自动化测量的电子设备主要分为两大类：一个是带微处理器的所谓的智能仪器。由于微处理器已经具备了相当强的功能，所以智能仪器可以自动地进行数据采集、处理和显示，并且可以用软件代替硬件逻辑电路和模拟电路，既可以提高仪器的性能、增加功能，又可以简化仪器的结构，降低仪器的成本。另一个是自动测试系统，是由程控仪器经通用接口与计算机连接成系统，测试工作由计算机控制按照预先编制的程序自动进行。在早期的自动测试系统中，仪器占据主要位置，而计算机系统起辅助作用；而到了 GPIB 仪器和 VXI 仪器阶段，计算机系统越来越占据着重要和主要地位。基于这种趋势，出现了“计算机即仪器”的测试仪器新概念，诞生了个人仪器和虚拟仪器。

下面分别对自动测试系统、虚拟仪器、智能仪器作扼要介绍。

8.1　自动测试系统

8.1.1　自动测试系统概述

为解决大规模、高精度、实时性、重复性及人工难以完成的测试工作，获得准确、高效的测试结果，通过计算机及数据通信技术在电子测量领域的成功普及，20 世纪 70 年代后期诞生了自动测试系统（Automated Test System，ATS）。通常把以计算机为核心，在程控指令的指挥下，能自动完成特定测试任务而组合起来的测量仪器和其他设备的有机整体称为自动测试系统。通过统一的无源标准总线，自动测试系统把不同厂家生产的各种型号的通用仪器及计算机，以组合式或积木式的方法连接起来，再在预先编写的测试程序的统一控制下，自动完成整个复杂的测试工作。这种积木化的组建方式简化了自动测试系统的组建工作，因而得到了广泛应用。它标志着测量仪器从传统的独立手工操作单台仪器走向程控多台仪器的自动测试系统。自动测试系统已成为现代测试技术中，智能化程度和自动化程度高、效率高的代表。

自动测试系统具有高速度、高精度、多功能、多参数和宽范围等众多特点。工程上的自动测试系统往往针对一定的应用领域和被测对象，并常按应用对象命名，因此有飞机自动测试系统、导弹自动测试系统、发动机自动测试系统、雷达自动测试系统、印制电路板自动测试系统、大规模集成电路自动测试系统等。对于飞机、导弹等大型装备的自动测试系统，又可按应用场合来划分，例如可分为生产过程用自动测试系统（面向功能、性能测试）及场站维护用自动测试系统（以返修测试及故障定位为目的）等。

图 8 - 1 所示，自动测试系统通常包括以下 5 个部分。

(1) 控制器：主要是计算机，如小型机、个人计算机、微处理机、单片机等，是系统的指挥及控制中心。

(2) 测试软件：为了完成系统测试任务而编制的，在控制器上运行的各种应用软件，如测试主程序、驱动程序、数据处理程序，以及输入/输出软件等。

(3) 总线与接口：是连接控制器与各程控仪器、设备的通路，完成消息、命令、数据的传输与交换，包括插卡、插槽及电缆等。

(4) 测控仪器设备：包括各种测控仪器、激励源、程控开关、程控伺服系统、执行元件，以及显示、打印、存储记录等的部件，能完成一定具体的测试及控制任务。

(5) 被测对象：随测试任务的不同，被测对象往往是千差万别的，由操作人员通过测试电缆、接插件、开关等与程控仪器和设备相连。

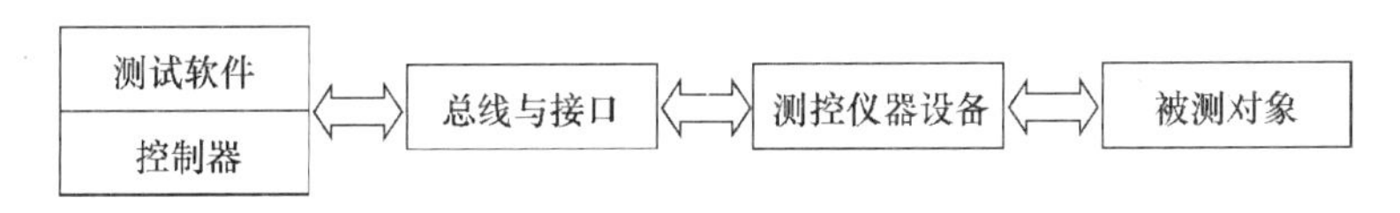

图 8 - 1　自动测试系统的组成

图 8 - 2 为典型的电压和频率参数的自动测试系统，采用带 GPIB 接口的通用计算机作为

主控，带 GPIB 接口的频率计、数字万用表、频率合成器作为测量设备，它们预先被分配了不同的地址。在计算机上运行预先编制好的测试程序，首先设定频率合成器的各种功能，并启动工作，让它输出要求的幅度和频率信号，加到被测元器件上。然后控制数字万用表和频率计对被测元器件输出信号的幅度和频率进行测量，最后将测量数据送到计算机系统的显示器处理、显示，或送到打印机进行打印。

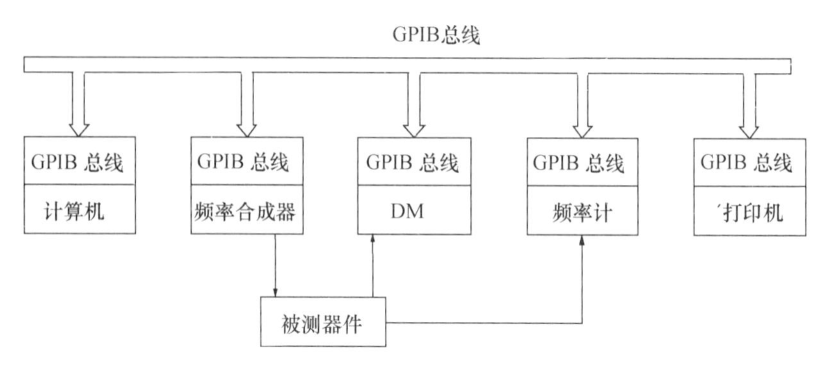

图 8-2　典型的 GPIB 自动测试系统

8.1.2　自动测试系统的总线

总线是指计算机、测试仪器构成的测试系统内部以及相互之间信息传递的公共通路，是自动测试系统的重要组成部分，其性能在计算机和测试系统中具有举足轻重的作用。利用总线技术，能够大大简化系统结构，增加系统的兼容性、开放性、可靠性和可维护性，便于实行标准化以及组织规模化的生产，从而显著降低系统成本。自动测试系统常用的总线有 GPIB 通用接口总线、VXI 总线、PXI 总线。

1. GPIB

GPIB（General Purpose Interface Bus，通用接口总线），即 IEEE 488 通用接口总线，是 HP 公司在 20 世纪 70 年代推出的台式仪器接口总线，因此又叫 HPIB（HP Interface Bus），1975 年 IEEE 和 IEC 确认为 IEEE 488（采用 24 线电缆）和 IEC 652（采用 25 线电缆）标准。作为国际通用的仪器接口标准，目前生产的智能仪器几乎无一例外地都配有 GPIB 标准通用接口。它实现了仪器仪表、计算机、各种专用的仪器控制器和自动测试系统之间的快速双向通信，不但简化了自动测量过程，而且为自动测试装置（ATE）提供了有力的工具。

GPIB 有点像一般的计算机总线，不过在计算机中其各个插卡电路板通过主板互相连接，而 GPIB 系统则是各独立仪器通过标准接口电缆互相连接。GPIB 标准包括接口与总线两个部分，接口部分是由各种逻辑电路组成的，与各仪器装置安装在一起，用于对传送的信息进行发送、接收、编码和译码；总线部分是一条无源的 24 芯电缆，用于传输各种消息。

GPIB 标准总线系统结构与连接如图 8-3 所示。这种系统是在微机中插入一块 GPIB 接口卡，通过 24 线电缆连接到仪器端的 GPIB 接口。当微机的总线变化时（例如采用 ISA 或 PCI 等不同总线），接口卡也随之变更，其余部分可保持不变，从而使 GPIB 系统能适应微机总线的快速变化。GPIB 通用接口总线采用通用的测量仪器灵活组态，将各种配带有符合国际标准的 GPIB 接口的仪器，通过接口总线互连构成自动测试系统。在 GPIB 系统中可以接入多个仪器或装置，这些仪器或装置根据其在系统中所起的作用可以分为 3 种类型，即控者、听者和讲者。对某些设备而言，它本身可能具有控者、听者和讲者3种功能中的一种、两种或三种。但在某一时刻，只允许其中一种功能起作用，如果系统中有多个装置都有控者功能，则在某一时刻只允许一个控者起作用。GPIB系统的控制器可以是计算机、微处理器或简单的程序控制器。

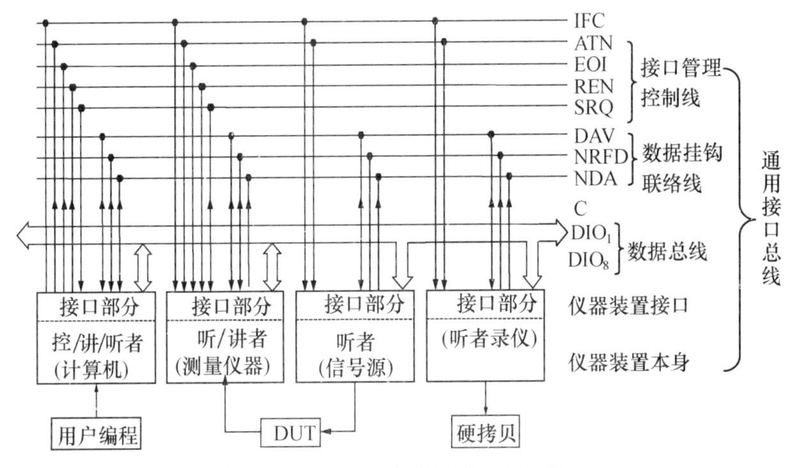

图8-3 GPIB标准总线系统结构

GPIB系统主要为台式测量仪器（或装置）组成自动测试系统而设计的，是一种小巧价廉的接口系统。系统组建和拆散灵活、方便，用具有GPIB接口设备组建的系统是真正的“积散型”系统，它们“积”可以成为自动测试系统，它们“散”可以各自单独使用，表现出无与伦比的灵活性。使得该标准总线在仪器、仪表及测控领域得到最为广泛的应用。但是，由于GPIB系统在PC出现的初期问世，所以也存在一定的局限性。如其数据线只有8根，以位并行、字节串行的方式传输数据，传输速率最高为1 Mb/s，传输距离为20 m（加驱动器能达500 m），一个系统最多不超过15台仪器等。

2. VXI总线

VXI是VME bus extensions for Instrumentation的缩写，其含义是在VME总线基础上扩展的模块化仪器测量系统。VME总线是一种非常好的计算机底板结构，和必要的通信协议相配合，数据传输速率可达40 Mb/s，用这样的总线结构来构成高吞吐量的仪器系统是非常理想的。VXI就是把VME总线和GPIB模块化结构有机地结合在一起，促进整个测试系统向开放式集成化方向发展，推动了测试仪器的标准化、模块化、通用化进程，使系统资源（包括硬件和软件）获得共享。1987年，HP等五家国际著名的仪器公司发布VXI规范的第一个版本，几经修改和完善，于1992年被IEEE接纳为IEEE-1155-1992标准。

VXI总线在系统结构及软、硬件开发技术等各方面都采纳了新思想、新技术，主要有以下一些特点。

（1）测试仪器模块化。VXI系统的全部器件都采用插件式结构，插入以VME总线作为机箱主板总线的机箱内插件和供插入插件的主机架，尺寸满足严格的要求。VXI总线仪器主机架结构如图8-4所示。VXI系统最多可包含256个具有唯一逻辑地址的器件（装置），可组成一个或多个系统，其中每台主机架构成一个子系统，每个子系统最多可包含13个插入式模块，它大体上相当于一个普通GPIB系统，而多个VXI子系统可以组成一个更大的系统。模块与VXI总线间通过连接器（有P_1、P_2、P_3 3种连接器，其中P_1必选）连接。在一个子系统内，电源和冷却散热装置为主机架内全部器件所共用，从而明显提高了资源利用率。

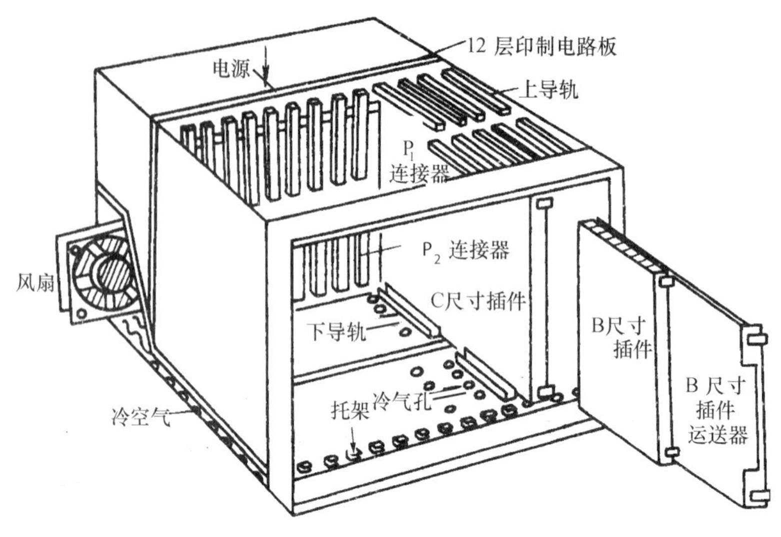

图8－4　VXI总线仪器主机架构

（2）具有32位数据总线，数据传输速率高。主板总线在功能上相当于连接独立仪器的GPIB，但具有更高的吞吐率，控制器也做成插卡挂接在主板总线上进行总线上的各种活动的调度和控制，基本总线数据传输速率为40 Mb/s，远远高于其他测试系统总线的数据传输速率。

（3）系统可靠性高，可维修性好。用VXI总线组建的系统结构紧凑、体积小、重量轻，简化了连接和控制关系，有利于提高系统的可靠性和可维修性。

（4）电磁兼容性好。在VXI总线的设计和标准的制定中，充分考虑了系统的供电、冷却系统和电磁兼容性能，以及底板上信号的传输延迟及同步等，对每项指标都有严格的标准，全部VXI总线集中在高质量、多层印制电路板内，这就保证了VXI总线系统的高精度及运行的稳定性和可靠性。而且它的频带宽，现已有从直流到微波的各种仪器模块。

（5）通用性强，标准化程度高。不仅硬件进行标准化，而且软件也进行了标准化。软件的可维护性与可扩充性好，这也是VXI总线优于其他总线，得到迅速发展的一个重要因素。

（6）适应性、灵活性强，兼容性好。有B、C、D 3种规格的机箱和A、B、C、D 4种规格的模块供用户选择；支持8位、16位、24位和32位的数据传输。系统组建者可根据需要选择不同厂家、不同种类的器件进行组合，灵活方便地组建适应性极强的自动测试系统。为了充分利用资源，VXI总线开发了与其他总线系统连接和转换的模块，这使得VXI总线系统具有巨大的包容性，可与任何总线系统的仪器或系统联合工作。VXI系统是计算机控制下的一种自动测试系统。

VXI系统的最高数据传输速度可达40 Mb/s，是GPIB系统的40倍。1998年修订的VXI 2.0版本规范采用VME总线的最新技术进展，提供64位扩展能力，使数据传输速率进一步提高到80 Mb/s。经过十多年的发展，VXI系统的组建和使用越来越方便，尤其是组建大、中规模自动测试系统以及对速度、精度要求高的场合。但是，组建 VXI 总线要求有机箱、零件槽管理器及嵌入式控制器，造价比较高。

3. PXI 总线

以仪器平台来说，早期由厂商推出各种独立的仪器，并由面板控制所需功能。为代替面板的操控，开发多种接口，最受欢迎的是 GPIB 接口。然而，GPIB 接口的速度慢；当使用多台设备时，需要额外的电路来达到同步触发的需求。20 世纪 80 年代，VXI 的出现将高级测量与测试应用的设备带进模块化的领域。不过 VXI 的价格并非各等级客户都负担得起，所以，基于 PC 技术的演进与模块化黑路的延续，PXI 以较紧实的机构设计、较快的总线速度以及较低的价格，为测量与测试设备提供一种新的选择。

PXI 总线是 1997 年美国 NI（National Instrument）公司发布的一种高性能低价位的开放性、模块化仪器总线。它是在 PCI 总线内核技术上增加成熟的技术规范和要求形成的，增加多板同步触发总线的参考时钟。它用于精确定时的星形触发总线和相邻模块的高速通信的局部总线。PXI 具有高度可扩展性，可扩展到 256 个扩展槽。把台式 PC 的性能价格比和 PCI 总线面向仪器领域的扩展优势结合起来，将形成未来主流的虚拟仪器平台之一。PXI 技术在继承 VXI 总线特点的基础上，又具有一些独有的特点。

（1）高速 PCI 总线结构，传输速率达 132 Mb/s（32 bit）和 264 Mb/s（32 bit）的峰值数据吞吐率。

（2）可以应用标准的 Windows 98/2000 操作系统及其应用软件。

（3）模块化仪器结构，具有标准的系统电源、集中冷却和电磁兼容性能。

（4）具有 10 MHz 系统参考时钟、触发线和本地总线。

（5）具有模拟 I/O、数字 I/O、定时/计数器、示波器、图像采集和信号调理模块等广泛的仪器模块产品。

（6）具有“即插即用”仪器驱动程序。

（7）标准系统提供 8 槽机箱结构，多机箱可通过 PCI - PCI 接口桥接。

（8）具有 LabVIEW、Lab Windows CVI、C ++、Visual Basic 等系统开发工具。

PXI 产品填补了低价位 PC 系统与高价位 GPIB 和 VXI 系统之间的空白，已经被应用于数据采集、工业自动化与控制、军用测试、科学实验等领域。

选择哪种总线技术是用户在组建测控系统时首先遇到的问题，这取决于具体的应用，取决于应用项目的复杂程度、要求的速度及用户的预算等。从价格上考虑，应优先选择 GPIB、PXI 系统；而对于更大型、更复杂、要求测试速度更高的应用，可选择 VXI 系统。

8.1.3 自动测试系统实例——电路板自动测试系统

1. 电路板自动测试系统工作原理

电路板自动测试系统主要是用来自动检测印制电路板（PCB）的一些重要参数如，连接、短路和开路等，测量并检验一些板上所装元器件的功能和性能。利用电路板 ATE 能检测出不合格的印制电路板本身或不合格的已组装了元器件的印制电路板。

被测的电路板要放入 ATE 的“针床”（bed - of - nails）夹具中，该夹具有着大量的弹簧接入引脚（有时多达 300 片），能可靠地连接被测电路板所希望接入的一些点。夹具的部分引脚连到 ATE 的激励源，而用于测量的仪器可连接到被测集成电路的每个引脚来完成所要求的测量。

这类 ATE 软件的设备库中包含着大量的元器件特性信息，利用用户提供的关于每个元器件的型号，它们在电路板上的位置，元器件间连接的信息以及其他描述被测电路板特征的信息，可以在设备库中建立起对该被测电路板的“印象”并存储。该“印象”的实质就是在数据库中预先放置着该电路板在给定输入条件下，一些关键测量点的允许数值范围。在测试过程中，ATE 每次隔离一个元器件，其控制器控制给电路板的指定输入引脚加上合适的信号，在相应的测量点测量得到实际输出值，然后将该值与所存储的允许数值范围做比较，再通过执行一定的分析和推理算法，来判断该电路板是否工作正常，在电路板故障时进一步确定待隔离的部件是否存在故障。这种方法对定位短路、开路、故障元器件、错误或遗漏的连线以及其间的安装错误等十分有用。

2. 印制电路板 ATE 系统框图

印制电路板所用到的测试仪器如下。

图 8－5 所示是印制电路板 ATE 的系统框图，包括以下几个组成部分。

①工业控制机。

②中继控制器（将所用到的相关硬件有机地结合起来）。

③开关矩阵（根据用户所需的测试通道和测量范围选定，能扩展）。

④数字存储示波器。

⑤任意波形发生器。

⑥频率计。

⑦数字万用表（可测量温度、压力、功率、电流、电压等电工量）。

⑧逻辑分析仪。

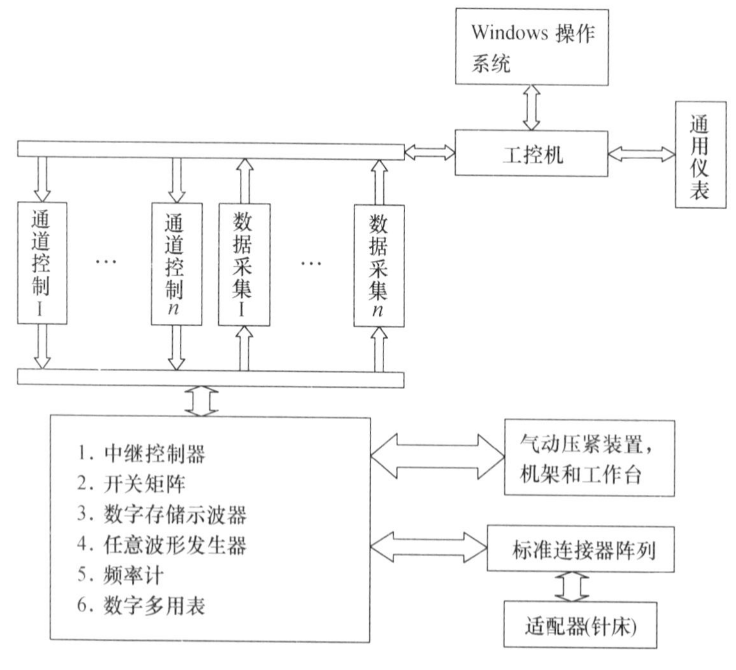

图 8－5 印制电路板 ATE 系统框图

8.2　虚拟仪器

8.2.1　虚拟仪器概述

1. 虚拟仪器的概念与起源

虚拟仪器（Virtual Instrumentation，VI）是电子测量技术与计算机技术更加紧密结合产生的一种新仪器模式，是指以通用计算机作为核心硬件平台，配以相应的硬件模块作为信号输入/输出接口，利用仪器软件开发平台在计算机的屏幕上虚拟出仪器的面板和相应的功能，通过鼠标或键盘交互式操作完成相应测量任务的仪器。在这种仪器系统中，硬件仅仅是为了解决信号的输入、输出，软件才是整个仪器系统的关键，任何一个用户都可以通过改写软件的办法，方便地改变和增减仪器系统的功能，即“软件就是仪器”。

虚拟仪器的起源可以追溯到20世纪70年代，那时计算机测控系统在国防、航天等领域已经有了相当的发展。PC出现以后，仪器的计算机化成为可能，甚至在Microsoft公司的Windows诞生之前，NI公司已经在Macintosh计算机上推出了LabVIEW 2.0以前的版本，对虚拟仪器和LabVIEW长期、系统、有效的研究开发使得该公司成为业界公认的权威。

普通的PC有一些不可避免的弱点，用它构建的虚拟仪器或计算机测试系统性能不可能太高。目前作为计算机化仪器的一个重要发展方向是制定了VXI标准，这是一种插卡式的仪器。每一种仪器是一个插卡，为了保证仪器的性能，又采用了较多的硬件，但这些卡式仪器本身都没有面板，其面板仍然用虚拟的方式在计算机屏幕上出现。这些卡插入标准的VXI机箱，再与计算机相连，就组成了一个测试系统。VXI是结合GPIB仪器和DAQ板的最先进技术而发展起来的高速、多厂商、开放式工业标准。VXI技术优化了诸如高速A/D转换器、标准化触发协议以及共享内存和局部总线等先进技术和性能，成为可编程仪器的新领域，并成为电子测量仪器行业目前最热门的领域。现在，已有数百家厂商生产的上千种VXI产品面市。但由于VXI仪器价格昂贵，后来又推出了一种较为便宜的PXI标准仪器。从而形成了仪器行业的两大主流仪器标准PXI和VXI。

2. 虚拟仪器的特点

与传统仪器相比，虚拟仪器有以下一些特点。

（1）软件是核心。根据系统设计要求，在选定系统控制用计算机以及一些标准化的仪器硬件模块或板卡后，软件部分就成为构建和使用虚拟仪器的关键所在。其中，仪器驱动软件的功能是实现与仪器硬件的接口和通信，应用软件则完成用户定义的测试和仪器功能，并提供人机交互界面。在进行应用程序开发时，可以利用HP VEE、LabVIEW、LabWindows/CVI等集成开发环境。可以看出，软件在虚拟仪器技术中占有十分重要的作用，NI公司提出的“软件即仪器”（The software is the instrument）就是这一特点的形象概括。

（2）灵活性和可扩展性。虚拟仪器打破了传统仪器由厂家定义功能和控制面板，用户无法更改的模式。仪器用户可根据自己不断变化的需求，自由发挥自己的想象力，方便灵活地重组测量系统，系统的扩展、升级可随时进行，而且系统更新的周期短、见效快，能充分地满足用户在不同场合的应用需求。

（3）性价比高。虚拟仪器可以将在传统仪器中一些由硬件完成的功能转为软件实现，减少了自动测试系统的硬件环节，降低了系统的开发成本和维护成本；虚拟仪器能够同时对多个参数进行实时高效的测量，信号传输大部分采用数字信号的形式，数据处理也主要依赖软件来实现，大大降低了环境干扰和系统误差的影响；用户可以随时根据需要调整虚拟仪器的功能，实现一机多用。因此，使用虚拟仪器比传统仪器更经济。

（4）良好的人机界面。虚拟仪器的操控界面是采用图形化编程技术实现的一种虚拟面板或称为软面板。虚拟面板可以模拟传统仪器面板的设计风格来设计，也可以由用户根据实际需求定制设计。测量结果可以通过计算机屏幕以曲线、图形、数据或表格等形式显示出来。

（5）与其他设备互联的能力。虚拟仪器通常具备标准化的总线或通信接口，具有与其他设备互联的能力。例如，虚拟仪器能够通过以太网与 Internet 相连，或者通过现场总线完成对现场设备监控和管理等。这种互连能力使虚拟仪器系统的功能显著增加，应用领域明显扩大。

概括起来，虚拟仪器与传统仪器的性能差别可以用表 8－1 来描述。

表 8－1　虚拟仪器与传统仪器的比较

虚拟仪器	传统仪器
关键是软件	关键是硬件
用户定义仪器功能	厂商定义仪器功能
软件的应用使得开发与维护费用降至最低	开发与维护费用高
开放、灵活，与计算机技术保持同步发展	封闭、固定
技术更新周期短（1～2 年）	技术更新周期长（5～10 年）
与网络及其他周边设备互连方便	功能单一，互连能力有限
价格低、可复用、可重配置性强	价格高昂

3. *虚拟仪器的发展趋势*

随着计算机、通信、微电子技术的不断发展，以及网络时代的到来和信息化要求的不断提高，网络技术应用到虚拟仪器领域中是虚拟仪器发展的大趋势。国内网络化虚拟仪器的概念目前还没有一个比较明确的提法，也没有一个被测量界广泛接受的定义。其一般特征是将虚拟仪器、外部设备、被测试点以及数据库等资源纳入网络，实现资源共享，共同完成测试任务。使用网络化虚拟仪器，可使在任何地点、任意时刻获取数据信息的愿望成为现实。网络化虚拟仪器也适合异地或远程控制、数据采集、故障监测、报警等。与以 PC 为核心的虚拟仪器相比，网络化虚拟仪器是仪器发展史上的一次革命。网络化虚拟仪器将由单台虚拟仪器实现的 3 大功能（数据获取、数据分析及图形化显示）分开处理，分别使用独立的基本硬件模块实现传统仪器的两大功能，以网线相连接，实现信息资源的共享。

8.2.2　虚拟仪器的架构

同传统仪器一样，虚拟仪器也必须实现测量仪器所必须完成的 3 大功能，即测试信号的采集、数据的处理、结果的输出与显示。这也决定了虚拟仪器的硬件与软件架构，它通常由输入/输出接口设备、设备驱动软件（或称仪器驱动器）和虚拟仪器面板组成。具体组成框图如图 8－6 所示。

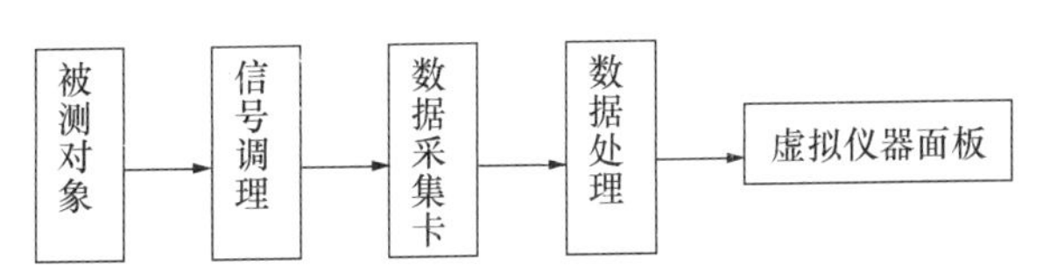

图8－6　虚拟仪器的组成框图

1. 硬件结构

虚拟仪器的硬件架构如图8－7所示。数据的采集通过输入/输出接口设备来完成。输入/输出接口设备可以是以各种PC为基础的内置数据采集插卡、通用接口总线（GPIB）卡、串口、VXI或PXI总线接口模块等设备，或者是其他各种可编程的外置测试设备，分别构成DAQ、GPIB、VXI、PXI等标准体系结构的虚拟仪器，其中最常见的是数据采集（Data Acquisition，DAQ）卡。

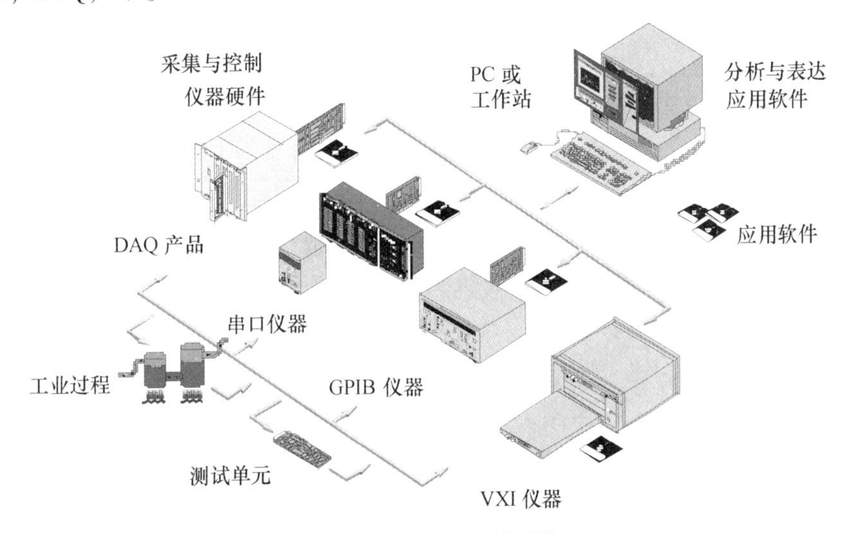

图8－7　虚拟仪器的硬件

DAQ卡是基于计算机标准总线（如PCI）的内置功能插卡。一块DAQ卡可以完成A/D转换、D/A转换、数字I/O、计数器/定时器等多种功能，再配以相应的滤波、放大、隔离、驱动、多路转换（MUX）等信号调理电路组件，即可构成能生成各种虚拟仪器的硬件平台。它更加充分地利用了计算机的资源，利用DAQ可方便快速地组建基于计算机的仪器，实现"一机多型"和"一机多用"，大大增加了测试系统的灵活性和扩展性。

数据的分析与处理、存储显示与输出则由计算机硬件平台来承担。计算机硬件平台可以是各种类型的计算机，如普通台式计算机、便携式计算机、工作站、嵌入式计算机等。计算机管理着虚拟仪器的硬、软件资源，是虚拟仪器的硬件基础，在这个通用仪器硬件平台上，调用不同的测试软件就构成了不同功能的仪器。计算机技术在显示、存储能力、处理性能、网络、总线标准等方面的发展，导致了虚拟仪器系统的快速发展。

2. 软件结构及软件开发环境LabVIEW

硬件平台是虚拟仪器的基础，仪器用软件是其核心。基本硬件确定后，要使虚拟仪器具有用户自行定义的功能与界面，就必须有功能强大的仪器用软件。典型的虚拟仪器软件产品有NI公司的LabVIEW和LabWindows、HP公司的HP VEE和HP TIG、Tektronix公司的Ez－Test

和 Tek－TNS 等。目前在这一领域内，使用较为广泛的计算机语言是美国 NI 公司的 LabVIEW。

LabVIEW（Laboratory Virtual Instrument Engineering）是一种图形化的编程语言，它广泛地被工业界、学术界和研究实验室所接受，视为一个标准的数据采集和仪器控制软件。LabVIEW 集成了与满足 GPIB、VXI、RS－232 和 RS－485 协议的硬件及数据采集卡通信的全部功能。它还内置了便于应用 TCP/IP、ActiveX 等软件标准的库函数。这是一个功能强大且灵活的软件。利用它可以方便地建立自己的虚拟仪器，其图形化的界面使得编程及使用过程都生动有趣。

图形化的程序语言，又称为 G 语言。使用这种语言编程时，基本上不用写程序代码，取而代之的是流程图。它尽可能利用了技术人员、科学家、工程师所熟悉的术语、图标和概念，因此，LabVIEW 是一个面向最终用户的工具。它可以增强人们构建自己的科学和工程系统的能力，提供了实现仪器编程和数据采集系统的便捷途径。使用它进行原理研究、设计、测试并实现仪器系统时，可以大大提高工作效率。利用 LabVIEW，可产生独立运行的可执行文件，它是一个真正的 32 位编译器。像许多重要的软件一样，LabVIEW 提供了基于 UNIX、Linux、Macintosh 的多种版本。

所有的 LabVIEW 应用程序，即虚拟仪器（VI），包括前面板（Front Panel）、流程图（Block Diagram）及图标/连接器（Icon/Connector）3 部分。

1）前面板

前面板是图形用户界面，也就是 VI 的虚拟仪器面板，这一界面上有用户输入和显示输出两类对象，具体表现有开关、旋钮、图形以及其他控制（Control）和显示对象（Indicator）。如图 8－8 所示是一个随机信号发生和显示的简单 VI 前面板，上面有一个显示对象，以曲线的方式显示了所产生的一系列随机数。还有一个控制对象——开关，可以启动和停止工作。显然，并非简单地画两个控件就可以运行，在前面板后还有一个与之配套的流程图。

2）流程图

流程图提供 VI 的图形化源程序。在流程图中对 VI 编程，以控制和操纵定义在前面板上的输入和输出功能。流程图中包括前面板上控件的连线端子，还有一些前面板上没有，但编程必须有的东西，例如函数、结构和连线等。图 8－9 是图 8－8 对应的流程图。可以看到流程图中包括了前面板上的开关和随机数显示器的连线端子，还有一个随机数发生器的函数及程序的循环结构。随机数发生器通过连线将产生的随机信号送到显示控件，为了使它持续工作下去，设置了一个 While Loop 循环，由开关控制这一循环的结束。

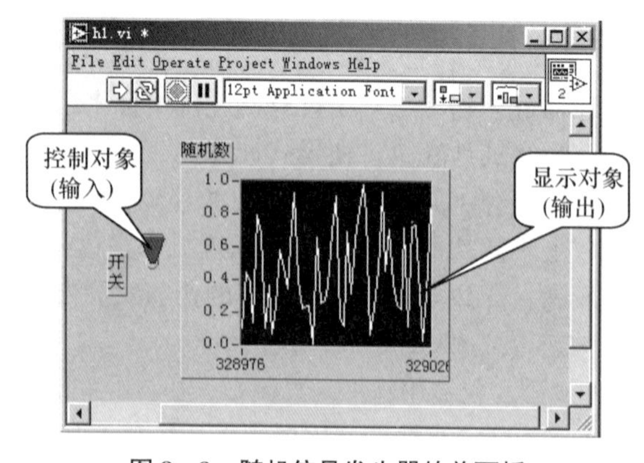

图 8－8　随机信号发生器的前面板

如果将 VI 与标准仪器相比较，那么前面板上的内容就是仪器面板上的内容，而流程图上的内容相当于仪器箱内的内容。许多情况下，使用 VI 可以对标准仪器仿真，不仅在屏幕上出现一个惟妙惟肖的标准仪器面板，而且其功能也与标准仪器相差无几。

3）图标/连接器

图标/连接器可以让用户把 VI 程序变成一个对象（VI 子程序），然后在其他程序中像调用子程序一样地调用它。图标表示在其他程序中被调用的子程序，而接线端口则表示图标的输入/输出口，就像子程序的参数端口对应着 VI 程序前面板控件和指示器的数值。

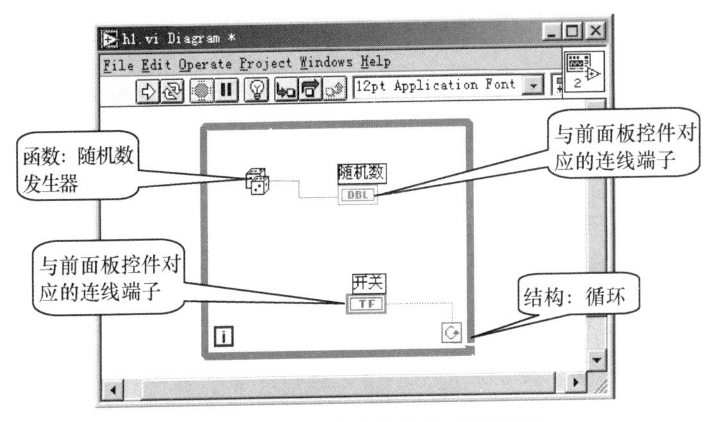

图 8-9　随机信号发生器的流程图

8.2.3　基于 LabVIEW 的虚拟仪器设计实例

下面就以一个测量温度和容积的 VI 实例来具体说明虚拟仪器的构建过程（其中须调用一个仿真测量温度和容积的传感器子 VI），当然具体应用还要配合一定的硬件环境。

操作步骤如下。

(1) 选择“File”→“New”命令，打开一个新的前面板窗口。

(2) 选择“Controls”→“Numeric”→“Tank”命令，并将“Tank”放到前面板中。

(3) 在标签文本框中输入“容积”，然后在前面板中的其他任何位置单击。

(4) 把容器显示对象的显示范围设置为 0.0 ~ 1 000.0。

①使用文本编辑工具（Text Edit Tool），双击容器坐标的 10.0 标度，使它高亮显示。

②在坐标中输入 1 000，再在前面板中的其他任何地方单击。这时 0.0 到 1 000.0 之间的增量将被自动显示。

(5) 在容器旁配数据显示。将鼠标移到容器上，右击，在弹出的快捷菜单中选择“Visible Items”→“Digital Display”命令即可。

(6) 选择“Controls”→“Numeric”命令，选择一个温度计，将它放到前面板中。设置其标签为“温度”，显示范围为 0 到 100，同时配数字显示。可得到如图 8-10 所示的前面板。

(7) 选择“Windows”→“Show Diagram”命令，打开流程图窗口。从功能模板中选择对象，将它们放到流程图上，组成如图 8-11 所示（其中的标注是后加的）。

该流程图中新增的对象有两个乘法器、两个数值常数、一个随机数发生器、一个进程监视器，温度和容积对象是由前面板的设置自动带出来的。

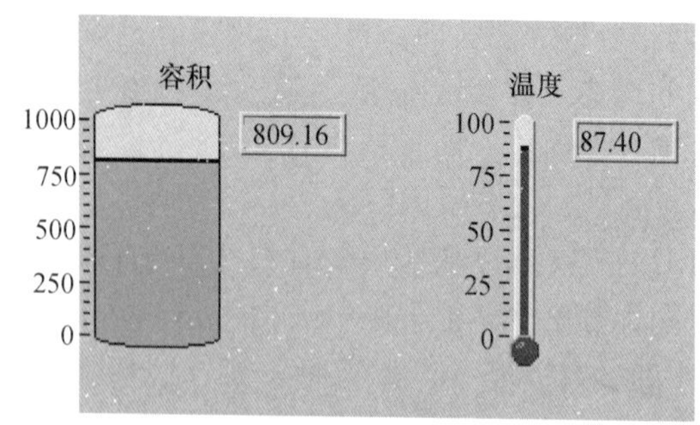

图 8－10　前面板

①乘法器和随机数发生器通过“Functions”→“Numeric”命令拖出。

②进程监视器（Process Monitor）不是一个函数，而是以子 VI 的方式提供的，它存放在 LabVIEW\Activity 目录中，调用它的方法是执行“Functions”→“Select a VI”→“Process Monitor”命令，然后在流程图上单击，就可以出现其的图标。

注意：LabVIEW 目录一般在 Program Files\National Instruments 目录下。

（8）用连线工具将各对象按规定连接。步骤（4）的①中的遗留问题是创建数值常数对象的另一种方法是在连线时一起完成的。具体方法是：用连线工具在某个功能函数或 VI 的连线端子上右击，从弹出的菜单中选择“Create Constant”命令，就可以创建一个具有正确的数据格式的数值常数对象。

（9）选择“File”→“Save”命令，把该 VI 保存为 LabVIEW\Activity 目录中的“Temp & Vol. vi”。在前面板中，单击“Run”（运行）按钮，运行该 VI。注意电压和温度的数值都显示在前面板中。

（10）选择“File”→“Close”命令，关闭该 VI。

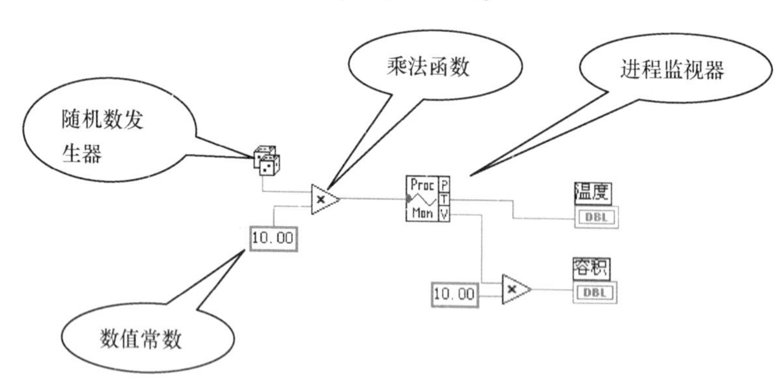

图 8－11　流程图

8.3　智能数字电压表

智能仪器是计算机技术与电子测量仪器紧密结合的产物，是内含微型计算机或微处理器，能够按照预定的程序进行一系列测量的测量仪器，并具有对测量数据进行存储、运算、分析判断、接口输出及自动化操作等功能。

智能仪器实际上是一个专用的微型计算机系统，它由硬件和软件两大部分组成。智能仪器的硬件部分主要包括 CPU、存储器、内部总线、各种 I/O 接口、通信接口、人机接口（键盘、开关、按钮、显示器）等，如图 8-12 所示。

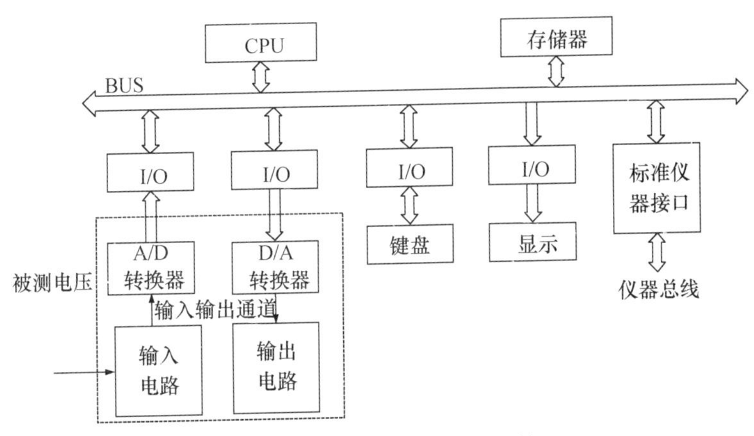

图 8-12　智能仪器的基本结构

智能仪器的软件是其灵魂，整个测量工作是在软件的控制下进行的。没有软件，智能仪器就无法工作，软件是智能仪器自动化和智能化程度的主要标志。智能仪器的软件部分主要包括监控程序和接口管理程序两部分。

由于许多物理量都需要转换成电量以后才能进行数字化测量，因此数字电压表和数字万用表是应用最广泛、发展最快的仪器。下面就以智能 DVM 为例对智能仪器作一简要介绍。

8.3.1　智能数字电压表的结构

智能数字电压表是在数字电压表（DVM）的基础上嵌入单片机系统形成具有很强的数据处理能力的智能化的数字电压表，是目前电子、电工、仪器、仪表和测量领域中大量使用的一种基本测量工具。

智能数字电压表之所以智能，是因为它以微处理器为核心，以监控系统软件设计为基础。从系统结构来看，智能数字电压表主要由单片机、存储器、A/D 转换器、输入电路、输出显示电路和标准仪器接口等组成。其典型电路结构如图 8-13 所示。

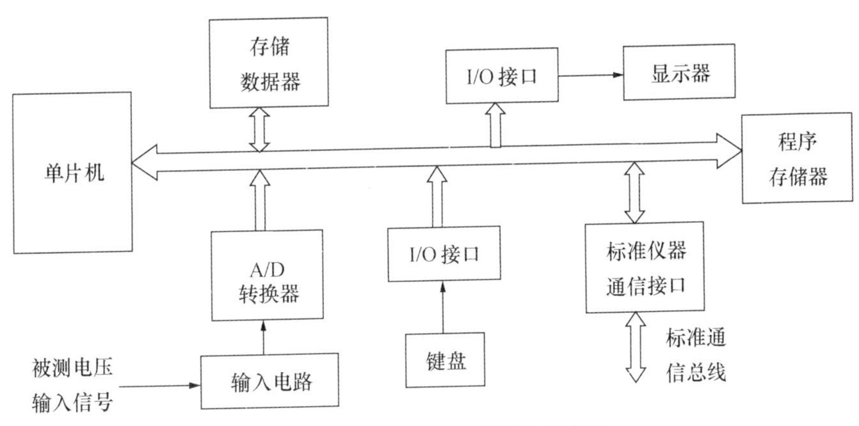

图 8-13　智能 DVM 典型电路结构

从信号处理类型来看，智能数字电压表由模拟部分和数字部分组成。模拟部分主要包括输入电路和 A/D 转换电路，输入电路由阻抗变换、放大电路和量程控制组成，主要完成被测输入信号的整形放大；A/D 转换电路由高性能 A/D 转换元器件组成，主要完成模拟量到数字量的转换。数字部分由单片机系统和显示电路组成，主要完成数据采集处理、逻辑控制、译码和数值显示等。

智能数字电压表的测量过程一般分为以下 4 个步骤。

（1）智能数字电压表开机后，首先进行自诊断校准，然后进入电压测量状态，这时将被测信号接入输入电路，经过整形放大处理后，送入 A/D 转换器。

（2）在单片机的控制下，A/D 转换器将被测信号进行连续采样并转换为数字信息，保存到存储器中。

（3）单片机对转换的数字量进行滤波、计算、求平均值和消除零点漂移等处理。

（4）将结果通过输出电路处理，输出并显示测量值。

智能数字电压表在测量时，被测电压信号首先要经过输入电路处理后才能进入 A/D 转换器。A/D 转换器在单片机的控制下工作，把输入的电压信号变换成数字量并存放到相应的数据存储单元。然后，单片机根据不同的量程校准参数和相应的数学模型，调用相应的数据处理程序计算出正确的测量结果，并输出显示。一次测量结束后，程序自动返回进行下一次测量，如此周而复始不断循环测量和显示。

单片机的出现大大改善了数字电压表的性能，测量直流电压的准确度优于 2×10^{-5}，使数字电压表不仅有测量功能，同时还具有很强的数据处理能力，可以实现自动校准等功能。这类仪器都具有友好的输入/输出功能。在校准时，不需要打开机箱，只要通过面板键盘输入相应的参数，调用相应的处理程序就可以完成校准工作。有的还可以在外部计算机的控制下实现自动校准，给人耳目一新的感觉。经过十多年的发展，智能化数字电压表已日臻完善，成为一种最典型的智能仪器之一。

8.3.2 智能型 DVM 的分类

智能型 DVM 是利用模/数（A/D）转换原理，将被测的模拟量转换成数字量，并将转换结果送入单片机进行分析、运算和处理，最终以数字形式显示出来的一种测量仪表。而各类智能型 DVM 的区别主要是模/数（A/D）转换方式。A/D 转换包括对模拟量采样，再将采样值进行量化处理，然后通过编码实现转换的过程。因而，根据仪表内部使用 A/D 转换器的转换原理不同，可构成了以下几种不同类型的智能型 DVM。

1. 比较型 DVM

比较型 DVM 把被测电压与基准电压进行比较，以获得被测电压的量值，这是一种直接转换方式，这种数字电压表的特点是测量精确度高、速度快，但抗干扰能力差。根据比较方式的不同，又分为反馈比较式和无反馈比较式。

2. 积分型 DVM

积分型 DVM 是利用积分原理，首先把被测电压转换为成正比的中间量——时间或频率，再利用计数器测量该中间量，这是一种间接转换方式。根据中间量的不同，积分型 DVM 又分为电压－时间（$U-t$）式和电压－频率（$U-f$）式。这类数字电压表的特点是抗干扰能力强，成本低，但测量速度慢。

3. 复合型 DVM

复合型 DVM 是将比较型和积分型结合起来的一类智能型 DVM，它取上述两种类型的优点，兼顾精确度、速度和抗干扰能力，从而适用于高精度的测量。

8.3.3　智能型 DVM 的功能特点与主要技术指标

1. 功能特点

采用微机处理器后，仪器在外观、内部结构以及设计思想等方面都发生了重大的变化。智能型 DVM 不但具有测量功能，同时还具有很强的数据处理功能，这些数据处理功能是通过不同的按键，输入相应的常数以及调用相应的处理程序来实现的。不同型号的智能型 DVM 设置的处理功能有所不同，相同的处理功能其表达方式也不一定相同，但一般可以用下列方式来表示。

（1）数值标定：标定就是找出被测信号值 X 与测量结果 R 之间的数学关系。被测信号 X 在测量时要进行处理，即信号太小要进行成比例放大；信号太大要进行成比例缩小。然后将处理好的信号进行 A/D 转换后变成数字量，不同的数字值对应不同的电压信号。信号按比例变换成数字值可以用下式来表示：

$$R = AX + B \tag{8-1}$$

式中，R 为最后的显示结果；X 为实际测量值；A、B 是由面板键盘输入的常数。

利用这一功能，可将传感器输入的测量值直接用实际的单位来显示，实现了标度变换。

（2）相对误差：测量结果相对被测量 X 的差值，可用下式来表示：

$$\gamma = \frac{X - n}{n} \times 100\% \tag{8-2}$$

式中，n 是由面板键盘输入的标称值。

利用这一功能，可把测量结果与标称值的差值以百分率偏差的形式显示出来，适用于元件容差检验。

（3）极限提示：对测量值超限报警，即当被测信号超出仪器允许的上限和下限值时将报警提示。利用这一功能可以了解被测量是否超越预置极限的情况。使用前，应先通过面板键盘输入上极限值 H 和下极限值 L。测量时，在显示测量值 X 的同时，还将显示标志 H、L 或 P，表明测量结果超上限、超下限或通过。

（4）最大/最小值：利用此项功能可以对一组测量值进行比较，求出其中的最大值并存储起来。在程序运行中一般只显示现行值，在设定的一组测量进行完毕之后，再显示这组数据中的最大和最小值。

（5）比例关系：比例是指被测量 X 与测量值 R 之间的相互关系，不同的测量对象有不同的比例关系。通过对电学、声学和负载功率等被测信号的测量结果分析，可以总结出 3 种数学表达形式：

$$\begin{cases} R = \dfrac{X}{r} \\ R = 20\lg \dfrac{X}{r} \\ R = \dfrac{X^2}{r} \end{cases} \tag{8-3}$$

式中，r 为由面板键盘输入的参考量。

式（8-3）中的3个表达式中，第一种为简单比例；第二种为对数比，单位为dB，这是电学、声学中常用的单位；第三种是将测量值平方后除以 r，其用途之一就是以W或mW为单位直接显示负载电阻 r 上的功率。

（6）统计：利用此项功能，可以直接显示多次测量的统计运算结果。常见的统计有平均值、方差值、标准差值、均方值等。

此外，智能型DVM还具有自动量程转换，自动零点调整、自动校准、自动诊断等功能，并配有标准接口，可配计算机和打印机进行数据处理或自动打印，构成完整的测试系统。

2. 主要技术指标

智能型DVM除具有上述的数据处理功能和一些独特的功能以外，还具有普通的DVM的各项技术指标，其中主要技术指标有7项。

（1）量程：多量程智能型DVM一般可测0～100 V直流电压，配上高压探头还可测量上万伏的高压。为扩大测量范围，智能型DVM借助分压器和输入放大器将测量系统分为若干个量程，其中既不放大也不衰减的量程称为基本量程。例如，BY1955A型智能数字电压表的基本量程为1 V，在直流1 μV～1 000 V测量范围内划分为5挡：100 μV、1 V、10 V、100 V和1 000 V。

（2）显示位数：智能化数字电压表的显示位数通常为 $3\frac{1}{2}$～$8\frac{1}{2}$ 位。判定数字仪表位数的原则是：能够显示0～9所有数字的位是整数位，分数位的数值是以最大显示值中最高位数字为分子、用满量程时最高位数字作分母。例如，某数字仪表的最大显示值为+1 999，满量程计数值为2 000，这表明该仪表有3个整数位，而分数值的分子为1，分母为2，故称之为 $3\frac{1}{2}$ 位，读作三位半，其最高位只能显示0或1。位数是表征DVM性能的一个最基本的参量，通常将高于5位数字的DVM称为高精度DVM。

（3）测量准确度：智能型DVM的测量准确度常用绝对误差的形式来表示，其表达式为

$$U = \pm\ (a\%\,U_X + b\%\,U_M) \tag{8-4}$$

式中，a 为误差的相对项系数；b 为误差的固定项系数；U_X 为测量电压的指示值；U_M 为测量电压的满度值。

DVM的测量准确度与量程有关，其中基本量程的测量准确度最高。

（4）分辨力：即显示输入电压最小增量的能力，通常以显示器末位跳一个字所需输入的最小电压值来表示。分辨力与量程及位数有关，量程越小，位数越多，分辨力就越强。DVM通常以其最小量程的分辨力来代表仪器的分辨力，例如，最小量程为1 V的4位DVM的分辨力为100 μV。

（5）输入阻抗：是指从DVM两个输入端看进去的等效电阻。输入阻抗越高，由仪表引起的误差就越小，同时仪器对被测电路的影响也就越小。

（6）输入电流：是指以其内部产生并表现于输入端的电流，它的大小随温度的不同而变化，与被测信号的大小无关，其方向是随机的。这个电流将会通过信号源内阻建立一个附加的电压，以形成误差电压，所以输入电流越小越好。

（7）测量速率：测量速率以每秒的测量次数来表示，或者以每次测量所需的时间来表示。

本章小结

(1) 智能仪器是将人工智能的理论、方法和技术应用于仪器，使其具有类似人类的智能特性的仪器。智能仪器由硬件和软件两大部分组成，软件在仪器智能高低方面起着重要作用。智能仪器通过键盘接口接受命令和信号，并用来控制仪器的运行，执行常规测量，对数据进行智能分析和处理，对数字进行显示和传送。

(2) 利用 GPIB 将一台计算机和一组电子仪器连接在一起可组成自动测试系统。其中以 GPIB 为主的台式仪器、VXI 总线为主的模块式仪器以及以 ISA/PCI 总线为主的个人仪器。三者将互为补充、共同发展。

(3) 虚拟仪器实现了测量仪器智能化、多样化和模块化。即在相同的硬件平台下，虚拟仪器完全由用户自己定义，通过不同的软件就可以实现功能完全不同的测试仪器。

智能仪器、自动测试系统、虚拟仪器和网络仪器的出现标志着现代电子测量技术将向着智能化、自动化、小型化、模块化和开放式系统发展。

思考与练习

8-1 试说明智能仪器的基本组成及特点。

8-2 GPIB 的一般结构是什么？

8-3 根据自己的理解，简述什么是虚拟仪器。虚拟仪器有何特点？

8-4 简述工具模板、控件模板和函数模板各自的作用。

8-5 自己设计一个相关法测相位差仿真仪。设置信号频率 $f_x=10$ Hz，采样点数为 20，采样频率为 100 Hz，观察并记录在信号 1 的相位为 200°，幅值为 2；信号 2 的相位为 50°，幅值为 1 情况下的相位差。

8-6 什么是 VXI？VXI 系统有哪些构成方式？它们各有什么特点？

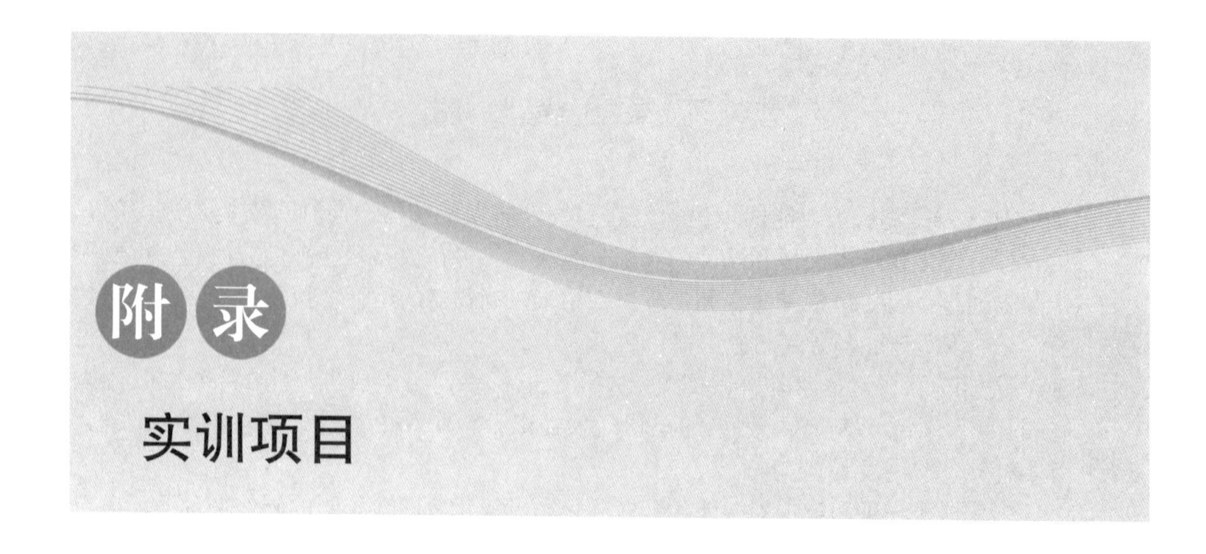

实训项目 1　信号发生器的使用

1.1　实训目的

（1）了解低频信号发生器与函数信号发生器的组成并理解其工作原理。

（2）了解信号发生器面板各开关旋钮的作用，会使用信号发生器。

（3）了解信号发生器常用技术指标并理解其含义。

1.2　实训仪器

（1）低频信号发生器 1 台。

（2）函数信号发生器 1 台。

（3）示波器 1 台。

（4）交流毫伏表 1 台。

（5）计数器 1 台。

（6）连接线若干。

列出本次实训项目所用器材名称、型号填入附表 1 中。

附表 1　测量器材

序号	器材名称	型号	数量	作用
1				
2				
3				
4				
5				
6				

1.3 实训任务

1.3.1 低频信号发生器的使用

（1）熟悉低频信号发生器、示波器面板的开关旋钮，了解其作用。

（2）观察信号发生器输出信号。按附图 1 所示连接仪器，将交流毫伏表量程为最大。

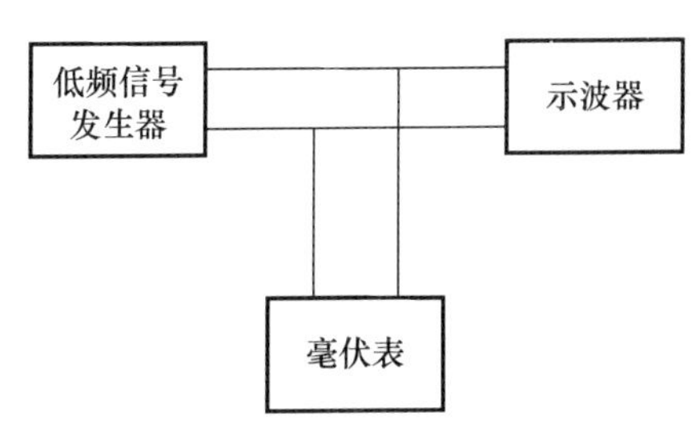

附图 1 低频信号发生器的使用

（3）调整低频信号发生器，使其输出 1 kHz 的正弦波信号，用示波器观察输出信号波形，适当调整交流毫伏表的量程，测量信号电压值，并记录。

（4）调整低频信号发生器幅度和衰减开关，将分贝衰减器置于 0 dB、20 dB、40 dB、60 dB 时，用交流毫伏表测量低频信号发生器输出的正弦波信号的电压范围。

（5）调整低频信号发生器，使其输出 1 kHz 方波，重复（3）、（4）的内容。

（6）调整低频信号发生器，使其分别输出 10 kHz 的正弦波和方波，重复做（3）、（4）的内容。

（7）整理测量记录，测量数据填入附表 2。

附表 2 低频信号的测量

信号频率/kHz	1				10			
信号衰减/dB	0	20	40	60	0	20	40	60
正弦波信号电压								
方波信号电压								

1.3.2 函数信号发生器的使用

（1）熟悉函数信号发生器、示波器面板的开关旋钮，了解其作用。

（2）观察函数信号发生器输出信号。按附图 2 所示连接仪器，将交流毫伏表量程设为最大。

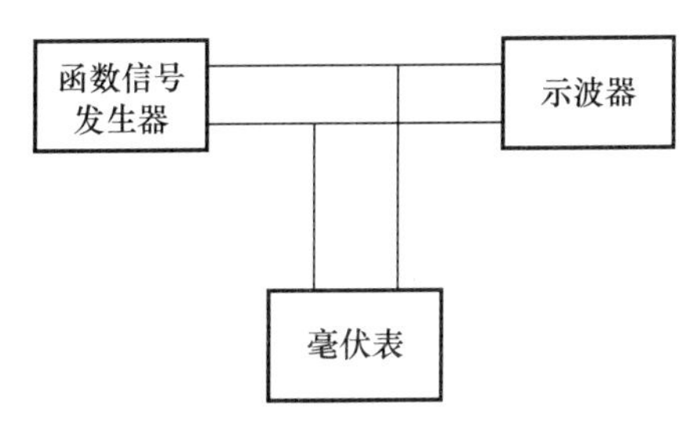

附图 2 函数信号发生器的使用

（3）自校检查。在使用函数信息发生器进行测试工作之前，需对其进行自校检查，以确定仪器工作正常与否。函数信号发生器自校检查程序参见图 2－7 所示。自检结果填入附表 3 中。

附表 3　自检结果

序号	自检项目	自检方法	观察结果	是否正常
1	显示频率	调节倍乘率		
2	输出幅度	调节输出幅度		
3	输出波形	改变输出波形		
4	扫描输出	选择方式“内”		

（4）调整函数信号发生器，使其输出 1 kHz 的正弦波信号，用示波器观察输出信号波形，适当调整交流毫伏表的量程，测量信号电压值，并记录。

（5）调整函数信号发生器幅度和衰减开关，将分贝衰减器置于 0 dB、20 dB、40 dB、60 dB时，用交流毫伏表测量低频信号发生器输出 1 kHz 的正弦波信号的电压范围。

（6）调整函数信号发生器，使其输出 1 kHz 方波，重复（3）、（4）的内容。

（7）用示波器观测，调整信号发生器的开关旋钮（DUTY），改变输出波形的占空比，使其占空比为 1:4 的矩形波。

（8）整理测量记录，测量数据填入附表 3 及附表 4 中。

附表 4　函数信号的测量

占空比	1:1				1:4			
信号衰减/dB	0	20	40	60	0	20	40	60
正弦波信号电压								
方波信号电压								

1.4　实训报告

（1）根据实验任务完成实验。

（2）画出低频信号发生器及函数信号发生器组成框图，说明各部分的作用。

（3）说明低频信号发生器和函数信号发生器各开关旋钮的作用。

1.5　注意事项

（1）使用前请先仔细阅读使用说明书。

（2）开机预热 15 分钟左右。

（3）输出小信号时，连接线不宜太长，否则会影响输出信号的幅频特性。

（4）使用时应避免剧烈振动、高温和强磁场。

实训项目 2　信号波形参数测量

2.1　实训目的

（1）了解示波器组成，理解其工作原理。

（2）了解示波器的特征及测量功能。

（3）了解示波器的面板结构，熟悉旋钮作用。

（4）了解示波器的交替扫描方式、断续扫描方式。

2.2　实训仪器

（1）低频信号发生器 1 台。

（2）函数信号发生器 1 台。

（3）示波器 1 台。

（4）交流毫伏表 1 台。

（5）连接线若干。

列出完成实训项目所用器材名称、型号填入附表 5 中。

附表 5　测量器材

序号	器材名称	型号	数量	作用
1				
2				
3				
4				
5				
6				

2.3　实训任务

2.3.1　示波器面板结构及各旋钮的作用

（1）熟悉示波器面板结构，注意开关旋钮的分布区域。

（2）按附图 3 所示连接仪器。

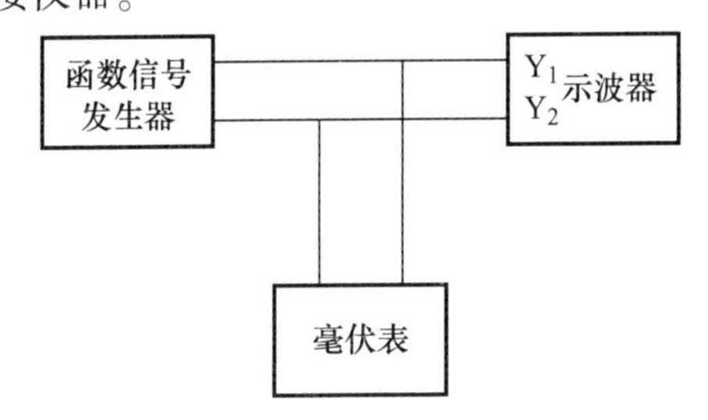

附图 3　波形测试

（3）调整信号发生器，使其输出频率为1 kHz正弦波，大小为1 V（由毫伏表读出）。

（4）依次改变示波器上的开关旋钮：辉度、聚焦、水平移位、垂直移位、输入信号耦合方式、显示方式、触发信号源、扫描方式、触发电平、触发信号极性选择、灵敏度等。其他旋钮保持不变，观察显示波形的变化，并总结各个开关旋钮的作用，填入附表6中。

附表6　示波器旋钮名称与作用

<table>
<tr><td colspan="9">示波器公共控制部分</td></tr>
<tr><td colspan="2">开关旋钮名称</td><td colspan="7">作用说明</td></tr>
<tr><td>辉度</td><td>INTENSITY</td><td colspan="7"></td></tr>
<tr><td>聚焦</td><td>FOCUS</td><td colspan="7"></td></tr>
<tr><td>轴线校正</td><td>TRACE</td><td colspan="7"></td></tr>
<tr><td>X－Y工作方式</td><td>X－Y</td><td colspan="7"></td></tr>
<tr><td>校准信号输出端口</td><td>PROBE</td><td colspan="7"></td></tr>
<tr><td>电源开关</td><td>POWER</td><td colspan="7"></td></tr>
<tr><td>电源指示灯</td><td>ON/OFF</td><td colspan="7"></td></tr>
<tr><td>示波器型号</td><td>TYPE</td><td colspan="7"></td></tr>
<tr><td rowspan="2">探极衰减比</td><td>1:1</td><td colspan="7" rowspan="2"></td></tr>
<tr><td>10:1</td></tr>
<tr><td rowspan="2">荧光屏有效尺寸</td><td rowspan="2"></td><td rowspan="2">频宽</td><td rowspan="2"></td><td rowspan="2">输入阻抗</td><td>R_i</td><td></td><td rowspan="2">量程</td><td rowspan="2"></td></tr>
<tr><td>C_i</td><td></td></tr>
<tr><td colspan="9">垂直工作系统</td></tr>
<tr><td>垂直移位调节</td><td colspan="2">VERTICAL</td><td colspan="6"></td></tr>
<tr><td>电压衰减</td><td colspan="2">VOLTS/DIV</td><td colspan="6"></td></tr>
<tr><td rowspan="5">显示方式</td><td>信道1</td><td>CH1</td><td colspan="6"></td></tr>
<tr><td>信道2</td><td>CH2</td><td colspan="6"></td></tr>
<tr><td>交替</td><td>ALT</td><td colspan="6"></td></tr>
<tr><td>断续</td><td>CHOP</td><td colspan="6"></td></tr>
<tr><td>叠加</td><td>CH1 ± CH2</td><td colspan="6"></td></tr>
<tr><td rowspan="3">输入信号耦合方式</td><td>接地</td><td>GND</td><td colspan="6"></td></tr>
<tr><td>直流</td><td>DC</td><td colspan="6"></td></tr>
<tr><td>交流</td><td>AC</td><td colspan="6"></td></tr>
<tr><td colspan="9">水平工作系统</td></tr>
<tr><td>水平移位调节</td><td colspan="2">HORIZONTAL</td><td colspan="6"></td></tr>
<tr><td>触发电平</td><td colspan="2">LEVEL</td><td colspan="6"></td></tr>
<tr><td>触发极性</td><td colspan="2">SLOPE</td><td colspan="6"></td></tr>
<tr><td>扫描速率</td><td colspan="2">CAL</td><td colspan="6"></td></tr>
</table>

续表

触发扫描指示	READY		
扫描方式	常态	NORM	
	单次	SGL	
	自动	AUTO	
触发信号源	信道 1	CH1	
	信道 2	CH2	
	电源	LINE	
	外接	EXIT	
触发信号耦合	标准	NORM	
	视频	TV	
	交流	AC	
	直流	DC	

2.3.2　示波器的自检校准

在使用本仪器进行测试工作之前，须用示波器自带校准信号进行自检，可对其进行自校检查和调整，以确定仪器工作正常与否。将自检校准结果填入附表 7 中。

（1）调整示波器，使其出现水平亮线。

（2）将示波器内设校准信号接至示波器 *Y* 轴输入端 CH1。

（3）调节垂直移位与水平旋钮，检查能否正常工作。

（4）将扫描速率微调旋钮拉出，被测信号在水平方向进行扩展。

附表 7　自检校准

序号	检查项目	检查结果
1	校准信号标称值	
2	校准信号波形	
3	校准信号峰峰值	
4	校准信号周期	
5	探头衰减档位开关位置	
6	示波器衰减系数	

2.3.3　示波器的断续扫描

（1）调节函数信号发生器输出幅度为 2 V、频率为 1 kHz 的正弦波。

（2）调节示波器电压衰减旋钮，控制被测波形占屏幕 3 格，同时高电压衰减微调，屏幕上波形数为 2 个，要求波形稳定、清晰，观察断续扫描显示方式时的波形，记录仪器面板上各键的位置。

2.3.4 信号参数测量

将信号发生器输出含约 50% 直流偏置的 1 kHz，$U_{PP}=3$ V 的方波信号接入示波器 CH1 通道后，选择交流耦合方式，适当调整电压档位及 Y 轴位移，观察波形，测量信号参数并填入附表 8 中。

附表 8 信号参数测量数据

序号	参数	测量数值	数据分析
1	最小值		
2	峰峰值		
3	顶端值		
4	底端值		
5	幅值		
6	平均值		
7	均方根值		
8	周期		
9	频率		
10	上升时间		
11	下降时间		
12	正脉宽		
13	负脉宽		
14	正占空比		
15	负占空比		

2.4 实训报告

（1）根据实训任务完成全部实训内容。

（2）根据测量现象及结果，认真总结分析，填写表格。

（3）画出示波器组成框图。

（4）画出所使用示波器的面板图。

实训项目 3 信号波形相位测量

3.1 实训目的

（1）熟练使用示波器。

（2）了解示波器的特征及测量功能。

（3）进一步熟悉示波器的面板结构及旋钮作用。

（4）会使用示波器测量相位。

3.2 实训仪器

（1）函数信号发生器1台。

（2）双踪示波器1台。

（3）交流毫伏表1台。

（4）连接线若干。

（5）10 kΩ 电阻两只、10 nF 电容两只。

列出完成实训项目所用器材名称、型号填入附表9中。

附表9 测量器材

序号	器材名称	型号	数量	作用
1				
2				
3				
4				
5				
6				

3.3 实训内容

3.3.1 二阶 RC 移相网络的测量

（1）按附图4在面包板上搭建二阶电路，u_S为函数信号发生器，接1、2两端，输出等幅正弦波；电压表V为交流毫伏表，接3、4两端。同时1、2两端连接示波器的Y_1通道，3、4两端连接示波器的Y_2通道，用来显示u_S和u_S的波形。

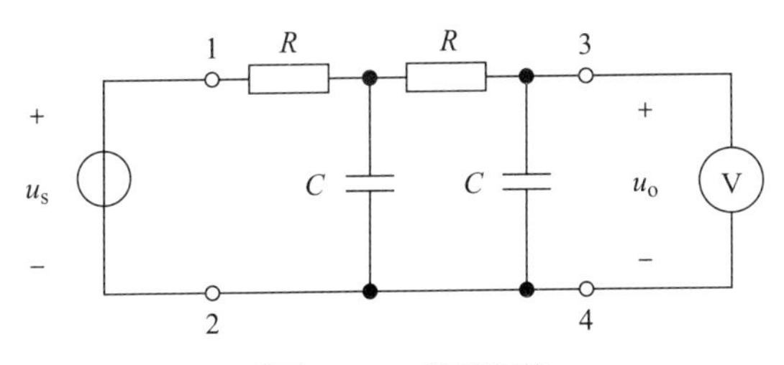

附图4 RC 移相网络

（2）调整函数信号发生器的频率调至1 kHz，电压调至1 V（用毫伏表测量信号电压）。

（3）设u_s的初相位为零，$\Delta\varphi$为u_s与u_o的相位差。观察示波器的波形如附图5所示。计算方法为

$$\Delta\varphi=\frac{C}{B}\times 360^\circ$$

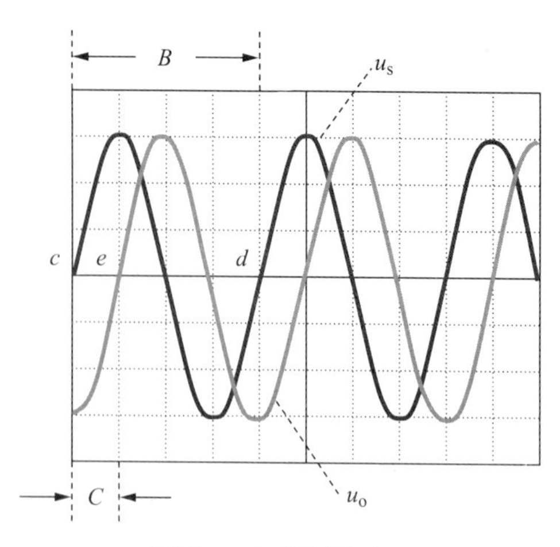

附图5　相位测量波形

从屏幕上读出两个波形相邻的同相位点间的格数 C 和波形周期格数 B，负号表示 u_o 比 u_s 相位滞后。

（4）调节信号源 u_s 的频率 f，使输出屏幕上读出两个波形相邻的同相位点间的格数 C，以及波形周的信号与输入信号的相位差分别为 $-45°$、$-90°$；记录相应的信号频率与输出电压的大小。

3.3.2　用示波器观察李沙育图形

附图6所示，在示波器 X、Y 轴上同时加入两个正弦波信号，此时屏幕上显示的图形就是李沙育图形。如附图7所示，将两组信号分别输入示波器 X、Y 通道，观察示波器上两信号共同作用下的波形。波形的形状不仅与两信号的频率有关，且还与两信号的相位差有关。以其中一个信号为准，调节另一个信号的频率，出现的波形与垂直线、水平线的切点数和频率之间的关系。

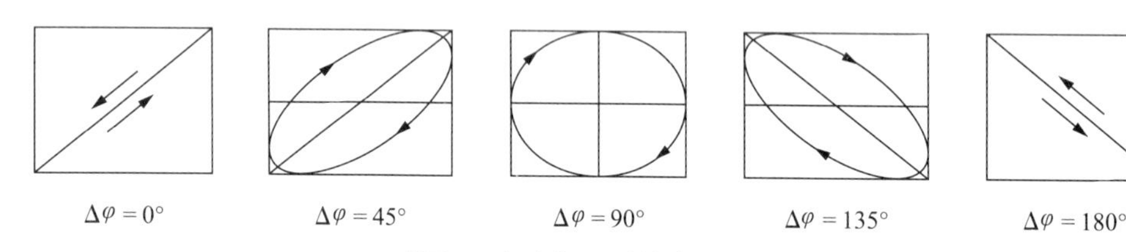

附图6　频率相同时的李沙育图形

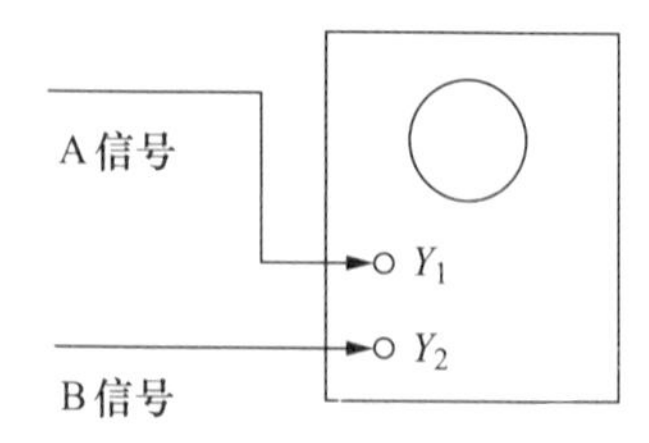

附图7　李沙育图形测试

在测量时，应把示波器的触发源选择开关置于“外”。当 $\Delta\varphi=-45°$、$-90°$时，分别观测出李沙育图形，将测量结果填入附表10中。

附表 10 *RC* 移相网络测量

$\Delta\varphi/(°)$	-45	-90
f/kHz		
U_o/mV		
李沙育图形		

3.4 实训报告

(1) 根据实训任务要求完成全部实训内容。

(2) 设计表格记录测量数据，总结分析实训结果。

(3) 回答相关问题。

①得到稳定波形的条件是什么？

②试变换两个通道的输入信号频率，会出来怎样的图形？为什么会翻转？

实训项目 4 信号频率测量

4.1 实训目的

(1) 了解电子计数器电路的组成，理解其工作原理。

(2) 会用电子计数器测量的信号的频率、周期、累加计数、自检等。

(3) 熟悉电子计数器旋钮的作用。

4.2 实训仪器

(1) 函数信号发生器 1 台。

(2) 双踪示波器 1 台。

(3) 交流毫伏表 1 台。

(4) 数字频率计 1 台。

(5) 连接线若干。

列出完成实训项目所用器材名称、型号填入附表 11 中。

附表 11 测量器材

序号	器材名称	型号	数量	作用
1				
2				
3				
4				
5				
6				

4.3　实训任务与步骤

4.3.1　电子计数器自检

每次测试前应先对仪器进行自校检查，当显示正常时再进行测量。将数字频率计时标信号输出与测频输入对接，测量其时标信号频率值。

（1）把后面板 10 MHz 频标输出信号接至输入插座，如附图 8 所示。

（2）功能开关 FA 按下。

（3）闸门时间选择为 1 s。

（4）闸门时间再选择为 0.01 s、0.1 s，比较闸门时间选择为 1 s 时的显示值，把数据填入附表 12 中。

附表 12　电子计数器自检

闸门时间/s	1	0.1	0.01
显示值（位数）			

（5）分析附表 5 中的数据，说明计数器自检是否正常。

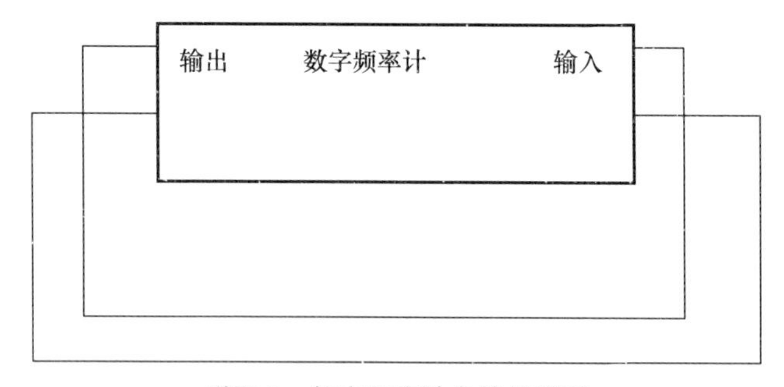

附图 8　数字频率计自检接线图

4.3.2　用计数器测量频率

（1）用数字频率计测量信号的频率时，按附图 9 所示连接仪器。

（2）按下数字频率计功能开关 FA。

（3）函数信号发生器输出方波，输出幅度为 1 V，改变函数发生器输出频率。

（4）选择不同闸门时间，记下频率计的显示值，填入附表 13 中。

附表 13　频率测量

读测值	输入频率/kHz		
	1	10	100
闸门时间 1 s			
量化误差/%			
闸门时间 0.1 s			
量化误差/%			
闸门时间 0.01 s			
量化误差/%			

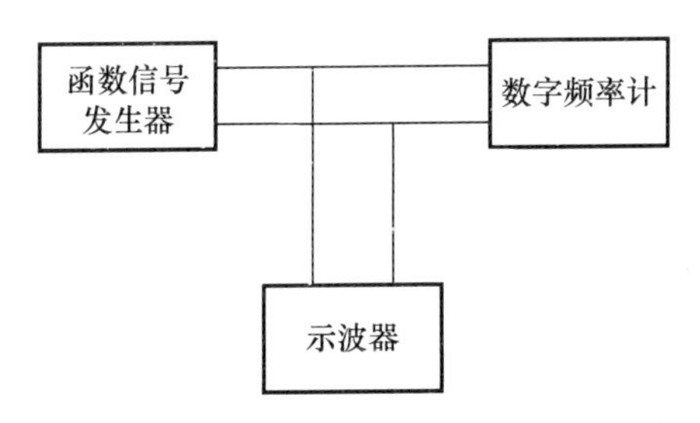

附图 9　数字频率计测量频率周期接线图

4.3.3　用计数器测量周期

（1）用数字频率计测量信号的周期时，直接将函数信号发生器 TTL 输出信号接到计数器输入端，如附图 9 所示。

（2）按下数字频率计功能开关 PA。

（3）保持闸门时间为 1 s，选择不同的频率点，记下频率计的显示值，填入附表 14 中。

附表 14　周期测量

输入频率/Hz	500	1 000	2 000
显示值/μs			
计算值/Hz			
误差/%			

4.3.4　累加计数

（1）用函数信号发生器输出一定频率的信号，用数字频率计对一段时间内该信号的个数做累加计数，过程中用示波器进行监控，按附图 9 所示连接仪器。

（2）分别调整信号发生器使之输出 10 Hz 的方波，用秒表或其他计时器计时 30 s，将测得的累加计数结果填入附表 15 中，可多次测量。

附表 15　累加计数

10 Hz 方波	1 次	2 次	3 次	平均值
测量结果				

4.3.5　频率比测量

（1）用两台函数信号发生器输出特定频率的信号，分别送入频率计 A、B 输入端，用数字频率计测量两个信号的频率比，按附图 10 所示连接仪器。

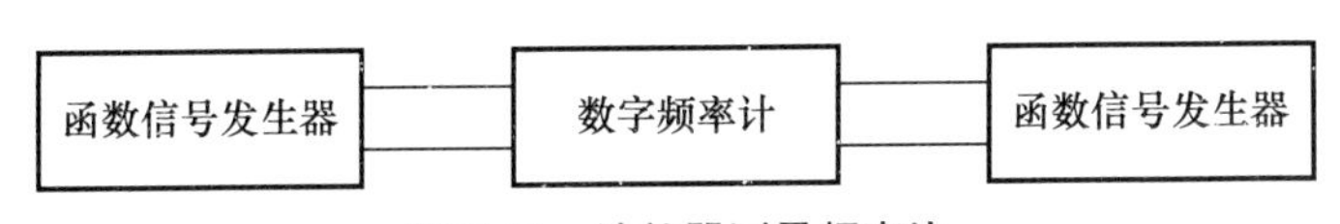

附图 10　计数器测量频率比

（2）调节一台函数信号发生器的输出为 1 MHz，送入频率计的 B 输入端；调节另一台函数信号发生器的输出分别为 1 MHz、2 MHz、3 MHz，由 A 端输入，将数字频率计打到测量频率比的挡位，测量两信号频率比值，将测量数据填入附表 16 中。

附表 16　频率比

f_B/MHz	f_A/MHz	显示数据 f_A/f_B
1	1	
1	2	
1	3	

4.4　注意事项

使用电子计数器测量频率、周期时，被测量信号一定不能太小，否则，由于计数器灵敏度的限制，而不能正确显示结果。

4.5　实训报告

（1）根据实训任务完成全部实训内容。

（2）填写表格，根据测量结果，认真分析总结。

（3）画出测量连接图。

（4）说明在频率测量时，如何选择闸门时间。测量周期时，如何选择时标。

实训项目 5　信号频率特性测量

5.1　实训目的

（1）了解频率特性测试仪电路的组成，理解其工作原理。

（2）会用扫频仪测量信号的频率特性。

（3）熟悉扫频仪面板及旋钮作用。

5.2　实训仪器

（1）高频信号发生器 1 台。

（2）双踪示波器 1 台。

（3）交流毫伏表 1 台。

（4）扫频仪 1 台。

（5）带通滤波器电路实验板 1 块。

（6）连接线若干。

列出完成实训项目所用器材名称、型号填入附表 17 中。

附表 17　测量器材

序号	器材名称	型号	数量	作用
1				
2				
3				

续表

序号	器材名称	型号	数量	作用
4				
5				
6				

5.3　实训任务

5.3.1　静态测量

（1）熟悉高频信号发生器、示波器、交流毫伏表面板的开关旋钮，了解其作用。

（2）在带通滤波器适用频率范围内选取若干个频率点由高频信号发生器输出这几个频率的正弦信号，并要求幅度相等。按附图11所示连接仪器，将交流毫伏表量程调为最大。

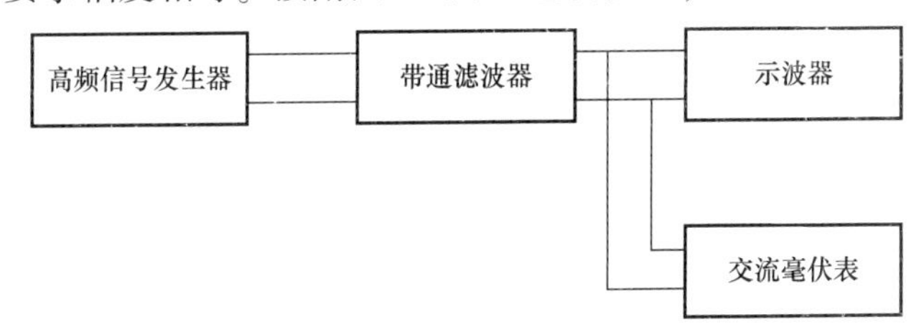

附图11　幅频特性曲线的静态测量接线图

（3）记录电路输出端不同频率点的幅度值（示波器与毫伏表均要求记录幅度值），并将幅度值与对应的频率值在横轴频率轴、纵轴幅度轴的坐标内描出坐标点，将这些坐标点连成一条曲线。

（4）利用曲线求出带通滤波器的特征频率点、上限频率、下限频率及通频带。

（5）将测量数据填入附表18。

附表18　幅频特性曲线的静态测量

输入信号频率/Hz										
输出信号电压/V										

5.3.2　动态测量

（1）用扫频仪图示带通滤波器的幅频特性曲线，测量中心频率和通频带，接线方法如附图12所示。

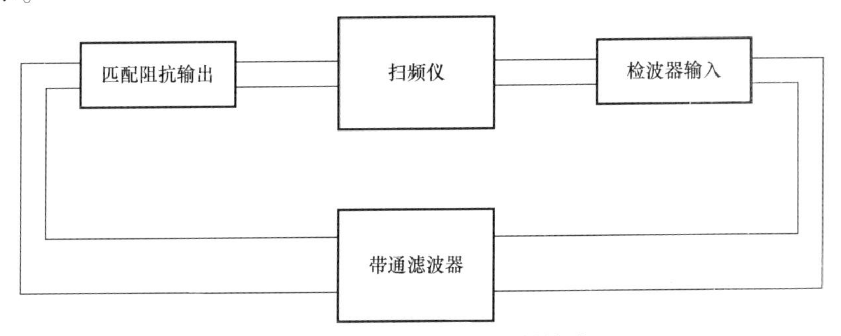

附图12　扫频仪动态测量接线法

（2）使用频率特性测试仪测量给定的三个带通滤波器的中心频率、通频带宽度，将测量数据填入附表 19 中。

附表 19　滤波器电路的测量数据

滤波器	滤波器 1	滤波器 2	滤波器 3
中心频率			
通频带			

5.4　使用注意事项

（1）扫频仪与被测电路连接时，必须考虑阻抗匹配问题。如被测电路的输入阻抗为 75 Ω,应使用终端开路的输出电缆线；如被测电路的输入阻抗很大，应采用终端接有 75 Ω 的输出电缆线，否则应在扫频输出与被测电路之间加入阻抗变换器。

（2）在显示幅频特性曲线时，如发现图形有异常曲折，则表明电路有寄生振荡，这时应先采取措施消除寄生振荡，如降低放大器增益，改善接地线或加强电源退耦滤波等。

（3）测试时，输出电缆与检波头的地线应尽量短，切忌在检波头上回升导线。

5.5　实训报告

（1）根据实训任务完成全部实训内容。

（2）填写表格，根据测量结果，认真分析总结。

（3）画出测量连接图。

（4）定性画出特性曲线，并指出中心频率点、上限频率、下限频率及通频带。

实训项目 6　信号电压测量

6.1　实训目的

（1）会使用万用表、电子电压表、示波器测量交、直流信号电压。

（2）知道测量直流电压和交流电压参数的方法。

（3）会根据测量值计算峰值、有效值、平均值。

（4）会计算绝对误差、相对误差，并分析误差。

6.2　实训仪器

（1）高频信号发生器 1 台。

（2）双踪示波器 1 台。

（3）交流毫伏表 1 台。

（4）函数信号发生器 1 台。

（5）数字万用表 1 台。

（6）直流稳压电源。

（7）连接线若干。

列出完成实训项目所用器材名称、型号填入附表 20 中。

附表 20　测量器材

序号	器材名称	型号	数量	作用
1				
2				
3				
4				
5				
6				
7				

6.3　实训任务

6.3.1　直流电压测量

（1）熟悉直流稳压电源、数字万用表、示波器面板的开关旋钮，了解其作用。

（2）用示波器和数字万用表测量直流稳压电源输出的特定直流电压，按附图 13 所示连接仪器，将数字万用表量程调为最大。

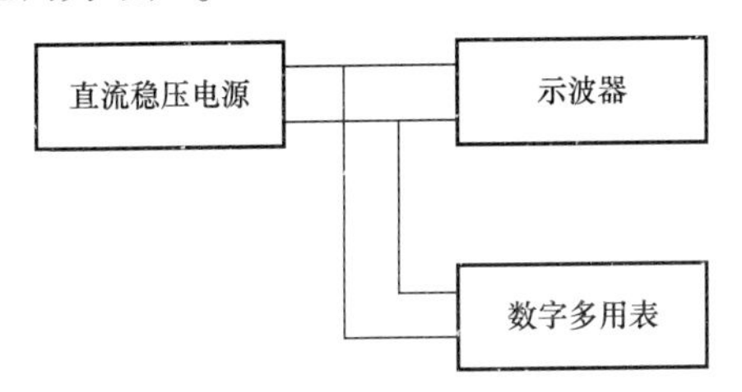

附图 13　直流电压的测量

（3）将直流稳压电源的输出分别调至 3 V、6 V、9 V，用示波器和数字万用表测量电压值，并记录下来，填入附表 21 中。

附表 21　直流电压测量

稳压电源输出/V	3	6	9	15
数字万用表测量				
数据处理（保留 3 位）				
绝对误差				
相对误差				
示波器测量				
数据处理（保留 3 位）				
绝对误差				
相对误差				

6.3.2　正弦交流电压测量

（1）用示波器和交流毫伏表测量信号发生器输出的特定正弦交流电压，按附图 14 所示连接仪器，将交流毫伏表量程调为最大。

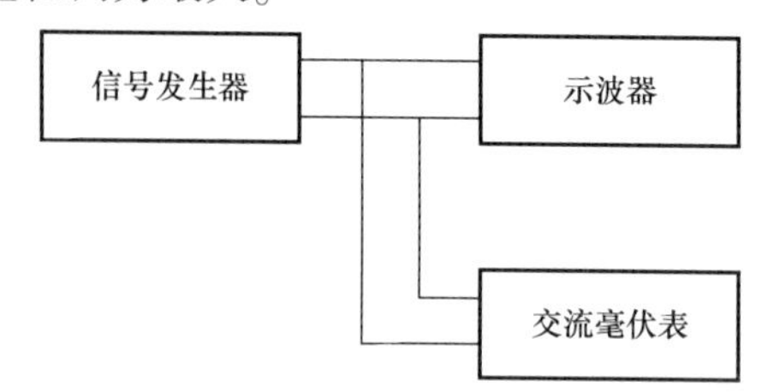

附图 14　正弦交流电压的测量

（2）将函数信号发生器的频率调至 1 kHz，用交流毫伏表（作为标准表）将正弦输出电压分别调至 2 V、4 V、8 V。然后用万用表和示波器分别测量相应的正弦电压，将测量数据记录在附表 22 中。

附表 22　正弦交流电压的测量

正弦电压/V		2	4	8
万用表测量	读数值 α			
	绝对误差 ΔU			
	示值相对误差/%			
示波器测量	峰－峰值 U_{P-P}			
	有效值 U			
	绝对误差 ΔU			
	示值相对误差/%			

6.3.3　非正弦交流电压测量

（1）用示波器和交流毫伏表测量信号发生器输出的特定非正弦交流电压，按附图 14 所示连接仪器，将交流毫伏表量程调为最大。

（2）将函数信号发生器的频率调为 1 kHz 的三角波，用交流毫伏表（作为标准表）将三角波输出电压分别调至 2 V、4 V、8 V，然后使用万用表和示波器分别测量出相应三角波的电压，并将测量的数据填入附表 23 中。

附表 23　三角波电压的测量

三角波电压/V		2	4	8
交流毫伏表测量	读数值 α			
	平均值 $\bar{U}$			
	有效值 U			
	峰值 U_P			
万用表测量	读数值 α			
	绝对误差 ΔU			
	示值相对误差/%			
示波器测量	峰－峰值 U_{P-P}			
	有效值 U			

（3）将函数信号发生器的频率调为 1 kHz 的方波，用交流毫伏表（作为标准表）将三角波输出电压分别调至 2 V、4 V、8 V，然后使用万用表和示波器分别测量出相应三角波的电压，并将测量的数据填入附表 24 中。

附表 24　方波电压的测量

方波电压/V		2	4	8
交流毫伏表测量	读数值 α			
	平均值 $\bar{U}$			
	有效值 U			
	峰值 U_P			
万用表测量	读数值 α			
	绝对误差 ΔU			
	示值相对误差/%			
示波器测量	峰－峰值 U_{P-P}			
	有效值 U			

（4）设计表格，填写测量数据，整理测量记录。

6.4　实训报告

（1）根据实训任务完成全部实训内容。

（2）根据测量现象及测量结果，认真分析，填写表格。在处理数据时，写出相应的计算公式。

（3）分析本次测量中，判断存在的哪些误差，并加以分析。

实训项目 7　阻抗测量

7.1　实训目的

（1）会使用万用表、直流电桥测量电阻。

（2）会用万用表测量电容、电感参数。

（3）会间接测量估算电抗参数 L、C。

（4）会分析误差、正确处理测量数据。

7.2　实训仪器

（1）直流稳压电源 1 台。

（2）双踪示波器 1 台。

（3）高频毫伏表 1 台。

（4）函数信号发生器 1 台。

（5）模拟万用表 1 台。

（6）数字万用表 1 台。

（7）电阻箱 1 台。

（8）已知电阻（千欧量级）8 只，被测量电阻（几十千欧量级）2 只。

（9）已知标准电感、电容各 1 只，被测电感、电容各 1 只。

（10）连接线若干。

列出完成实训项目所用器材名称、型号填入附表 25 中。

附表 25　测量器材

序号	器材名称	型号	数量	作用
1				
2				
3				
4				
5				
6				
7				
8				
9				
10				

7.3　实训任务

7.3.1　电阻测量

（1）熟悉模拟和数字万用表的开关旋钮，知道其作用。

（2）使用万用表直接测量电阻 R_1、R_2、R_x，估算 R_b 的值，并记录其测得值，填入附表 26 中。

附表 26　电阻测量数据

数据	R_1	R_2	R_b	R_x
万用表测量				
电桥第一次平衡				
电桥第二次平衡				
计算	$R_x=\sqrt{R_{b1}R_{b2}}$			

（3）使用惠斯通直流电桥法和电阻箱测量特定的电阻，接线图如附图 15 所示，其中 R_1、R_2 为已知电阻，R_b 为可变电阻箱，R_x 为被测电阻，E 为直流稳压电源。

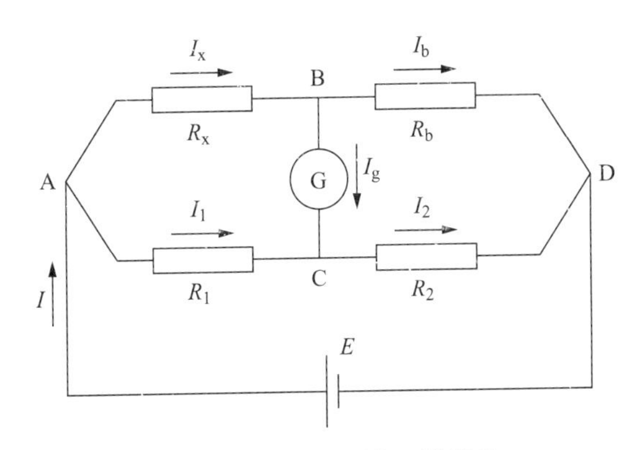

附图 15　电桥法测电阻接线法

（4）检查电路无误后，将直流电源电压调至 9 V 接入电路。

（5）调节电阻箱阻值，要比估算的 R_b 值略大些。

（6）先用万用表的直流 10 V 挡测量直流电源电压和 B、C 两点对地的电位，判断两点电位高低后，然后再测量 B、C 两点间的电压，由大到小调节标准电阻 R_b，使 I_g 为零，此时电桥第一次平衡，满足下列公式关系，计算出 R_x。

$$R_x = (R_1 R_{b1})/R_2$$

（7）先关闭电源，用交换法将 R_b 与 R_x 交换位置，估算 R_b 值，方法同（2），再次调节 R_b 使 I_g 为零，此时电桥第二次平衡，利用公式 $R_x = (R_2 R_{b2})/R_1$ 再次计算出 R_x 的值。

（8）利用公式 $R_x = \sqrt{R_{b1} R_{b2}}$ 求出被测电阻值，将测量数据与计算结果填入附表 16 中。

7.3.2　电容测量

（1）使用模拟万用表的电阻挡估算电容的漏电流，推测电容值的大概范围并记录下来，判断被测电容是否已被损坏。

（2）使用数字万用表电容挡直接测量被测电容值，并记录其测得值。

（3）用谐振法测量特定电容的大小，接线如附图 16 所示，高频振荡器为函数发生器，R 为外接限流电阻 4.7 Ω，L 为已知电感 150 μH，C_x 为待测电容，电压表为高频毫伏表。

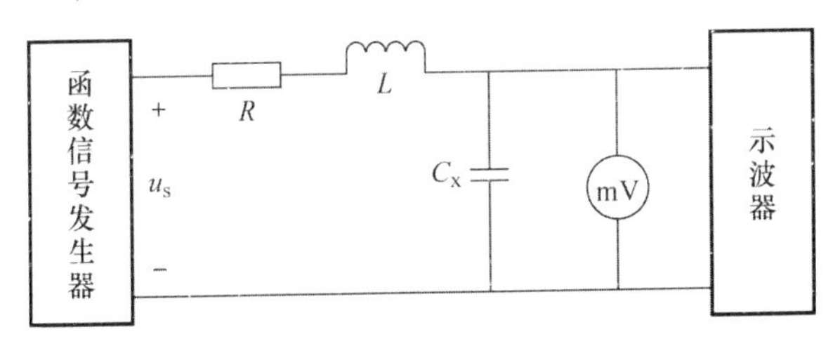

附图 16　谐振法测电容接线图

（4）用高频毫伏表测量函数信号生器的输出电压 U_s，使其输出为 1 MHz、50 mV，然后缓慢调节高频信号发生器的频率，使被测电容 C_x 电压达到最大值（由高频毫伏表和示波器示值判断），记录此时函数信号发生器的输出频率 f_o，并用示波器测量出该频率值，同时记录下高频毫伏表的电压数值 U_{CQ}，被测量电容由下面公式计算出，并将上述测量结果填入附表 27 中。

$$C_x = 1/(4\pi^2 f_0^2 L)$$

计算时 f_0 应为谐振时信号源输出频率值，同时计算电路谐振时的 Q 值：

$$Q = U_{CQ}/U_S$$

附表 27　电容测量数据

信号频率 f_0	
示波器频率	
最大电压 U_{CQ}	
被测量电容 C_x	
谐振电路 Q 值	

7.3.3　电感测量

（1）使用数字万用表的电容挡测量特定的电感，用电容值去等效电感量。

（2）使用谐振法测量特定的电感，按附图 17 所示连接测量电路，将电路中的已知电感换成被测电感 L_x，将被测电容换成已知电容 C 为 100 pF。如附图 17 所示。

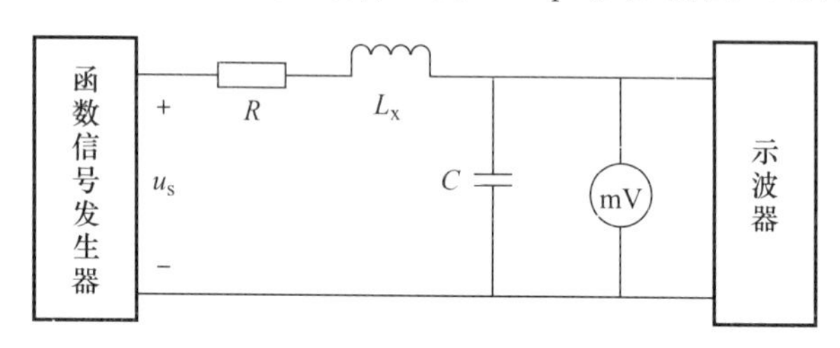

附图 17　谐振法测量电感参数

（3）先用毫伏表测量函数信号发生器的输出电压 U_s，使其输出为 1 MHz、50 mV，然后缓慢调节高频信号发生器的频率，使被测电容 C_x 电压达到最大值（由高频毫伏表和示波器示值判断），记录此时函数信号发生器的输出频率 f_0，并用示波器测量出该频率值，同时记录下高频毫伏表的电压数值 U_{CQ}，被测量电容由下面公式计算出，并将上述测量结果填入附表 28 中。

$$L_x = 1/(4\pi^2 f_0^2 C)$$

附表 28　测量电感数据

信号频率 f_0	
示波器频率	
最大电压 U_{CQ}	
被测量电容 L_x	
谐振电路 Q 值	

7.4 实训报告

（1）根据实训任务完成全部实训内容。

（2）根据测量现象及测量结果，认真分析，填写表格。在处理数据时，写出相应的计算公式。

（3）分析本次测量，判断存在哪些误差，并分析误差的主要来源。

（4）根据测量电阻的数据结果，说明采用交换法的目的。

参 考 文 献

[1] 李明生．电子测量仪器与应用 [M]．北京：电子工业出版社，2000.
[2] 宋启峰．电子测量技术 [M]．重庆：重庆大学出版社，2000.
[3] 徐科军．自动检测和仪表中的共性技术 [M]．北京：清华大学出版社，2000.
[4] 赵新民．智能仪器设计基础 [M]．哈尔滨：哈尔滨工业大学出版社，1999.
[5] 李昌禧．微机化仪器仪表设计 [M]．武汉：华中理工大学出版社，1999.
[6] [日] 熊谷文宏．电气电子测量 [M]．王益全，译．北京：科学出版社，2000.
[7] 张焕文，孙续．电子测量 [M]．北京：中国计量出版社，1988.
[8] 张永瑞．电子测量技术基础 [M]．西安：西安电子科技大学出版社，2000.
[9] 朱晓斌．电子测量仪器 [M]．北京：电子工业出版社，1996.
[10] 刘明晶．通用电子测量技术 [M]．北京：航空工业出版社，1989.
[11] 郑家祥，付崇伦．电子测量基础 [M]．北京：国防工业出版社，1981.
[12] 陆希明．电子元件测量与仪表 [M]．北京：电子工业出版社，1995.
[13] 朱锡仁．电路测试技术与仪器 [M]．北京：清华大学出版社，1989.
[14] 孙树藩．常用电子仪器原理与应用 [M]．北京：中国计量出版社，1991.
[15] 王川．电子仪器与测量技术 [M]．北京：北京邮电大学出版社，2007.